普通高等院校工程训练系列规划教材

# 电工电子技术工程实践（第2版）

李 沛 主编
宋晓娜 侯晓霞 副主编

清华大学出版社
北京

## 内 容 简 介

本书共两篇 11 章,其中,电工技术篇 6 章,电子技术篇 5 章。内容主要介绍安全用电常识、常用电工仪器仪表、机电一体化元件的性能、继电器-接触器控制线路的典型线路、西门子 S7-1200 型可编程控制器和西门子 MM420 型变频器的应用、电子电路的焊接工艺、常用电子元器件、表面安装技术(SMT)、印制电路板的制作工艺、典型电子产品安装与调试。教材内容的选择基于电气自动化和电子技术人才培养的需要,有利于培养学生的工程实践能力,为专业课的学习奠定基础,适合学生独立操作和自学。书中设置了思考题和设计内容,以备学生更全面地掌握实训的知识。

本书是本、专科电类、机电类等专业学生电工电子实习教学用书,也可以作为实验、课程设计、工程技术人员的参考用书。

本书封面贴有清华大学出版社防伪标签,无标签者不得销售。
版权所有,侵权必究。举报: 010-62782989,beiqinquan@tup.tsinghua.edu.cn。

**图书在版编目(CIP)数据**

电工电子技术工程实践/李沛主编. —2 版. —北京: 清华大学出版社,2020.2 (2024.1重印)
普通高等院校工程训练系列规划教材
ISBN 978-7-302-54809-6

Ⅰ. ①电… Ⅱ. ①李… Ⅲ. ①电工技术－高等学校－教材 ②电子技术－高等学校－教材
Ⅳ. ①TM ②TN

中国版本图书馆 CIP 数据核字(2020)第 005307 号

责任编辑: 冯　昕
封面设计: 傅瑞学
责任校对: 赵丽敏
责任印制: 丛怀宇

出版发行: 清华大学出版社
　　　　网　　址: https://www.tup.com.cn, https://www.wqxuetang.com
　　　　地　　址: 北京清华大学学研大厦 A 座　　　邮　　编: 100084
　　　　社 总 机: 010-83470000　　　　　　　　　邮　　购: 010-62786544
　　　　投稿与读者服务: 010-62776969, c-service@tup.tsinghua.edu.cn
　　　　质量反馈: 010-62772015, zhiliang@tup.tsinghua.edu.cn
印 装 者: 天津鑫丰华印务有限公司
经　　销: 全国新华书店
开　　本: 185mm×260mm　　印　张: 15.75　　　字　数: 381 千字
版　　次: 2012 年 8 月第 1 版　2020 年 4 月第 2 版　　印　次: 2024 年 1 月第 3 次印刷
定　　价: 45.00 元

产品编号: 084352-01

# 序言

改革开放以来,我国贯彻科教兴国、可持续发展的伟大战略,坚持科学发展观,国家的科技实力、经济实力和国际影响力大为增强。如今,中国已经发展成为世界制造大国,国际市场上已经离不开物美价廉的中国产品。然而,我国要从制造大国向制造强国和创新强国过渡,要使我国的产品在国际市场上赢得更高的声誉,必须尽快提高产品质量的竞争力和知识产权的竞争力。清华大学出版社和本编审委员会联合推出的"普通高等院校工程训练系列规划教材",就是希望通过工程训练这一培养本科生的重要环节,依靠作者们根据当前的科技水平和社会发展需求所精心策划和编写的系列教材,培养出更多视野宽、基础厚、素质高、能力强和富于创造性的人才。

我们知道,大学、大专和高职高专都设有各种各样的实验室。其目的是通过这些教学实验,使学生不仅能比较深入地掌握书本上的理论知识,而且能更好地掌握实验仪器的操作方法,领悟实验中所蕴涵的科学方法。但由于教学实验与工程训练存在较大的差别,因此,如果我们的大学生不经过工程训练这样一个重要的实践教学环节,当毕业后步入社会时,就有可能感到难以适应。

对于工程训练,我们认为这是一种与社会、企业及工程技术的接口式训练。在工程训练的整个过程中,学生所使用的各种仪器设备都来自社会企业的产品,有的还是现代企业正在使用的主流产品。这样,学生一旦步入社会,步入工作岗位,就会发现他们在学校所进行的工程训练与社会企业的需求具有很好的一致性。另外,凡是接受过工程训练的学生,不仅为学习其他相关的技术基础课程和专业课程打下了基础,而且同时具有一定的工程技术素养。开始面向工程实际了。这样就为他们进入社会与企业,更好地融入新的工作群体,展示与发挥自己的才能创造了有利的条件。

近10年来,国家和高校对工程实践教育给予了高度重视,我国的理工科院校普遍建立了工程训练中心,拥有前所未有的、极为丰厚的教学资源,同时面向大量的本科学生群体。这些宝贵的实践教学资源,像数控加工、特种加工、先进的材料成形、表面贴装、数字化制造等硬件和软件基础设施,与国家的企业发展及工程技术发展密切相关。而这些涉及多学科领域的教学基础设施,又可以通过教师和其他知识分子的创造性劳动,转化和衍生出为适应我国社会与企业所迫切需求的课程与教材,使国家投入的宝贵资源发挥其应有的教育教学功能。

为此,本系列教材的编审,将贯彻下列基本原则:

(1) 努力贯彻教育部和财政部有关"质量工程"的文件精神,注重课程改革与教材改革配套进行。

(2) 要求符合教育部工程材料及机械制造基础课程教学指导组所制定的课程教学基本要求。

(3) 在整体将注意力投向先进制造技术的同时,要力求把握好常规制造技术与先进制造技术的关联,把握好制造基础知识的取舍。

(4) 先进的工艺技术,是发展我国制造业的关键技术之一。因此,在教材的内涵方面,要着力体现工艺设备、工艺方法、工艺创新、工艺管理和工艺教育的有机结合。

(5) 有助于培养学生独立获取知识的能力,有利于增强学生的工程实践能力和创新思维能力。

(6) 融汇实践教学改革的最新成果,体现出知识的基础性和实用性,以及工程训练和创新实践的可操作性。

(7) 慎重选择主编和主审,慎重选择教材内涵,严格遵循和体现国家技术标准。

(8) 注重各章节间的内部逻辑联系,力求做到文字简练,图文并茂,便于自学。

本系列教材的编写和出版,是我国高等教育课程和教材改革中的一种尝试,一定会存在许多不足之处。希望全国同行和广大读者不断提出宝贵意见,使我们编写出的教材更好地为教育教学改革服务,更好地为培养高质量的人才服务。

普通高等院校工程训练系列规划教材编审委员会

主任委员:傅水根

2008 年 2 月于清华园

# 前言

本实习教材是按照教育部关于加强大学本科实验、实习、毕业设计等实践教学,推进实验内容和实验模式改革与创新,培养学生运用理论知识分析问题和解决工程实践问题的能力,使学生在工程实训中逐渐形成创新意识,造就具备严谨的科学态度、精益求精、不畏失败的工程素质,以满足现代工业对人才的要求而编写的。教材选择电工电子基本技能和现代电工电子技术工程应用的电工、电子元器件、工艺流程、机电一体化设备和电工电子实用工程项目为工程实训内容,使学生通过电工、电子实习,了解现代生产的应用设备,掌握现代电工电子工程制造技术,激发专业技能学习的兴趣和热情,使教材在人才培养过程中发挥应有的作用。

电工、电子实习教学是理论知识连接工程制造的桥梁,因此实习内容融合了必要的理论和设计环节,使学生加深对理论知识的理解,巩固理论教学的内容;在工程制造的平台上强调实际技能操作的基本训练,掌握工程和产品制造的工艺技术和方法,为学生的研发奠定一定的基础;实习内容选取典型的工程应用项目和产品,使学生经过电工电子实习形成工程实践能力。出于上述考虑,教材的编写力求体现以下特点:

(1) 注重电工、电子基础知识和基本技能的训练;
(2) 介绍电工电子工程的工艺要求和过程;
(3) 电工、电子元器件在工程中的具体应用;
(4) 实习内容都经过实践验证,具有工程实际应用价值;
(5) 注意与其他课程的衔接,为学生后续课程的学习奠定基础;
(6) 教材内容力求篇幅精炼,内容详实,有利于学生独立操作和自学。

本实习教材由多年从事电工电子实习教学的教师参加编写,其中电工技术篇第 1 章介绍安全用电常识;第 2 章介绍常用电工仪器和仪表,由宋晓娜编写;第 3 章介绍机电控制元器件;第 4 章介绍机电控制线路,由张景荣编写;第 5 章介绍变频器的应用实践;第 6 章介绍可编程控制器的应用实践,由宋晓娜编写;电子技术篇第 7 章介绍焊接工艺,由胡延平编写;第 8 章介绍常用无线电元器件,由李沛编写;第 9 章介绍印制电路板的制作与安装;第 10 章介绍表面安装技术,由侯晓霞编写;第 11 章介绍实习产品的安装和调试,11.1 节由李沛编写;11.2 节~11.5 节由侯晓霞编写。本书在原教材基础上,进一步加以改进。

全书由郑军主审,编写过程中得到了高宁老师很大帮助,在此一并表示感谢。

由于编者水平有限,书中难免有不妥之处,恳请读者批评指正。

编 者

2019 年 12 月

# 第1篇 电工技术

**第1章 安全用电常识** ……………………………………………… 3
  1.1 人体触电的形式 …………………………………………… 3
  1.2 人体触电的原因 …………………………………………… 4
  1.3 人体触电的防护 …………………………………………… 5
    1.3.1 安全电压 ……………………………………………… 5
    1.3.2 触电保护措施 ………………………………………… 5
  思考题 …………………………………………………………… 7

**第2章 常用电工仪器和仪表** …………………………………… 8
  2.1 电磁系电压表和电流表 …………………………………… 8
  2.2 模拟式万用表 ……………………………………………… 8
    2.2.1 模拟式万用表的组成原理 …………………………… 9
    2.2.2 万用表测量原理 ……………………………………… 12
    2.2.3 指针式万用表的安装 ………………………………… 15
  2.3 数字万用表 ………………………………………………… 17
  2.4 直流单臂电桥 ……………………………………………… 18
  2.5 晶体管毫伏表 ……………………………………………… 20
    2.5.1 主要性能 ……………………………………………… 20
    2.5.2 使用方法 ……………………………………………… 20
  思考题 …………………………………………………………… 21

**第3章 机电控制元器件** ………………………………………… 22
  3.1 低压电器 …………………………………………………… 22
    3.1.1 低压电器的分类 ……………………………………… 22
    3.1.2 常用的低压电器简介 ………………………………… 23
  3.2 固态继电器 ………………………………………………… 32
  3.3 传感器 ……………………………………………………… 33
  3.4 气动元件 …………………………………………………… 34

思考题 …………………………………………………………………………………… 35

**第4章　机电控制线路** …………………………………………………………………… 36
　4.1　三相异步电动机 …………………………………………………………………… 36
　4.2　三相异步电动机的基本控制线路 ………………………………………………… 36
　　　4.2.1　电动机的起、停控制线路 ………………………………………………… 36
　　　4.2.2　带点动的起、停控制线路 ………………………………………………… 38
　　　4.2.3　电动机正、反转控制线路 ………………………………………………… 39
　　　4.2.4　自动循环控制线路 ………………………………………………………… 40
　　　4.2.5　电动机顺序起动的自动控制线路 ………………………………………… 41
　　　4.2.6　固态继电器单相电动机控制线路 ………………………………………… 42
　　　4.2.7　气动控制应用线路 ………………………………………………………… 43
　　　4.2.8　传感器的应用线路 ………………………………………………………… 44
　　思考题 …………………………………………………………………………………… 45

**第5章　变频器的应用实践** …………………………………………………………… 47
　5.1　变频调速原理 ……………………………………………………………………… 47
　　　5.1.1　异步电动机基本工作原理 ………………………………………………… 47
　　　5.1.2　异步电动机的变频调速 …………………………………………………… 47
　5.2　变频器实训模块介绍 ……………………………………………………………… 48
　　　5.2.1　控制盘 ……………………………………………………………………… 48
　　　5.2.2　控制端子 …………………………………………………………………… 48
　5.3　变频器调试方法 …………………………………………………………………… 49
　　　5.3.1　基本操作板(BOP)使用说明 ……………………………………………… 49
　　　5.3.2　使用基本操作面板(BOP)设置参数 ……………………………………… 50
　5.4　西门子MM420变频器实训内容 ………………………………………………… 57
　　　5.4.1　利用变频器BOP面板调节电动机的转速 ………………………………… 57
　　　5.4.2　通过外部调速电位器调节电机转速 ……………………………………… 58
　　　5.4.3　通过外部数字输入端子和调速电位器对电机进行远程控制 …………… 59
　　　5.4.4　通过数字输入端选择固定频率运行电机 ………………………………… 60
　　思考题 …………………………………………………………………………………… 62

**第6章　可编程控制器的应用实践** …………………………………………………… 63
　6.1　概述 ………………………………………………………………………………… 63
　　　6.1.1　PLC的基本概念 …………………………………………………………… 63
　　　6.1.2　PLC的产生和发展 ………………………………………………………… 63
　6.2　PLC硬件结构 ……………………………………………………………………… 64
　　　6.2.1　中央处理器 ………………………………………………………………… 65
　　　6.2.2　存储器 ……………………………………………………………………… 65
　　　6.2.3　输入/输出单元(I/O单元) ………………………………………………… 66
　　　6.2.4　编程器 ……………………………………………………………………… 66

- 6.3 PLC 接线方法 ……………………………………………………………………… 66
- 6.4 PLC 的编程语言 …………………………………………………………………… 67
  - 6.4.1 梯形图 ……………………………………………………………………… 67
  - 6.4.2 指令系统 …………………………………………………………………… 68
- 6.5 西门子编程软件的使用方法 ……………………………………………………… 72
  - 6.5.1 新建项目 …………………………………………………………………… 72
  - 6.5.2 硬件组态 …………………………………………………………………… 73
  - 6.5.3 S7-1200 编程方法简介 …………………………………………………… 75
- 6.6 工程实训案例 ……………………………………………………………………… 77
  - 6.6.1 逻辑指令 …………………………………………………………………… 77
  - 6.6.2 定时器和置位复位指令 …………………………………………………… 78
  - 6.6.3 计数器指令 ………………………………………………………………… 80
  - 6.6.4 小车自动往返控制程序的设计 …………………………………………… 81
  - 6.6.5 竞赛抢答器 ………………………………………………………………… 83
  - 6.6.6 算术运算及比较指令 ……………………………………………………… 83
  - 6.6.7 数值运算 …………………………………………………………………… 89
  - 6.6.8 交通信号灯控制 …………………………………………………………… 93
- 思考题 …………………………………………………………………………………… 97

## 第 2 篇　电 子 技 术

### 第 7 章　焊接工艺 ………………………………………………………………………… 101
- 7.1 手工焊接技术 ……………………………………………………………………… 101
  - 7.1.1 手工焊接常用工具 ………………………………………………………… 101
  - 7.1.2 焊接材料 …………………………………………………………………… 111
  - 7.1.3 手工焊接工艺与方法 ……………………………………………………… 113
- 7.2 自动焊接技术 ……………………………………………………………………… 122
  - 7.2.1 波峰焊 ……………………………………………………………………… 122
  - 7.2.2 浸焊 ………………………………………………………………………… 123
  - 7.2.3 再流焊 ……………………………………………………………………… 123
- 思考题 …………………………………………………………………………………… 123

### 第 8 章　常用无线电元器件 ……………………………………………………………… 125
- 8.1 电阻器和电位器 …………………………………………………………………… 125
  - 8.1.1 电阻器的作用 ……………………………………………………………… 125
  - 8.1.2 常用电阻器 ………………………………………………………………… 125
  - 8.1.3 电阻器的主要参数 ………………………………………………………… 128
  - 8.1.4 电阻器阻值的测量及选用常识 …………………………………………… 130
- 8.2 电容器 ……………………………………………………………………………… 131

- 8.2.1 电容器的作用 …… 131
- 8.2.2 常用电容器 …… 131
- 8.2.3 电容器的主要参数 …… 134
- 8.2.4 电容量标注方法 …… 134
- 8.2.5 电容器的测量及选用常识 …… 135
- 8.3 E系列标称方法 …… 137
- 8.4 电感类元器件 …… 138
  - 8.4.1 电感类元器件的作用 …… 138
  - 8.4.2 常用电感器 …… 138
- 8.5 电声器件 …… 140
  - 8.5.1 扬声器的结构和工作原理 …… 141
  - 8.5.2 扬声器的种类和规格 …… 141
  - 8.5.3 扬声器的选用 …… 141
  - 8.5.4 耳机 …… 141
- 8.6 半导体分立器件 …… 141
  - 8.6.1 二极管 …… 143
  - 8.6.2 双极型半导体三极管 …… 144
- 8.7 元器件知识的学习方法 …… 148
  - 8.7.1 元器件识别 …… 148
  - 8.7.2 元器件主要特性掌握 …… 149
  - 8.7.3 元器件检测及故障检修 …… 149
- 思考题 …… 150

## 第9章 印制电路板的制作与安装 …… 151

- 9.1 印制电路板概述 …… 151
  - 9.1.1 敷铜板的组成 …… 151
  - 9.1.2 印制电路板的种类 …… 152
  - 9.1.3 敷铜板的选用 …… 153
  - 9.1.4 印制电路板对外连接方式 …… 154
- 9.2 印制电路板的设计 …… 154
  - 9.2.1 印制电路板设计原则 …… 155
  - 9.2.2 印制电路板设计方式 …… 162
- 9.3 印制电路板的制作 …… 166
  - 9.3.1 漆图法制作印制电路板 …… 166
  - 9.3.2 热转印法制作印制电路板 …… 167
  - 9.3.3 雕刻机法制作印制电路板 …… 168
  - 9.3.4 多层印制电路板制作简介 …… 168
- 思考题 …… 169

## 第10章 表面安装技术 ……………………………………………………………… 170

- 10.1 表面安装元器件 ………………………………………………………… 171
  - 10.1.1 SMT 与 THT 的区别 ……………………………………………… 171
  - 10.1.2 表面安装元器件的特点、种类和规格 …………………………… 172
- 10.2 SMT 印制电路板设计 …………………………………………………… 177
  - 10.2.1 SMB 印制电路板的特点 ………………………………………… 177
  - 10.2.2 SMB 印制电路板的设计 ………………………………………… 177
- 10.3 SMT 装配工艺 …………………………………………………………… 180
  - 10.3.1 SMT 装配焊接材料 ……………………………………………… 180
  - 10.3.2 SMT 表面安装基本结构 ………………………………………… 181
  - 10.3.3 SMT 表面安装基本工艺流程 …………………………………… 181
- 思考题 …………………………………………………………………………… 184

## 第11章 实习产品的安装和调试 …………………………………………………… 185

- 11.1 调幅收音机 ………………………………………………………………… 185
  - 11.1.1 收音机的原理 …………………………………………………… 185
  - 11.1.2 收音机的安装 …………………………………………………… 188
  - 11.1.3 收音机的调试 …………………………………………………… 191
  - 11.1.4 实习内容与基本要求 …………………………………………… 193
- 11.2 SMT 实训产品———FM 微型(电调谐)收音机 ………………………… 195
  - 11.2.1 收音机的原理 …………………………………………………… 195
  - 11.2.2 收音机的安装 …………………………………………………… 196
  - 11.2.3 收音机的调试及总装 …………………………………………… 200
  - 11.2.4 实习内容与基本要求 …………………………………………… 201
- 11.3 SMT 实训产品二———JQ11AT 多功能台式钟 ………………………… 201
  - 11.3.1 产品介绍 ………………………………………………………… 201
  - 11.3.2 工作原理 ………………………………………………………… 201
  - 11.3.3 结构概况及功能按键说明 ……………………………………… 203
  - 11.3.4 JQ11AT 多功能台式钟的安装 ………………………………… 204
  - 11.3.5 实习内容与基本要求 …………………………………………… 208
- 11.4 印制电路板实训产品介绍———稳压电源与充电器的制作 …………… 209
  - 11.4.1 稳压电源与充电器的原理 ……………………………………… 209
  - 11.4.2 稳压电源与充电器的制作与安装 ……………………………… 210
  - 11.4.3 检测调试 ………………………………………………………… 214
  - 11.4.4 实习内容与基本要求 …………………………………………… 215
- 11.5 DT830B 数字万用表安装与调试 ……………………………………… 215
  - 11.5.1 DT830B 数字万用表简介 ……………………………………… 215
  - 11.5.2 DT830B 数字万用表工作原理 ………………………………… 217

11.5.3　DT830B 数字万用表安装工艺 ················································· 225
11.5.4　DT830B 数字万用表调试、校准和总装 ································· 230
11.5.5　DT830B 数字万用表的使用方法 ············································ 234
11.5.6　DT830B 数字万用表常见故障及解决方法 ······························ 236
思考题 ································································································ 237

**参考文献** ································································································ 238

# 第1篇

## 电工技术

# 安全用电常识

本章首先介绍人体触电的形式及触电的原因,然后重点讲述触电的防护以及安全用电常识。

## 1.1 人体触电的形式

常见的人体触电的形式一般分为直接接触触电和间接接触触电。

### 1. 直接接触触电

直接接触触电是指人体直接接触到带电体或者是人体过分地接近带电体而发生的触电现象。常见的直接接触触电有单相触电和两相触电。

(1) 单相触电。这是最常见的一种触电方式。人站在地面上,人体的某一部分接触电源的相线(又称为火线),电流从火线流经人体到大地或者中性线构成回路,这种触电方式称为单相触电,单相触电人体所承受的电压是相电压,如图1-1所示。在低压供电系统中发生单相触电,人体所承受的电压几乎就是电源的相电压220V。

(2) 两相触电。当人体同时接触电气设备或线路中的两相导体而发生的触电现象称为两相触电,如图1-2所示。在低压供电系统中,若人体触及一相火线、一相零线,人体承受的电压为220V;若人体触及两根火线,则人体承受的电压为线电压380V。因此,相对于单相触电来说,两相触电人体所承受的电压更高,因此危险性更大。

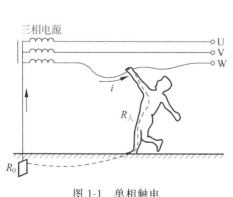

图 1-1 单相触电

图 1-2 两相触电

## 2. 间接接触触电

电气设备在故障情况下,如绝缘损坏,外露的可导电部分如金属外壳等则可能带电。当人体接触了可导电的设备外壳或金属构架,而发生的触电现象,称为间接接触触电,也称为"碰壳"故障触电,如图 1-3 所示。这种触电方式造成的后果取决于电气设备故障条件下的接触电压的大小。

另外一种间接触电的方式是跨步电压触电,如图 1-4 所示。当雷电流入大地或高压输电线因断落而触地时,电流就会在雷电流入点或导线的落地点向大地流散,于是地面上以导线落地点为中心,形成了一个电势分布区域,离落地点越远,电流越分散,地面电势也越低。人、畜跨入此区域内两脚之间将存在电压,称为跨步电压。人受到跨步电压时,电流沿着人的下身,从脚经腿、胯部又到脚与大地形成通路,有可能造成触电。

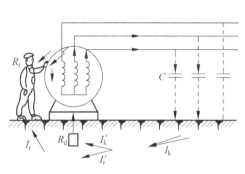

图 1-3 碰壳故障触电

图 1-4 跨步电压触电

## 1.2 人体触电的原因

人体触电的原因一般为以下几类:

(1) 未遵守安全操作规程,导致人体直接接触或近距离靠近电气设备带电部分。例如,未切断电源去进行接线操作或查找线路的故障;带电操作时未采取可靠的保护措施或者对电器操作方法不当;用潮湿的布擦拭电线或电器;随意更换熔断器规格使其失去保护作用等。

(2) 用电设备不符合要求。例如,电气设备内部绝缘损坏,导致人体触及带电的电气设备外壳或与之相连接的金属支架;设备金属外壳未加接地保护措施;因接线错误导致电器外壳带电等。

(3) 靠近电气设备绝缘损坏处或其他带电部分的接地短路处,接触到较高电压引起的伤害。

(4) 操作用电时不谨慎。违反规程乱拉电线、电灯,乱动电器用具造成触电。

## 1.3 人体触电的防护

发生人体触电时,电流流过人体会引起肌肉抽搐、内部组织损伤,严重时将引起昏迷、窒息甚至心脏停止跳动而死亡,这种伤害称为电击。另外,在电流的热效应、化学效应、机械效应的作用下,造成人体外伤如烁伤、烙伤和皮肤金属化等伤害,称为电伤。

### 1.3.1 安全电压

触电时,人体所承受的电压越低,流过人体的电流越小,触电伤害就越轻,当电压低到某一值后,对人体就不会造成伤害。安全电压是指人体不戴任何防护设备,接触带电体时对人体各部位不造成任何损害的电压。由于对触电后果产生直接影响的是触电电流而不是电压,因此在不同场合,当人体阻值不同时,安全电压的标准也是不同的。我国有关标准规定,安全电压分为12V、24V和36V这三个等级,分别适用于不同场合。一般环境条件下若无特殊防护措施,允许的安全电压是36V。在潮湿的环境,人体阻值相对较小,安全电压的标准就会相应降低。

### 1.3.2 触电保护措施

**1. 直接触电防护**

(1) 利用绝缘防护。
(2) 屏护或设置阻挡物防护。
(3) 安全距离防护。
(4) 自动断电防护。通过加装漏电保护、过电流保护、过电压或欠电压保护、过载保护等,在故障发生时自动切断电源,可起到保护作用。

**2. 间接触电防护**

(1) 工作接地。将电源变压器和三相四线电路中的中性点通过接地装置与大地可靠地连接起来称工作接地,如图1-5所示。实行工作接地后,当单相对地发生短路故障时,短路电流使熔断器断开或自动断路器跳闸断电,起到安全保护的作用。

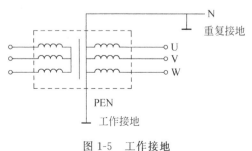

图1-5 工作接地

(2) 保护接地和保护接零。电气设备外露的导电部分和设备发生绝缘故障等导致设备外壳带电,会对人体造成伤害,为了降低接触电压,减少对人体的危害,应该对设备的金属外壳进行接地。在电源中性点不接地或经阻抗接地系统(三相三线制)或者电源中性点直接接地并引出中性线(三相四线制系统)系统中,将设备外壳通过各自的接地体与大地紧密相接,这种接地方式称为保护接地,如图1-6所示。在IT系统中,采用保护接地,只要将接地电阻限制在足够小的范围内,就能使流过人体的电流小于安全电流,从而保证人身安全。在TT系统中,采用接地保护后,当电气设备发生"碰壳",设备外壳接地故障电流流经保护接地电阻、系统工作接地电阻以及电源构成回路,需要装设灵敏度较高的电流保护装置切除故障回路。

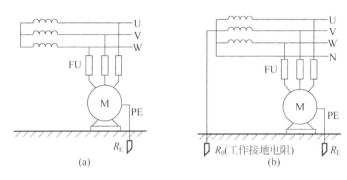

图1-6 接地故障保护
(a) IT系统;(b) TT系统

在电源中性点直接接地并引出中性线(N线)系统中,还可以将设备外壳等可导电部分通过公共的保护线(PE或PEN)接地,这种方式过去称为"保护接零"。TN系统保护接零如图1-7所示,为确保公共PE线或PEN线安全可靠,除了中性点进行工作接地外,还必须在PE线或PEN线的其他地方进行多次接地,称为重复接地。

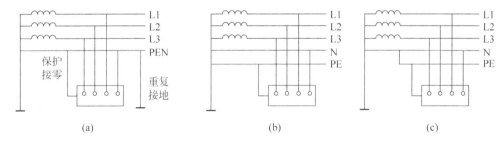

图1-7 保护接零
(a) TN-C系统;(b) TN-S系统;(c) TN-C-S系统

(3) 插座的接线方法。插座上端标有接地符号的孔为保护接零端,如三眼插座上边的孔接地线,右边的孔是电源火线,左边的孔是中性线;四眼插座上边的孔接地线,其他三个孔接三相火线,连线如图1-8所示。插座接线不能接错,否则会造成负载零电压或相电压通过插座内连线使用电设备外壳带电。

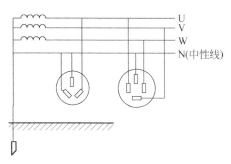

图 1-8 插座的正确接法

## 思 考 题

1. 三眼插座中的电源火线与中性线接反,用电器会造成什么故障?
2. 人体能承受的安全电压是多少?

# 常用电工仪器和仪表

## 2.1 电磁系电压表和电流表

电磁系电压表可以测量直流电压和交流电压,电磁系电流表可以测量直流电流和交流电流。电磁系仪表测量交流电时指针指示的数值是交流电的有效值。电磁系测量仪表指针偏转角度与线圈中的电流的平方成正比,电磁系测量仪表的刻度尺是不均匀分布的。指针的偏转角度和线圈中的电流有以下关系:

$$\alpha = K(NI)^2 \tag{2-1}$$

式中,$K$ 是仪表结构常数;$N$ 是偏转线圈匝数;$I$ 是偏转线圈电流。

测量直流电压时电压表要和被测电路并联,电压表"+"端接被测电路高电位端,"-"端接被测电路低电位端;测量交流电压时,电压表不分正负极性。测量时根据被测电压或电流的大小选择量程,尽量使指针偏转在标尺的 2/3 的以上范围,使测量结果准确。测量电路如图 2-1 所示。

测量直流电流时,电流表"+"端是电流流入端,"-"端是电流流出端。电流表必须与被测电路串联。测量时若不知被测电流大小,一般选择电流表最大量程,若量程太大,再选择合适的量程。测量电路如图 2-2 所示。

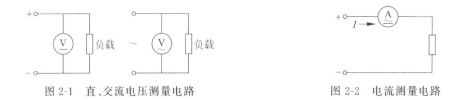

图 2-1 直、交流电压测量电路 　　　　图 2-2 电流测量电路

## 2.2 模拟式万用表

模拟式万用表又称指针式万用表,采用磁电系表头作为测量指示机构。指针式万用表可以测量直流电流、直流电压、交流电压、电阻和音频电平,有的指针式万用表可以测交流电流、三极管放大倍数、电容、电感等参数。

## 2.2.1 模拟式万用表的组成原理

**1. 表头**

1) 表头结构及工作原理

指针式万用表采用磁电系表头,其内部结构如图 2-3 所示,它由永久磁铁、极掌、圆柱形铁芯、转动线圈、转轴、指针、游丝、平衡锤和调零器组成。永久磁铁在两极掌和固定在仪表支架上的圆柱形铁芯之间形成一个均匀分布的磁场。转动线圈与转轴、指针、游丝、平衡锤、调零器装成一体。转动线圈用细漆包线绕制在矩形铁芯框架上,当线圈内流过电流时,可以在气隙内转动。转轴两端支承在表头支架的轴承上。安装在转轴两端的两盘游丝,绕向相反,其内端固定在转轴上与转动线圈相连,并参与导通电流。其中一盘游丝的外端固定在支架上,另一盘游丝外端与调零器相连。当仪表指针不在零位时,可以调节调零器上的调零螺丝,改变游丝的松紧程度,使指针指零。

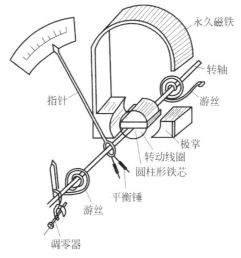

图 2-3 表头结构

2) 表头的偏转原理

指针式万用表起主要作用的是磁电系表头。表头的满偏转电流一般由 $10\mu A$ 到 $100\mu A$,满偏转电流越小,灵敏度越高,表头性能越好。

磁电系表头一般由永久磁铁、动圈框架、动圈绕组、游丝、轴承支架和指针组成。永久磁铁在空气隙中产生均匀辐射磁场,动圈绕组中通以直流电流,二者相互作用使动圈产生转动力矩。当转动力矩与装在转轴上的游丝所产生的反作用力矩平衡时,指针便停下来,从表盘标度尺上可以读出测量的电量。

通电导体在磁场中受力的方向可以由左手定则来判断。受力的大小由下式决定:
$$F = B_0 I L N \tag{2-2}$$

作用于动圈绕组上的转动力矩由下式决定:
$$M = 2F \times b/2 = Fb = B_0 I L b N = B_0 I S N \tag{2-3}$$

式中,$B_0$ 为空气隙中的磁感应强度;$I$ 为通过动圈绕组电流;$L$ 为动圈绕组在空气隙中的有效长度；$b$ 为动圈绕组的平均宽度；$S$ 为动圈的有效面积；$N$ 为动圈绕组匝数。

转动力矩使与线圈固定在一起的转轴转动时，游丝抱紧，产生反作用力矩 $M_反$。反作用力矩的大小与游丝抱紧的松紧成正比，即与线圈转动时的角度 $\alpha$ 成正比。

$$M_反 = k\alpha \tag{2-4}$$

式中，$k$ 为游丝的反作用系数，其值由游丝的材料、尺寸决定；反作用力矩的大小随线圈偏转的角度 $\alpha$ 增大而增大，当达到某一平衡位置时，指针停止在某一位置。

$$M = M_反 \tag{2-5}$$
$$B_0 I S N = k\alpha \tag{2-6}$$
$$\alpha = B_0 I S N / k \tag{2-7}$$

式中，$B_0$、$S$、$N$、$k$ 为常数；线圈偏转角度 $\alpha$ 与通过线圈的电流 $I$ 成正比，即用指针偏转角度的大小指示被测电流的大小，并在标度尺指示被测电流的值。

由以上两式可以确定动圈转动力矩 $M$ 与动圈中通过的电流 $I$ 成正比，与动圈绕组相连的表指针转动的角度与通过动圈绕组的电流 $I$ 成正比，即电流 $I$ 越大，指针偏转的角度越大。

3）表头参数测定

表头参数主要指表头内阻和表头灵敏度，这两个参数是组装万用表电路的重要依据。在组装万用表时须测定表头内阻和灵敏度的精确值，与表头标定值比较，尽可能选择标准的表头。

（1）表头内阻的测定。表头内阻指动圈绕组的直流电阻。表头内阻的测量方法应用电桥法，测量电路如图 2-4 所示。图中 $R_1 = R_2$，$R_X$ 为标准电桥调节电阻，其旋钮的标示值指示调节电阻，$R_M$ 为表头内阻。当 $R_X = R_M$ 时，检流计 G 指示为零，$R_X$ 标示值指示表头内阻值。

（2）表头灵敏度的测定。测定表头灵敏度是测量其满偏转时的电流值，电流值越小表明表头灵敏度越高。测量电路如图 2-5 所示。图中 $M_1$ 为比被测表高 1～2 级的标准表，$M_2$ 为被测表头。调节 $R_2$ 使被测表指针指示满偏转，此时标准表上指示的电流值即为被测表的灵敏度。

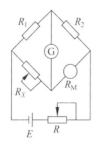

图 2-4 表头内阻测量电路

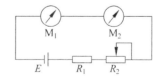

图 2-5 表头灵敏度测量

## 2. 转换开关

转换开关用于选择测量参数及量程，用于切换需要连接的测量电路。转换开关包括固定触点和活动触点。MF-47 型万用表的转换开关如图 2-6 所示。此转换开关直接在印制电路板上作出，使用手动旋钮，通过旋转和手动旋钮装在一起的活动触点选择测量电路。

图 2-6 转换开关

### 3. 表盘

表盘是万用表指示测量的电参数,标度尺表盘中共有 6 条标度尺,每个标度尺的指示量如下:

(1) 欧姆挡标度尺;
(2) 直流电流、直流电压和交流电压公用标度尺;
(3) 三极管直流放大系数标度尺;
(4) 测量电容标度尺;
(5) 测量电感标度尺;
(6) 测量音频电平标度尺。

### 4. 测量电路

指针式万用表测量电路由直流电流、直流电压、交流电压和电阻等测量电路组成。各测量电路把被测电量转换成表头所能接受的微小电流,使表头指针偏转。MF-47 型指针式万用表电路图如图 2-7 所示。电路中分为直流电流、直流电压、交流电压、电阻和三极管放大倍数测量电路。表头内阻为 $1.7\text{k}\Omega$,灵敏度为 $46.2\mu\text{A}$。

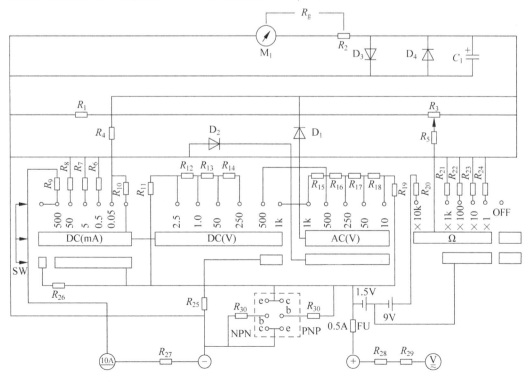

图 2-7 MF-47 型指针式万用表电路

## 2.2.2 万用表测量原理

**1. 直流电流挡测量电路及原理**

MF-47 型万用表使用的表头灵敏度 46.2μA,若使用表头测量直流电流,其测量范围局限在 0~46.2μA 内。若想增大测量电流,需要给表头并联分流电阻,直流电流挡测量电路如图 2-8 所示。图中 $I_g$ 为表头偏转电流,当 $I_g$=46.2μA 时,表头满偏转。当不并联 $R$ 时,电路为直流 50μA 挡,$I_{50\mu A}$ 与 $I_g$ 的关系满足下式:

$$I_{50\mu A} = \frac{R_g + R_1 + R_3}{R_1 + R_3} I_g$$

因表头指针偏转角度与 $I_g$ 成正比,$I_{50\mu A}$ 与 $I_g$ 成正比,故表头指针偏转角度与 $I_{50\mu A}$ 成正比。

电路图中若在 a、c 两端并联不同阻值的电阻 $R$,($R$=555Ω,$R$=50.5Ω,$R$=5Ω,$R$=0.5Ω)可将直流电流量限扩大为 500μA、5mA、50mA、500mA。并联电阻由下式得出。

$$R = \frac{R_{ac} I_{50\mu A}}{I - I_{50\mu A}}$$

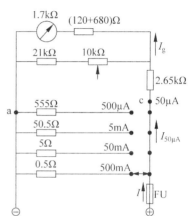

图 2-8 直流电流挡测量电路

直流电流各挡并联电阻选定后,各挡电流 $I$ 与表头电流 $I_g$ 满足下式:

$$I = \frac{R_{ac} + R}{R} I_{50\mu A} = \frac{R_{ac} + R}{R} \times \frac{R_g + R_1 + R_3}{R_1 + R_3} I_g$$

上式表明,直流电流各挡并联电阻选定后,各挡电流 $I$ 与表头电流 $I_g$ 成正比,表头偏转角度与 $I_g$ 成正比,因此表头偏转角度与 $I$ 成正比,表头指针线性的指示输入电流值。

**2. 直流电压挡测量电路及原理**

直流电流 50μA 挡是一个量程很小的直流电压测量电路,当 50μA 挡表头满偏转时,$I_g$=46.1μA,计算得出 $R_{ac}$=5kΩ,指针所指示的电压值为

$$U_{ac} = 50\mu A \times R_{ac} = 50 \times 10^{-6} A \times 5 \times 10^3 \Omega = 0.25V$$

若要扩大直流电压量程,需要在 50μA 电流挡基础上串联分压电阻,才能使表头指示所测直流电压。串联的电阻值越大测量的电压范围越大。串联多个分压电阻,就构成多量程的直流电压测量电路,电路如图 2-9 所示。

测量直流电压应串电阻 $R_F$ 与输入电压 $U$ 满足如下关系:

$$U = (R_F + R_{ac}) I_{50ac}$$

式中,$R_F$ 为各挡串联电阻。上式表明直流电压挡若选择 1V 挡,当表头满偏转时,$I$=50μA,此时的等效电阻为

$$R_F + R_{ac} = \frac{U}{I_{50\mu A}} = \frac{1V}{50 \times 10^{-6} A} = 20k\Omega$$

所求值为直流电压灵敏度,即用直流电压挡测量每伏直流电压需要 20kΩ 内阻值,用

$20\text{k}\Omega/\sim\text{V}$ 表示。直流电压灵敏度越高,测量直流电压时流过电压表电流越小,测量结果越准确。

直流电压挡输入电压 $U$ 与表头偏转电流 $I_g$ 有如下关系:

$$U = (R_F + R_{ac})I_{50\mu A} = (R_F + R_{ac})\frac{R_g + R_1 + R_3}{R_1 + R_3}I_g$$

上式表明,直流电压挡输入电压 $U$ 与表头偏转电流 $I_g$ 成正比,表头线性地指示直流电压值。

**3. 交流电压挡测量电路及原理**

万用表采用的磁电系的表头只能测量交流电流和直流电压,要测量交流电压必须加装整流电路,将交流电压变为直流电压,才能测量。万用表采用的整流电路由两个二极管组成半波整流电路。交路电压测量电路如图 2-10 所示。

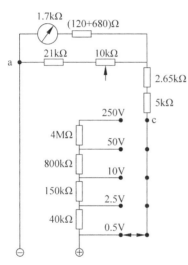

图 2-9 直流电压测量电路

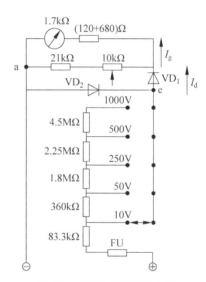

图 2-10 交流电压测量电路

当交流电压正半周时,二极管 $VD_1$ 导通,$VD_2$ 截止,表头流过电流;当交流电压负半周时,二极管 $VD_1$ 截止,$VD_2$ 导通,电流不流过表头,$VD_2$ 导通后,两端为低电压,这样可以防止 $VD_1$ 被击穿,同时也保护了表头。

流过表头的电流是大小变化的脉动电流,由于表头转动部分的惯性,指针不能跟随电流变化,只是偏转在脉动电流的平均值上,即指针的偏转角与被测交流电压的整流平均值成正比。交流电压表盘标度尺指示为交流电的有效值,而整流管整流的是电流的平均值。由于全波整流因子 $P = 0.9$,半波整流因子 $P = 0.45$,因此在半波整流电路中,平均值 $I_d$ 与有效值的 $I_D$ 关系是 $I_d = 0.45 I_D$。

在图 2-10 所示的交流电压测量电路中,电流 $I_d$ 和 $I_g$ 的关系由下式得出。

$$I_g R_g = (I_d + I_g)(R_1 + R_3)$$

$$I_d = \frac{R_g + R_1 + R_3}{R_1 + R_3}I_g$$

将各电阻值代入上式得

$$I_d \approx 50 \times 10^{-6} \text{A}$$

$$I_D = \frac{I_d}{0.45} \approx \frac{50 \times 10^{-6}}{0.45} \text{A} \approx 111 \times 10^{-6} \text{A}$$

上式结果表明,交流电路测量交流电压时,要使表头满偏转,输入电流为 $50\mu\text{A}$。若要测量 1V 交流电压,测量电路 ae 两点间的等效电阻应为

$$R_{ae} \approx \frac{1\text{V}}{I_D} = \frac{1\text{V}}{111 \times 10^{-6} \text{A}} = 9\text{k}\Omega$$

此值为交流电压灵敏度,即要测量 1V 交流电压,交流电压挡需要 $9\text{k}\Omega$ 内阻,用 $9\text{k}\Omega/\sim$V 表示。

交流电压挡输入电压 $U$ 与表头偏转电流 $I_g$ 的关系由下式得出:

$$U = (R_F + R_{ad})I_d = (R_F + R_{ad})\frac{R_g + R_1 + R_3}{R_1 + R_3}I_g$$

式中各电阻值为常数,交流输入电压 $U$ 与表头电流 $I_g$ 成正比,表头指针线性地指示出 $U$ 的值(式中忽略二极管压降)。

**4. 电阻测量电路及原理**

1) 测量原理

电阻测量电路如图 2-11 所示。图中 a、b 两点间的等效电阻称为欧姆挡 $R \times 1$ 挡的综合内阻,用 $R_z$ 表示;$R_b$ 是欧姆分挡并联电阻。欧姆挡的外测电阻用 $R_x$ 表示。

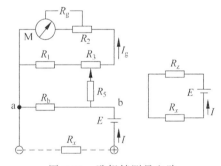

图 2-11 欧姆挡测量电路

在测量电路中,当 $R_x = 0$ 时,根据欧姆定律 $I = E/R_z$,当 $I_g = 46.2\mu\text{A}$ 时表头满偏转,表头指针所指示的测量电阻为零。若 $R_x \neq 0$ 时,$I = E/(R_z + R_x)$,表头电流按下面规律变化。

| | | |
|---|---|---|
| $R_x = 0$ | $I = 46.2\mu\text{A}$ | 表头指针满偏转; |
| $R_x = 1/2 R_z$ | $I = 30.7\mu\text{A}$ | 表头指针偏转 2/3; |
| $R_x = R_z$ | $I = 23.05\mu\text{A}$ | 表头指针偏转 1/2; |
| $R_x = 2R_z$ | $I = 15.4\mu\text{A}$ | 表头指针偏转 1/3; |
| $R_x = 3R_z$ | $I = 11.525\mu\text{A}$ | 表头指针偏转 1/4; |
| ⋮ | ⋮ | ⋮ |
| $R_x = \infty$ | $I = 0$ | 表头指针不动。 |

2) 零欧姆调节

在电阻测量电路中，$E$ 为干电池，由于其两端电压会随时间下降，当 $R_x=0$ 时，表头不能达到满偏转，指针不能指零，此时测量电阻 $R_x$ 的数据会产生测量误差。电路中的电位器 $R_3$ 为零欧姆调节电位器。当 $R_x=0$ 时，表头指针不指零，此时调节 $R_3$ 改变分流电阻，增大表头电流，使指针指在欧姆表标度尺的零欧姆位置。

3) 电阻挡的倍率

当外测电阻 $R_x=0$ 时，即万用表红黑两支表笔对接，此时表头指针满偏转。当 $R_x=R_z$ 时，表头指示欧姆挡标尺中间位置，这个指示值称为表盘中心标度阻值，此时 a、b 两点间的等效阻值 $R_{ab}$ 称为 $R\times 1$ 挡综合内阻值。

当 $R_x \neq R_z$ 时，表头指针的指示值是非线性的变化规律，因此欧姆挡的标度尺是一个非线性的标度尺，标度尺分格是不均匀的。

当被测电阻 $R_x$ 较大时，按照 $R\times 1$ 挡的方法，须改变电阻 $R_b$ 的大小，加大综合内阻值 $R_z$。为满足欧姆挡各挡的测量要求，综合内阻值每变化一次为原综合内阻值的 10 倍，外测电阻可以增大 10 倍。但是表头指针的指示值还是 $R\times 1$ 挡的阻值，因此某一挡的中心阻值与表盘中心标度阻值的关系为：

某挡中心阻值 = 表盘中心标度阻值 × 该挡倍率

MF-47 型万用表 $R\times 1$ 挡的中心阻值为 $16.5\Omega$，$R\times 10$ 挡的中心阻值为 $165\Omega$，$R\times 100$ 挡的中心阻值为 $1650\Omega$，$R\times 1\text{k}\Omega$ 挡的中心阻值为 $16.5\text{k}\Omega$，$R\times 10\text{k}\Omega$ 挡的中心阻值为 $165\text{k}\Omega$。

**5. 晶体管放大倍数测量电路及原理**

三极管放大倍数测量电路可以从万用表总图中等效为图 2-12 电路。

三极管放大倍数等于集电极电流 $I_c$ 与基极电流 $I_b$ 的比值，即

$$h_{FE} = \frac{I_c}{I_b}$$

因为 $I_c \approx I_e$，因此上式可以变为

$$h_{FE} = \frac{I_c}{I_b} \approx \frac{I_e}{I_b}$$

测量电路在 $E$ 一定的情况下由于 $R_b$ 不变、$U_{be}$ 不变，因此 $I_b$ 为一常量，直流电流表测量的是发射极电流的大小，表头指针指示的放大倍数 $h_{FE}$ 与 $I_e$ 呈线性关系，由此测量出三极管放大倍数。

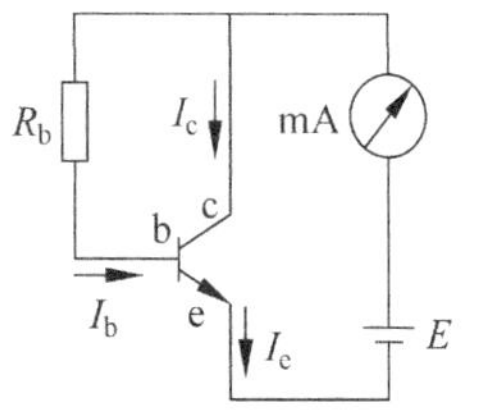

图 2-12　三极管放大倍数测量电路

## 2.2.3　指针式万用表的安装

**1. 安装步骤**

(1) 核对万用表的元件，检测元件的参数。

(2) 根据图 2-4 和图 2-5 电路检测表头内阻和灵敏度，选择满足电路参数的表头。

(3) 检查表头质量：
① 表头偏转后回零位时应无卡轧现象。
② 在水平和垂直方向上使指针左右摆动，偏转太大，说明轴承螺丝太松，不偏转说明轴承螺丝太紧。
③ 表头指针不指零时，调整表头调整螺丝，使指针在零位。
④ 确定每一只色码电阻的阻值及在印制电路中的位置。
⑤ 焊接每一只电阻，要保证每一个焊点的焊接质量。
⑥ 在表箱内安装好表头、转换开关、导线及其他附件。
⑦ 对照电路图检查电路有无错焊、漏焊、虚焊等问题。

**2. 工艺要求**

(1) 印制电路板焊接完毕后，要保持元件整齐排列，板面清洁，以防止发生短路现象。
(2) 转换开关安装时要做到松紧适合，旋转时能听到嗒嗒的定位声音即可。
(3) 引导线较长的电阻要套塑料管，以免和电路板发生短路。

**3. 万用表的调试与校验**

为消除表头内阻以及组装万用表所使用用电阻本身的误差所带来的偏差，需要对万用表进行调试与校验，以提高测量的准确度和精度。

1) 直流电流挡调整

按图 2-8 所示电路调整直流电流 0.05mA 挡，使得 a、c 两端的等效电阻为 5kΩ。具体方法为：将万用表转换开关拨至直流电流 0.05mA 挡位处，用 1kΩ 的电位器代替图中 (120+680)Ω 电阻，用数字万用表测量 a、c 两端的电阻，调节电位器，使得万用表测得的输出等效电阻为 5kΩ，此时测量电位器的数值，选用相应的阻值焊接在电路板相应的位置上。调试完成后，按照图 2-5 测试装好的万用表，$M_1$ 为标准表，$M_2$ 为被测表，标准表比被测表高 1～2 等级。首先调整 50μA 挡，若被测表指示有偏差，重新调整图 2-7 所示的电阻 $R_2$，使 "+" "−" 两端电阻值为 5kΩ。直流电流其他各挡在调试时，需调整相应并联的电阻值，方法同上。在校验时，调整电流使标准表与被测表均指示满偏值，直至达到允许的测量精度范围。

2) 调整电阻挡中心阻值

电阻挡的调试和校验是通过测量欧姆挡的中心阻值来实现的。具体方法为：分别用电阻箱调出各电阻挡的中心阻值，其中 R×1 挡为 16.5Ω，R×10 挡为 165Ω，R×100 挡为 1650Ω，R×1kΩ 挡为 16.5kΩ，R×10kΩ 挡为 165kΩ。用装配完毕后的万用表测量电阻箱电阻，观察表头指针是否指示电阻挡标尺中心。若指不到中心阻值，对于 R×1 挡，调整图 2-11 中的可变电阻 $R_3$，直到指到中心为止。其他电阻挡中心阻值的调整需调整相应挡位并联的电阻 $R_x$，使各挡中心阻值达到标准值。

3) 直流电压挡和交流电压挡的调整

按照图 2-13 所示的电路调试万用表的直流电压挡和交流电压挡。分别从 10V 挡开始，由小到大逐挡调整各挡电阻，使被测表头指示值与标准表头均指示为满偏。对于交流 10V、50V 和 250V 挡来说，需要从小到大逐步调整图 2-10 所示的串联电阻的阻值，即分

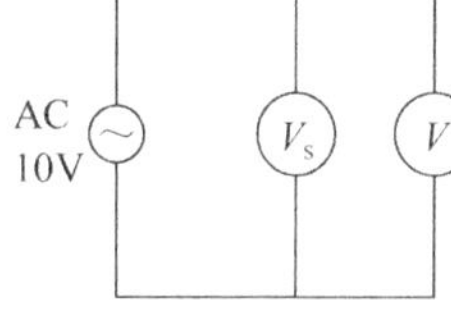

图 2-13 交流电压挡调试及校验图

别调整电阻 83.3kΩ、360kΩ 和 1.8MΩ。下面以交流 10V 电压挡为例说明调试过程。首先将转换开关拨至交流 10V 电压挡,然后用 100kΩ 电位器代替 83.3kΩ 电阻焊接在电路板相应位置上,然后用万用表测量标准表校准过的交流 10V 电压值,调整电位器的值,使得万用表指针满偏转。取下电位器,测量阻值,并用实际测得的阻值代替原来的 83.3kΩ 电阻,焊接在该位置上,则该挡位调整完毕。其他挡位调整方法同上。

4) 三极管放大倍数的调整

将万用表转换开关旋到三极管放大倍数 $h_{FE}$ 挡,用 47kΩ 电位器代替图 2-7 所示万用表电路中的电阻 $R_{30}$(20kΩ),将三极管插入管孔内,观察表头指示的 $h_{FE}$ 数值,并与数字万用表所测同一支三极管的放大倍数进行比较,若不一致,调整电位器,使 $h_{FE}$ 达到数字万用表所测量的标准值。最后,用实际调整后的固定电阻值替换 47kΩ 电位器焊接在 $R_{30}$ 位置。

经调整完毕的万用表,即可投入正常使用。

**4. 常见故障及原因**

(1) 指针回零时卡住不动,调节调零螺丝或打开表头修理。

(2) 电阻挡短接表笔,指针不动。转换开关装反,或是转换开关动触点与印制电路板接触不良。

(3) 调整电阻挡中心阻值时,电位器已旋到最大值仍调不到准确值,这是因为电阻挡量程不对,或是表头内阻不准,重换表头。

(4) 电阻挡调不到零。电池电压不足,更换电池。

(5) 电阻挡个别挡读数不准。此挡电阻值不对,更换电阻。

(6) 直流电流挡指针偏转超出标尺,分流电阻断路或虚焊,重新焊接。

(7) 直流电流挡各挡指示电流偏低,直流电流挡各挡公用电阻 $R_{10}$ 阻值不对,更换电阻。

(8) 直流电压挡测量电压不准,串联电阻值不对,更换电阻。

(9) 交流电压挡各挡无读数,整流二极管焊反或损坏,更换整流二极管。

(10) 个别挡读数时大时小,这是因为转换开关及表笔插口接触不良。

**5. 实训作业**

画出欧姆挡测量电路,并分析测量原理。

## 2.3 数字万用表

数字万用表可以测量直流电压(DCV)、交流电压(ACV)、直流电流(DCA)、交流电流(ACA)、电阻($R$)、电容($C$)、温度($T$)、频率($f$)。功能强的数字万用表可以测电感($L$)、可以产生信号。

数字万用表显示位数有 $3\frac{1}{2}$、$3\frac{2}{3}$、$3\frac{3}{4}$、$4\frac{1}{2}$、$5\frac{1}{2}$、$6\frac{1}{2}$、$7\frac{1}{2}$、$8\frac{1}{2}$ 位共 8 种显示量程。在显示位数中,整数位表示最高显示位后面的显示位数;分数中的分子表示最高显示位所能显示的数字;分母是最大极限量程显示的数字。例如,$3\frac{2}{3}$ 位中,分子中的 2 表示该数字万用表最高位能显示 0~2 的数字,分母中的 3 表示最大极限量程为 3000,整数 3 表示最高显示位后有 3 位整数位,最大显示值为±2999。

数字万用表分辨率表示测量的精度,用数字万用表所能显示的最小数字与最大数字的百分比表示。例如,3⅔位的分辨率为 1/2999(0.033%)。

数字万用表的使用方法如下:

1) 测量直流电压

数字万用表转换开关拨到"DCV"适合测量参数的挡位,黑表笔插入"COM"插孔,红表笔插入"VΩ"插孔。直流电压 200 单位是 mV,其他各挡单位是 V。直流电压最大测量挡是 1000V。液晶显示器显示 DC 字母。

2) 测量交流电压

数字万用表转换开关拨到"ACV"适合测量参数的挡位,红、黑表笔插孔位置和直流电压相同,交流电压最大测量挡是 750V。液晶显示器显示 AC 字母。

3) 测量直流电流和测量交流电流

数字万用表转换开关拨到"DCA"位置,测量直流电流的合适挡位,交流拨至"ACA"位置。被测电流小于 200mA 时,红表笔插入"mA"插孔,黑表笔插入"COM"插孔,测量大于 200mA 的电流,红表笔插入"10A"插孔,显示值单位为 A。

4) 测量电阻

数字万用表转换开关拨到欧姆挡适当量程,红表笔插入"VΩ"插孔,200 挡单位是 Ω,2M 和 20M 单位是 MΩ,其他各挡显示值单位是 kΩ。

5) 测量三极管放大倍数($h_{FE}$)

确定三极管是"NPN"型或"PNP"型,将三极管引脚插入 e、b、c 插孔,转换开关拨到"$h_{FE}$"位置,液晶显示器显示三极管放大倍数,范围为 40~1000。

6) 读数

测量时,数字万用表会出现跳数现象,等到液晶显示器所显示的数字稳定后再读数才能保证读数准确在测量中,若液晶显示器最高位显示"1",其他位无显示数字,是因为万用表量程小于实际测量值,应选择更高量程进行测量。

7) 选挡

测量电压和电流时,若不知道测量值的大概范围,应选择万用表最高挡测量,然后选择合适的量程。

8) 表笔位置

数字万用表红表笔插入"VΩ"插孔(mA/V/Ω 插孔),为高电位;黑表笔插入"COM"插孔,为低电位。测量交流电压时,应用黑表笔接触被测交流电压的零线端,以消除仪表输入端分布电容的影响,减小测量误差。

## 2.4 直流单臂电桥

**1. 直流单臂电桥的组成**

直流单臂电桥原理图和面板图如图 2-14 所示,电桥的面板下方有两个按钮开关,其中

B是电源支路开关,G是检流计支路开关,面板右下方一对标有"$R_x$"的接线柱是用来连接被测电阻的,电桥需要三节2号电池,也可以外接电源,面板左上方标有"+""-"符号的接线柱接入外接电源。

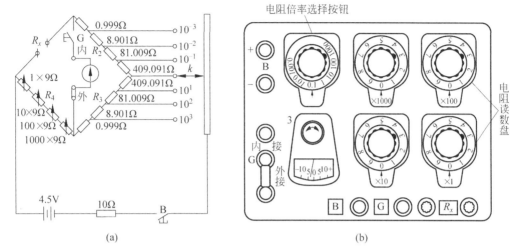

图 2-14　QJ23直流单臂电桥
(a) 原理图；(b) 面板图

直流单臂电桥可用内附检流计,也可外接检流计,面板左下方的三个接线柱,用内附检流计时,用金属片短接下面两个接线柱；外接检流计时,用金属片短接上面两个接线柱。检流计上有锁扣,可以锁住可动部分。

直流单臂电桥测量电阻 $R_x$ 的阻值由4个读数盘所示的阻值相加得到的,旋转4个读数盘可以改变测量阻值的测量范围 0～9999Ω。

**2. 直流单臂电桥的使用**

(1) 打开检流计锁扣,将G接线柱的金属片由内接改到外接,打开检流计支路开关,将指针调到零位。

(2) 将被测电阻接到标有 $R_x$ 的两个接线柱之间,根据被测电阻的大概阻值,选择4个读数盘的倍率,几欧时,应选择0.001的比率,十几欧到100Ω应选择0.01的比率,几十欧到1000Ω应选择0.1的比率,后面以此类推。正确选择比率,提高测量精度,防止损坏检流计。

(3) 测量时,按下电源支路开关B并锁住,再按下检流计按钮G,根据检流计指针偏转的方向,加大或减小读数盘电阻,若指针向正方向偏转,应加大读数盘电阻；若指针向反方向偏转,应减小读数盘电阻。反复调节直到指针指到零,电桥达到平衡。读取读数盘电阻,被测电阻＝读数盘倍率×读数盘总阻值。

(4) 在调节电桥平衡时,每调节一次读数盘电阻,短时按下按钮G,当指针偏转较小时,才可锁住按钮G,继续调节读数盘直至电桥平衡。

(5) 测量完毕后,先松开按钮G,再松开按钮B,断开电源,拆除被测电阻,将各读数盘旋钮置于零,并将检流计金属片从外接转换到内接,锁住检流计,以免损坏悬丝。

## 2.5 晶体管毫伏表

DA-16 型晶体管毫伏表是电工电子实践中常用的电子仪器,面板如图 2-15 所示,其主要性能和使用方法如下。

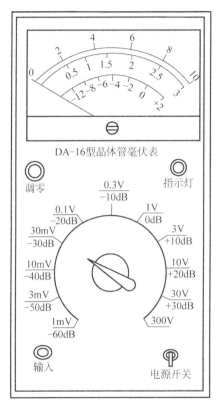

图 2-15 DA-16 型晶体管毫伏表

### 2.5.1 主要性能

(1) 测量电压范围是 $100\mu V \sim 300V$ 交流电压,分为 11 挡,表头指示值是正弦波有效值。
(2) 可以测量 $20Hz \sim 1MHz$ 正弦波电压。
(3) 输入信号频率 1kHz 时输入电阻大于 $1M\Omega$。
(4) 基本测量误差小于 $\pm 3\%$。

### 2.5.2 使用方法

(1) 测量时毫伏表垂直放置。

(2) 接通电源,将输入线短接,毫伏表指针摆动稳定后,调整调零旋钮,使指针停在零位,可进行测量。

(3) 测量时正确选择毫伏表的挡位,一般先选择最大挡位开始测量,再确定合适的挡位。

(4) 为了减小测量误差,测量时使指针指示在1/3以上的区域。

(5) 测量时应先接低电位线(地线),后接高电位线。测量结束时,先取下高电位线,避免打弯指针。

(6) 测量时,输入线使用屏蔽线,防止感应信号干扰测量。

(7) 毫伏表刻度标尺显示有效值,若测量电压是非正弦电压,表盘指示的测量电压值误差较大。

## 思 考 题

1. 指针式万用表标度尺中交流挡显示交流的什么值?
2. 如何扩大指针式万用表直流电压挡的量程?
3. 数字万用表显示1表示什么含义?

# 机电控制元器件

## 3.1 低压电器

低压电器适用于额定电压交流1200V或直流1500V及以下的电路,起通/断、保护、控制、转换及调节等作用,是成套电气设备的基本组成元件。在工业、农业、交通、国防以及人们日常生活用电过程中,大多数采用低压供电,因此电器元件的质量将直接影响到低压供电系统的可靠性。

### 3.1.1 低压电器的分类

低压电器的动作原理是根据外界的信号和要求,能手动或自动地接通和断开电路,连续或断续地改变电路参数,以实现对电路的通/断、控制、保护、检测、转换和调节的元器件或设备,因此品种繁多,用途广泛,每种电器使用都有各自的要求,我们在使用过程中可以参考电工手册,以便满足我们实际工程线路需要。

下面介绍几种常用的低压电器的分类方法。

**1. 低压电器根据其在电路中所处的位置和作用分类**

低压电器根据其在电路中所处的位置和作用可分为低压配电电器和低压控制电器两大类。

**2. 根据动作原理分类**

(1) 非自动切换电器即手动电器,是指通过外力直接操作来完成指令任务的电器。例如,刀开关、足踏开关、转换开关等。

(2) 自动切换电器即自动电器,是指不需要外力操作,而是按照本身的参数变化或外来信号自动完成指令任务的电器。如熔断器、接触器、继电器等。

**3. 根据用途分类**

(1) 主令电器。用于自动控制系统中发送指令的电器。如按钮、刀开关、行程开关等。

(2) 控制电器。用于各种控制电路和控制系统的电器。如接触器、控制器、起动器等。

(3) 保护电器。用于保护电路中用电设备及人身安全的电器。如熔断器、热继电器、避雷器等。

(4) 执行电器。用于完成某种动作或传动功能的电器。如电磁铁、电动机等。

(5) 配电电器。用于电能的输送和分配的电器。如隔离开关、变压器等。

## 3.1.2 常用的低压电器简介

低压电器一般由检测机构和执行机构组成,检测机构用来接收信号,执行机构由触头动作完成。

**1. 低压开关**

低压开关主要用于成套设备中的隔离电源,也可用于不频繁的接通和断开的低压供电电路,但它在操作中也有一定的缺点,比如,操作时有触电危险;开关速度受人为动作速度控制;产生的电弧会磨损和烧毁触头等,所以不能用于直接起停电动机。

常见的有低压刀形开关、组合开关及空气断路器等。

**2. 按钮**

按钮属于主令电器,用于自动控制系统中的指令发出。在控制电路中通过它发出"指令"去控制接触器、继电器等电器,再由接触器、继电器的触头去控制自动控制系统中主电路的通断,它同时也是操作人员与控制装置之间联系的纽带,是手动控制电器。

1) 结构

按钮主要由按钮帽、复位弹簧、动触头、常闭静触头、常开静触头等组成。常见的按钮有:带有自锁、带指示灯、复合按钮等。由于按钮触头一般可通过的电流不超过5A,因此不能直接用于控制主电路的通断。实物与符号如图3-1所示。

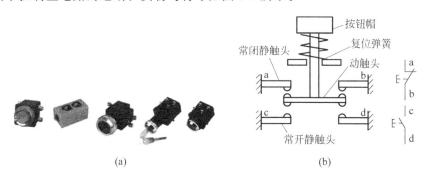

图 3-1 按钮实物和符号
(a) 实物;(b) 结构

由于我们一般标识的是静止状态下的触头状态,因此以下将常闭静触头、常开静触头简称常闭触头、常开触头。

2) 表示符号

按钮用"SB"表示,其常开触头、常闭触头符号如图3-2所示。

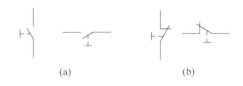

图 3-2 按钮开关的表示符号
(a) 常开触头;(b) 常闭触头

3) 按钮的选择

按钮的选用应根据使用的场合、被控制电路所需触头数目及按钮帽的颜色等方面综合考虑。为便于识别各按钮作用,避免误操作,在按钮帽上采用不同颜色以示区别,一般红色表示停止按钮、紧急停车按钮,绿色或黑色表示起动按钮,黄色表示返回的起动、移动出界、正常工作循环或移动一开始去抑制危险情况。要求使用前必须检查按钮动作是否自如,弹性是否正常,触头接触是否良好可靠等。

**3. 行程开关**

行程开关又称为位置开关,也称限位开关。主要用于将机械位移转变为电信号,用来控制机械动作和限位控制。其触头的动作靠生产机械某些运动部件上的挡铁碰撞到它,使其触头动作,接通或断开控制电路,实现对机械的限位停止、到位反转等控制要求。行程开关常用于家用电器(如冰箱上的门控灯、微波炉门开关)、机械加工、电梯运行等。

1) 结构

行程开关的种类很多,常见的有滚轮式(旋转式)和按钮式(直动式),外形及结构如图 3-3 所示。

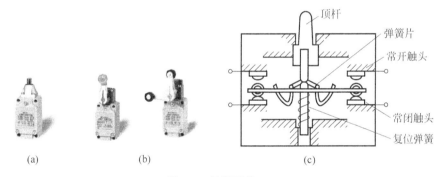

图 3-3 行程开关
(a) 按钮式;(b) 滚轮式;(c) 结构

2) 表示符号

行程开关用"SQ"表示,其常开触头、常闭触头符号如图 3-4 所示。

3) 行程开关的选择

选择时应根据行程开关的应用场合、控制对象及安装环境等具体要求。常见的有普通型、起重机设备专用型、保护式的选择以及根据机械与位置开关的传力与位置关系选择合适的操作头形式等。

实际使用时要注意不要将滚轮的方向安装反,运动部件上的挡铁块位置应符合控制电路的(触头闭合)要求。碰撞力要适中,挡铁块对行程开关的作用力及行程开关的动作行程均不能大于允许值。

为了提高工作的可靠性和使用寿命,适应高频率的操

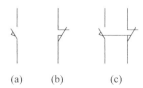

图 3-4 行程开关的表示符号
(a) 常开触头;(b) 常闭触头;
(c) 复合行程开关触头

作,在机床上接近开关的使用越来越广泛,它的功能是当有物体接近到一定距离时就发出动作信号,以控制电器动作。

**4. 接触器**

接触器是通过电磁机构动作,能频繁地接通或断开交直流主电路及大容量控制电路的自动切换电器。主要用于控制电动机、电热设备、电焊机、电容器等,并适用于远距离控制,具有失去电压和欠电压保护作用,是电力拖动自动控制线路中使用最广泛的电器。

接触器的分类方法有很多,按其主触头通过电流的种类不同,可分为交流接触器和直流接触器。下面着重介绍交流接触器。

1) 交流接触器的结构

交流接触器主要由电磁机构、触头系统、灭弧装置等部分组成。

(1) 电磁机构。电磁机构由线圈、静铁芯和动铁芯(衔铁)组成。它的功能是将电能转化为机械能,依靠电磁吸引力牵引机械部件完成动作。静铁芯和动铁芯一般由"E"形硅钢片叠压铆成,以减少交变磁场在铁芯中产生的涡流和磁滞损耗,防止铁芯过热。

(2) 触头系统。触头系统包括主触头和辅助触头。主触头容量比较大,允许通过较大电流,起接通或断开大电流的主电路的作用,一般由三对常开触头组成,辅助触头只允许用于接通或断开电流较小的控制电路,一般由两对常开触头和两对常闭触头组成。线圈通电时,常闭触头先断开,常开触头再闭合;断电时,常开触头先断开,常闭触头再回复闭合。

(3) 灭弧装置。交流接触器在接通或断开大电流的电路时,动、静触头间会产生很强的电弧,电弧会损坏接触器本身的绝缘及会使动、静触头烧结或熔焊,造成短路或引起火灾。灭弧装置一般采用耐弧陶土、石棉水泥或耐弧塑料制成。

常见的接触器及主要结构如图 3-5 所示。

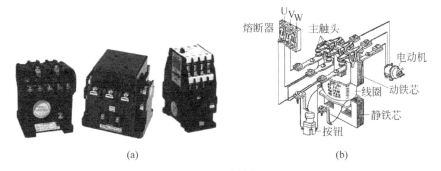

图 3-5 接触器
(a) 实物;(b) 内部结构

2) 表示符号

交流接触器用"KM"表示,其符号如图 3-6 所示。

3) 接触器工作原理

当线圈两端加交流电压(线圈得电)时,线圈静铁芯产生电磁吸力,吸引动铁芯(衔铁)带动触头向下移动与静铁芯接触(吸合),这时的常开触头闭合,常闭触头断开,由于电机是通过接触器的三对主触头(常开触头)与三相电源相连接的,所以此

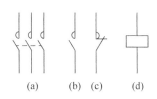

图 3-6 接触器符号
(a) 主触头;(b) 常开触头;
(c) 常闭触头;(d) 线圈

时电机开始运转；当线圈两端失去交流电压(线圈断电)时,电磁吸力消失,在复位弹簧的作用下动铁芯与静铁芯分离,触头系统恢复常态,电动机便停止运转,因此,只要控制接触器线圈电压的接通或断开就能方便地控制电动机的起动或停止,同时接触器还具备了失去电压、欠电压保护作用,动作原理如图 3-7 所示。

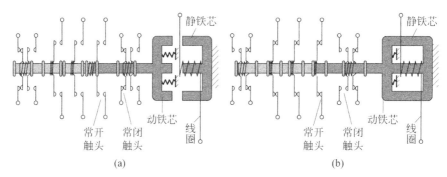

图 3-7 接触器动作原理图
(a) 电磁铁断开；(b) 电磁铁吸合

4) 接触器的选择

接触器种类很多,选用原则包括以下几个方面:

(1) 根据负载类别选择接触器类型,交流接触器或直流接触器。

(2) 接触器的额定工作电压通常应大于或等于负载回路的额定电压。

(3) 如果负载是电阻性负载,接触器主触头的额定电流应等于负载的工作电流,若是电动机负载,则主触头的额定电流应稍大于电动机的额定电流,一般取 1~1.4 倍。

(4) 线圈电压应与电源种类(AC/DC)和等级一致。

(5) 辅助触头种类(常开/常闭)和数量需满足控制电路的要求。

5) 交流接触器的使用注意事项

(1) 检查额定电压和电流与实际是否相符。

(2) 检查触头系统吸合是否灵活。

(3) 检查灭弧罩是否损坏。

### 5. 熔断器

熔断器是一种最简单有效的保护电器,在使用时,熔断器的熔体串接在所保护的电路中,作为电路及用电设备的短路和严重过载保护,主要用作短路保护。

1) 结构

熔断器由熔体(俗称保险丝)和安装熔体的熔管(或熔座)两部分组成。

当电路正常工作时,通过熔体的电流小于或等于额定电流,当电路发生短路或严重过载时,熔体中通过的电流会很大,当电流值达到熔体的熔点时,熔体熔断而切断电路,从而达到保护电路的目的。

2) 熔断器的分类及特点

低压熔断器一般有管式、插入式、螺旋式及羊角式等。管式、螺旋式是封闭式的因而适用范围较广,可以应用在大容量线路中。插入式应用于小容量线路中如万用表中,随着熔断器技术的不断完善和微电子技术的发展而研制出了自复式熔断器、混合式熔断器和微型熔断器等,自复式熔断器是一种新型限流元件,当电路处于正常工作状态时,自复式熔断器的内阻是低电阻,一旦电路中出现很大的电流时,它的内电阻骤然变成高电阻,分断电路,故障排除后,它的内电阻又恢复到低内阻,恢复正常使用。

熔断器是一种结构简单,性价比高的电器元件。具有性能好、品种多、体积小、价格低等特点。

3) 熔断器外形及符号

熔断器用"FU"表示,外形及符号如图3-8所示。

4) 熔断器的选择

(1) 根据使用环境选择适当的熔断器类型。

(2) 熔断器的额定电压应大于等于电路的额定电压。

(3) 熔断器的额定电流根据负载性质选择。

熔体电流的选择:一般熔体额定电流稍大于或等于电路的负载额定电流;考虑电动机起动时的冲击电流的影响,电动机起动时的电流是额定电流的4～7倍,熔体的额定电流应选为3倍左右的电动机额定电流;若多台电动机时,熔体的额定电流为3倍左右的容量最大电动机额定电流加上其与电动机额定电流之和。

**6. 漏电保护器**

漏电保护器是一种保护电器,也称为漏电保护开关,主要用于避免设备接地的金属外壳绝缘不良或人体等触及线路中的火线而发生触电事故的有效使用电器。一般来说,漏电流比较小,不能使熔断器等传统保护装置动作,而漏电保护器就会迅速切断电源,保障人身和用电设备的安全,因此被广泛地使用在家用、医用及等容易触电的电气设备中。

1) 漏电保护器工作原理

漏电保护器工作原理如图3-9所示,当用电器工作正常时,流经零序互感器的电流大小相等,方向相反,检测输出为零,开关闭合,电路工作正常。当用电器发生漏电时,漏电流不通过零线,零序互感器检测到不平衡电流并达到一定的数值时,通过放大器输出信号用电磁机构将开关断开。漏电保护器不会直接断开主电路,通常会与带有分离脱扣器的自动空气开关配合使用。

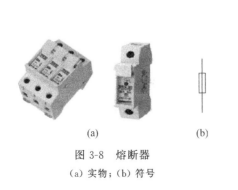

图3-8 熔断器
(a) 实物;(b) 符号

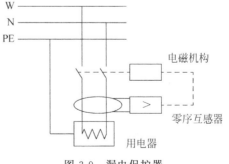

图3-9 漏电保护器

漏电保护器可分为是否带过流保护两种,带有过流保护的除具备漏电保护外,还兼作过载和短路保护功能,使用这种开关,电路上一般不需再配熔断器。

2) 漏电保护器的选择

(1) 应根据保护范围、人身设备安全和环境要求确定漏电保护器的电源电压、工作电流、漏电电流及动作时间等参数。

(2) 电源采用漏电保护器做分级保护时,应满足上、下级开关动作的选择性。一般上一级漏电保护器的额定漏电电流不小于下一级漏电保护器的额定漏电电流,这样既可以灵敏地保护人身和设备安全,又能避免越级跳闸,缩小事故检查范围。

一般环境选择动作电流不超过 30mA,动作时间不超过 0.1s,这两个参数保证了人体如果触电时,不会使触电者产生病理性生理危险效应。

**7. 继电器**

在电力拖动自动控制系统中,继电器是一种根据电量(电流、电压)或非电量(时间、速度、温度、压力等)的变化自动接通或断开控制电路,以完成控制或保护作用。

继电器一般不是用来直接控制主电路的,而是通过接触器或其他电器来对主电路进行控制,因此结构上体积不大,触头的电流容量比较小,不需要灭弧装置,但对它的准确性要求极高。继电器用途广泛,种类繁多,最常见的有:中间继电器、热继电器、时间继电器等。

1) 中间继电器

中间继电器的作用是控制各种电磁线圈将信号放大(扩大接点容量)或将一个信号提供给多个有关控制元件,以增加控制回路数。它也可以用来控制接触器、电磁阀等小容量回路。

中间继电器的基本结构及工作原理与接触器相似,不同的是中间继电器触头没有主触头与辅助触头之分,其主要用途为:当其他继电器的触头对数或触头容量不够时,可借助中间继电器来扩大它们的触头数和触头容量,起到中间转换控制信号的作用。

(1) 中间继电器用"KA"表示,常见外形及符号如图 3-10 所示。

图 3-10 中间继电器
(a) 实物;(b) 符号

(2) 中间继电器的选用原则。由于中间继电器的作用主要是扩大触头的容量和切换电路,因此,选择时要根据被控电路的电压等级、负载电流的类型、所需触头数量等要求进行。

中间继电器的使用注意事项和接触器相似。

2) 热继电器

热继电器是利用电流的热效应原理工作的保护电器,在电路中一般用作交流电动机的过载保护。常与交流接触器一起组成电磁起动器,用于三相异步电动机的控制与保护电路。

(1) 热继电器结构

热继电器由热元件、触头系统、动作机构、整定电流装置、复位按钮、底座等组成。

热元件由双金属片及绕在双金属片外面的电阻丝组成,双金属片是两种热膨胀系数不同的金属片由机械碾压在一起而成的,使用时,电阻丝串接在电动机的主电路。热元件有两相结构和三相结构。

(2) 热继电器外形及符号

热继电器用"FR"表示,常见实物外形、符号如图 3-11 所示。

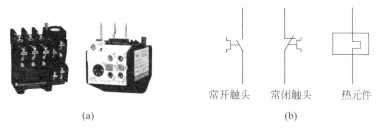

图 3-11　热继电器
(a) 实物;(b) 符号

(3) 工作原理。当电动机过载时,过载电流通过串联在主电路中的电阻丝,使双金属片受热膨胀,因它们的膨胀系数不同,膨胀系数大的右边一片的下端向左弯曲,通过动作机构的传动将串联在控制回路的常闭触头断开,这时串联在常闭触头回路上的接触器的线圈断电,使电动机停止运转而得到保护。要想让工作恢复正常就必须先排除故障后再按复位按钮,最后再合上电源。动作如图 3-12 所示。

(4) 热继电器选择

在作为电动机的过载保护时要考虑到做电动机的起动电流是 4~7 倍的电动机额定电流,为了使电动机在短时过载和起动时不受影响:①热继电器选择的类型,一般轻载起动、长期工作的电动机起动或间断长期工作的电动机,选择两相结构。②热继电器中热元件的额定电流应大于电动机的额度电流。③热元件的整定电流的选择,需要根据热继电器型号和热元件的额定电流来确定。

电动机在实际运行中,常遇到热过载情况,热过载不太大,时间较短,只要电动机绕组不超过允许温度,这种过载是允许的,但是过载时间过长,绕组温升超过了允许值时,将会加剧绕组绝缘老化,缩短电动机的使用年限,严重时甚至会使电动机绕组烧毁,因此它不适合作为电路的短路保护。

3) 时间继电器

时间继电器是一种根据时间进行控制的继电器,当它的感应部件接收信号后,能按预先设定的时间由触头动作接通或断开电路,实现控制。常用的有空气阻尼式、晶体管式等。以空气阻尼式时间继电器为例:

空气阻尼式时间继电器是利用气囊中的空气通过小孔节流的原理来延时的,按触头延时的特点分为通电延时型和断电延时型两种。

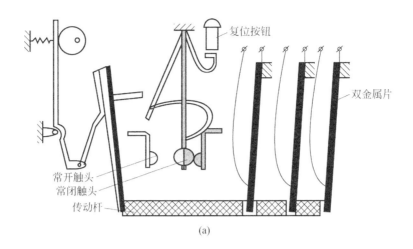

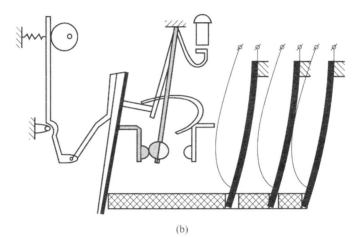

图 3-12 热继电器动作
(a) 正常;(b) 过载

(1) 时间继电器结构

时间继电器由电磁机构、触头系统、气室、传动机构、机座等组成。

电磁机构由线圈、"E"形静铁芯和动铁芯(衔铁)组成。

触头系统由两对瞬时触头(一对常开触头,一对常闭触头)和两对延时触头(一对常开触头,一对常闭触头)组成。

气室包括随空气多少变化可调的薄膜气囊和调节延时时间的顶部螺钉调节(活塞)。

传动机构包括推板、活塞杆、杠杆和多个弹簧等,如图 3-13 所示。

(2) 表示符号

时间继电器用"KT"表示,其符号如图 3-14 所示。

(3) 时间继电器工作原理

① 通电延时型。当时间继电器线圈通电时,电磁铁产生吸力,E 形衔铁克服弹簧作用力马上吸合,同时瞬时触头动作,其常闭触头打开,常开触头闭合,与此同时,原来被压缩的塔形弹簧开始释放,使活塞杆气室向外移动,由于气室周围是密闭的,空气只能通过直径很小的椎形节流气孔进入,活塞克服气室的负压作用而移动,直到最大极限位置,经杠杆带动

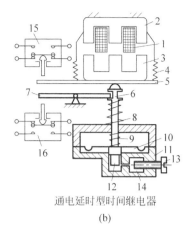

图 3-13 时间继电器

(a) 实物；(b) 结构

1—线圈；2—静铁芯；3—动铁芯；4—反力弹簧；5—推板；6—活塞杆；7—杠杆；8—塔形弹簧；9—弱弹簧；10—橡皮膜；11—空气室壁；12—活塞；13—调节螺杆；14—进气孔；15,16—微动开关

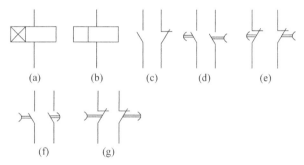

图 3-14 时间继电器符号

(a) 通电延时线圈；(b) 断电延时线圈；(c) 瞬时动作的触头；(d) 通电延时的常开触头；
(e) 通电延时的常闭触头；(f) 断电延时的常开触头；(g) 断电延时的常闭触头

延时触头动作,即常闭触头打开,常开触头闭合。调节节流进气口的大小,既可调节气室活塞杆移动的快慢,即调整通电动作延时时间。继电器线圈失电时,所有触头瞬时复位。

② 断电延时型。断电延时型继电器的电磁结构改变了安装方向,它断电时动作与通电延时型继电器的动作相似。继电器线圈通电时,所有触头瞬时动作。当线圈断电时,属于瞬时动作的触头则瞬时动作,常开触头打开,常闭触头闭合,属于延时动作的触头延时动作,调节节流进气口的大小,即可调节气室活塞杆移动的快慢,调整通电动作延时时间。

晶体管式的时间继电器常用的有阻容式,它利用 RC 电路中电容电压不能跃变,只能按指定规律逐渐变化的原理延时。多用调节电阻的方式来改变延时时间,其具有延时范围广、体积小、精度高和寿命长的优点,但抗干扰性能差。

(4) 时间继电器的选择

根据系统的延时范围和控制电路的要求,选择适当的系列和类型;根据控制电路的电源选择时间继电器的线圈电压。使用前一定要通电试验一下,观察其动作是否正确。

## 3.2 固态继电器

固态继电器简称 SSR,固态继电器也称作固态开关,是一种由电子元器件组成的新型电子开关器件,集光电耦合、大功率双向晶闸管、触发电路、阻容吸收回路于一体。它已经不是传统上用触头控制电路的单个元件,而是由电子电路组成具有继电器功能,具有控制灵活、寿命长、防暴和无机械触头等特点的电路元件,常用来代替传统的电磁式继电器。主要由输入控制电路,驱动电路和输出负载电路三部分组成。

**1. 固态继电器的分类**

最基本的固态继电器 SSR 按输出端极性不同分是直流型和交流型。图 3-15 所示为单相、三相固态继电器。单相 SSR 只有两个输入端及两个输出端,是一种四端器件。工作时只要在两个输入端加上一定的控制信号,就可以控制输出两端之间的接通或断开,实现"开关"的功能。

**2. 固态继电器的原理**

直流型固态继电器的原理图如 3-16 所示。它的输入电路采用了光电耦合器,光电耦合器将输入和输出电隔离,以光的形式传递输入信号,具有良好的电绝缘和抗干扰能力。当有控制信号输入时,信号通过光电耦合器,使电路接通(相当于继电器的接点闭合),$VT_2$ 管的输入管导通,使 $VT_1$ 截止,被控电路接在 C+、E− 之间,实现外电路的接通(相当于继电器的接点闭合),$VT_2$ 管的容量决定所控制电路的电压、电流的控制能力。

图 3-15 单相、三相固态继电器
(a) 单相;(b) 三相

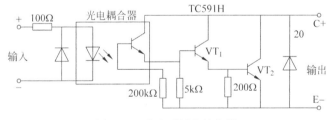

图 3-16 直流型固态继电器

交流型固态继电器的原理图如 3-17 所示。它的输入电路同样采用了光电耦合器,开关输出的控制单元不再是晶体管而是双向晶闸管(TRIAC),被负载就串接在两输出的交流端上,当交流型固态继电器输入端有输入信号时,双向晶闸管控制信号端输入正或负的触发电压,触发双向晶闸管(TRIAC)正、反方向导通;当晶闸管控制信号端无触发电压时,输出端改变电压极性,双向晶闸管(TRIAC)被阻断。

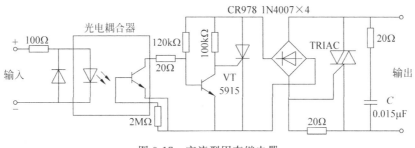

图 3-17　交流型固态继电器

**3. 固态继电器的电路符号**

固态继电器的符号如图 3-18 所示。

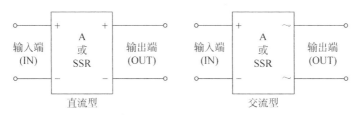

图 3-18　固态继电器的符号

**4. 固态继电器的散热问题**

SSR 是半导体器件,温度对它的影响很大,随着温度的升高,它的故障率逐渐增加。因此散热片要采用高导热材料。安装时要注意:保持散热通道越短越好;散热片要安装在发热最大的表面上;增加固态继电器和散热片之间的接触面积,安装前要涂导热硅脂;确保散热方向不能重叠等。

# 3.3　传　感　器

传感器是一种检测装置,能感受到被测量的信息,并能将感受到的信息,按一定规律变换成为电信号或其他所需形式的信息输出,以满足信息的传输、处理、存储、显示、记录和控制等要求。

**1. 接近传感器及应用**

接近传感器的检测范围广泛、可靠性高、体积小,适用于高振动、高噪声和反应快速的场合,因此很多工业领域中它已经替代了机械式的行程开关。

接近传感器的应用范围包括以下:

(1) 定位控制,检测距离达 5mm,精度±2mm。

(2) 限位控制,是指对机床或自动生产线设备中运动件的控制。

(3) 计数控制,它是自动化中的重要应用,如生产线上的计件。

(4) 逻辑控制,当机械设备的起动和运行中,需要多个动作按一定时序时可利用接近传感器和相应的电路来实现。

接近传感器外形如图 3-19 所示。

常用的有电感式、电涡流式、电容式、霍尔式等,电感式和电涡流式适用于感应金属,电容式适用于非金属,霍尔式适用于磁性物体。

**2. 光电传感器及应用**

光电传感器是一种能进行非接触测量的传感器,它由发射头和接收头两部分组成,具有检测范围广、检测距离远的优点。检测方式分为反射式、对射式等几种,其安装方式由被测对象和环境决定,光电传感器外形如图 3-20 所示。

图 3-19　接近传感器　　　　　　　图 3-20　光电传感器

大部分光电传感器的灵敏度是可调节的,在传感器的末端有一个调节螺钉,可根据环境调节,在光线很强的场合,为了避免开关的无动作,可将灵敏度调小一些。

光电传感器分别有亮动、暗动两种控制方式,亮动是指当光线没有被检测物遮住时动作,暗动是指当光线被检测物遮住时动作。

现实生产中光电传感器常见于产品监控、咖啡罐装及当有人进入禁区时的报警或紧急关闭设备。

## 3.4　气动元件

生产机械的一个重要组成部分是传动机构。传动机构有机械传动,电气传动、液压传动和气压传动。气压传动是以压缩空气为工作介质传递动力和控制信号的技术。

气动控制系统由空气压缩机,气动控制元件和气动执行元件组成。空气压缩机是产生一定气压的压力源。气动控制元件用于控制、调节气路中气体的压力、流量和流动方向,以使气动执行元件完成一定的动作。气动执行元件用于把空气的压力转换为工作部件的机械能。

**1. 气缸**

气缸作为气动执行元件,将压缩空气的压力变成机构装置的直线动作,气缸的原理及表示符号如图 3-21 所示。当气缸右侧进气时,活塞向左移动;当气缸左侧进气时,活塞向右移动。

## 2. 电磁换向阀

电磁换向阀是气动控制元件,它的作用是利用电磁装置的吸力推动阀芯动作,以改变气流的方向,如图3-22所示。

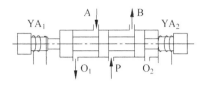

图 3-21 气缸原理及表示符号

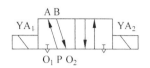

图 3-22 电磁阀原理及表示符号

## 3. 气动控制原理

使用电磁阀—气缸实现气缸换向的回路如图3-23所示。当电磁阀线圈 $YA_1$ 通电时,气缸活塞右行;当电磁阀线圈 $YA_1$ 断电,$YA_2$ 通电时,气缸活塞左行。

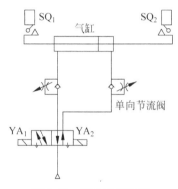

图 3-23 气动控制原理

# 思 考 题

1. 详细叙述各种机电控制元件的结构、工作原理。
2. 熟练掌握各种机电控制元件的符号、连接方法。
3. 简述各种机电控制元件的选择及使用时的注意事项。
4. 使用刀开关起、停电动机和使用接触器的区别有哪些?
5. 熔断器、热继电器的保护有何不同?可以互替吗?
6. 简述中间继电器与接触器的区别。
7. 行程开关和接近传感器的用法有什么不同?
8. 简述使用固态继电器的优越性及注意事项。
9. 气动控制原理是什么?

# 机电控制线路

## 4.1 三相异步电动机

三相异步电动机简称为电动机,由定子和转子组成。定子上有三相绕组,三相绕组由带有绝缘的导线绕成镶嵌在铁芯槽里,当三相异步电动机定子绕组通入三相对称的交流电后,便产生旋转磁场,该旋转磁场在空间旋转时掠过转子导体,也就使转子导体将切割磁场线,从而产生感应电动势(用发动机右手定则来判断感应电动势的方向)。由于转子绕组自身是短接的,所以在感应电势的作用下,转子导体内便有感应电流通过,根据载流导体在磁场中要受到电磁力的原理,将使转子导体受到一个与旋转磁场方向相同的电磁力(电磁力的方向可用电动机左手定则来判断),在这个磁场力的作用下,转子将沿旋转磁场的方向旋转起来,这样三项异步电动机就可以沿一个方向运转起来,要想改变电机的运转方向,我们任意调换两个绕组的接线顺序就可以实现了。

## 4.2 三相异步电动机的基本控制线路

电动机的基本控制线路由三部分组成,即电动机、电动机的控制和保护装置、电动机与生产机械的传动装置。由于各种机床和机械设备的功能不同,因而它的控制线路有所区别,但这些线路都是由几个基本线路组成的。本节实训中我们仅介绍几种控制电动机正常运行的基本线路。

### 4.2.1 电动机的起、停控制线路

**1. 线路的工作原理**

控制线路原理如图 4-1 所示,首先将电源盒上的带漏电保护的开关合上。

起动:按下起动按钮 $SB_2$,接触器 KM 的线圈得电,KM 的主触头闭合,电动机 M 起动,KM 的辅助常开触头同时闭合,电动机正常运转。

停止:按下停止按钮 $SB_1$,接触器 KM 的线圈失电,KM 的主触头断开,KM 的辅助常开触头同时断开,电动机 M 停止运转。

## 第4章 机电控制线路

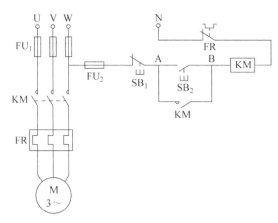

图 4-1 电动机的起、停控制原理图

**2. 线路分析**

(1) 在图 4-1 中,A、B 两端不接 KM 的辅助常开触头时,按下起动按钮 $SB_2$ 电动机运转,松开时电动机就停转,这就是最简单的点动线路,为什么在 A、B 两端接上 KM 的辅助常开触头后就能保持电动机的运转？我们在这里引进了一个新概念,那就是"自锁",自锁就是交流接触器通过自身的常开辅助触头使线圈总是处于得电状态的现象。

(2) 当线路出现短路现象时,由于通过保险 FU 的瞬时电流很大,使保险丝立即熔断,从而保护了整个线路。注意：带负载的主电路和控制回路上的保险丝容量是不同的。

(3) 电动机在运行中,过载、频繁起动或电源缺相时,都将通过电动机绕组的电流增大而使其过热,导致绝缘老化甚至烧毁电动机。线路中有了热继电器 FR 后,在绕组电流超过允许值时,热元件温度升高,双金属片弯曲变形,将串联在控制电路中的常闭触头 FR 断开,接触器线圈断电,主触头断开切断主电路,使电动机断电停转,从而起到过载保护作用。

(4) 该线路还具有失电压(或零电压)保护,在电气设备正常运行时遇到突然停电,它也就停止运行了,当再来电时,由于接触器线圈还在断电,因此设备不能自动运行,从而保护了电气设备。当线路电压不能满足接触器的线圈电压时,电动机同样会因动铁芯(衔铁)不能吸合而不能运转,这也就有了欠压保护作用。

**3. 实训内容**

(1) 按图 4-1 安装具有过载、短路保护及失(欠)压保护的起、停控制线路,安装时注意各接点要牢固可靠、接触良好,同时要文明操作,保护好电器。

(2) 安装完线路,经检查无误后方可通电,观察电动机动作及运转状况。

**4. 实训作业**

(1) 说明自锁定义,画出实际操作图并分析原理。
(2) 简述电动机缺相运行时的现象及解决方法。
(3) 学会使用万用表识别各种电器好坏,及线路调试中的操作方法。

## 4.2.2 带点动的起、停控制线路

**1. 线路的工作原理**

工作原理如图 4-2 所示:首先将电源盒上的带漏电保护的开关合上。

起动:按下起动按钮 $SB_2$,接触器 KM 的线圈得电,KM 的主触头闭合,KM 的辅助触头闭合(自锁),电动机 M 运转。

停止:按下停止按钮 $SB_1$,接触器 KM 的线圈失电,KM 的主触头断开,KM 的辅助触头(自锁点)同时断开,电动机 M 停转。

点动:按住按钮 $SB_3$,接触器 KM 的线圈得电,KM 的主触头闭合,KM 的辅助触头(自锁点)同时闭合,电动机 M 运转。松开按钮 $SB_3$,接触器 KM 的线圈失电,KM 的主触头和辅助触头同时断开,电动机 M 停转。

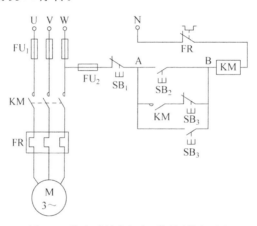

图 4-2 带点动的电机起、停控制原理图

**2. 点动控制分析**

通过图 4-2 可以发现,按下按钮 $SB_3$ 时,串在 KM 的辅助触头上的 $SB_3$ 的常闭触头首先断开,然后才接通 $SB_3$ 的常开触头,电动机 M 运转,松开按钮 $SB_3$ 时,首先复位的是并在 A、B 两端的 $SB_3$ 常开触头,接触器 KM 的线圈失电,KM 的辅助触头断开,然后才到 $SB_3$ 的常闭触头复位,因此,电动机 M 停转。该线路具有短路、过载、失(欠)压保护。

**3. 实训内容**

(1) 按图 4-2 安装具有短路、过载保护及失(欠)压保护的带点动的起、停控制线路,要正确识别、使用按钮的常开、常闭触头。

(2) 安装完线路,经检查无误后方可通电,观察电动机动作及运转状况。

**4. 实训作业**

(1) 画出实际工作原理图并分析原理。

(2) 说明点动在实际应用中的作用。

## 4.2.3 电动机正、反转控制线路

**1. 线路工作原理**

工作原理如图 4-3 所示:首先将电源盒上的带漏电保护的开关合上。

正转:按下起动按钮 $SB_2$,$KM_1$ 线圈得电并且自锁,$KM_1$ 主触头闭合,电动机 M 正转运行,$KM_1$ 常闭触头断开。

反转:按下起动按钮 $SB_3$,$KM_2$ 线圈得电并且自锁;$KM_2$ 主触头闭合,电动机 M 反转运行,$KM_2$ 常闭触头断开。

正、反转切换:首先按下起动按钮 $SB_2$ 时,$KM_1$ 线圈得电并且自锁,电动机 M 正转,再按下起动按钮 $SB_3$ 时,电动机 M 立即反转运行。同理,也可以先按下起动按钮 $SB_3$,让电动机 M 先反转运行,再按起动按钮 $SB_2$,让电动机 M 再正转运行。

停止:按下停止按钮 $SB_1$,正在工作的接触器线圈失电,电动机停止运转。

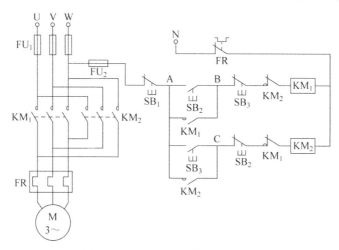

图 4-3 电动机正、反转控制原理图

**2. 线路分析**

我们通过原理图 4-3 可以发现:当两个接触器同时接通时会造成三相电短路现象。为了避免这种情况的发生,我们在线路中加入了互锁环节。所谓互锁就是几个回路之间,利用某一回路的辅助触头,去控制对方的线圈回路,进行状态保持或功能限制。

本线路中采用了两种互锁控制,即机械互锁和电气互锁。

机械互锁是利用 $SB_2$ 的常闭触头串接在 $KM_2$ 线圈的回路中,$SB_3$ 的常闭触头串接在 $KM_1$ 线圈的回路中,这种互锁能保证在起动瞬间,一个接触器断电后,另一个接触器才能接通,从而避免因操作失误造成的电源相间短路。

电气互锁是将正转接触器 $KM_1$ 的常闭触头与反转接触器 $KM_2$ 的线圈串联;又将反转接触器 $KM_2$ 的常闭触头与正转接触器 $KM_1$ 的线圈串联。这样两个接触器就相互制约,使得在运行过程中都不会出现两个线圈同时得电的状况,起到保护作用。

由此可以看出按钮和接触器的双重互锁使线路更加安全,运行更可靠,操作更简单,这种线路常用于机床的电力拖动系统中。

### 3. 实训内容

(1) 按图 4-3 安装电动机正反转控制线路,安装时分清每个元器件在线路中的作用。

(2) 安装完线路,经检查无误后方可通电,观察电动机运转状况及正反转切换时电动机的转速变化。

### 4. 实训作业

(1) 说明互锁的含义。

(2) 画出实际操作图并分析原理,说明线路的安全可靠性。

## 4.2.4 自动循环控制线路

### 1. 线路工作原理

原理图如图 4-4 所示:首先将电源盒上的漏电保护开关合上。

起动:按下起动按钮 $SB_2$,$KM_1$ 线圈得电并且自锁;$KM_1$ 主触头闭合,电动机 M 正转,它所带动的工作台向前运动,当工作台运行到一定位置时,固定在工作台上的挡铁碰到行程开关 $SQ_1$(固定在床身上),$SQ_1$ 的常闭触头断开,$KM_1$ 线圈失电,同时 $SQ_1$ 的常开触头闭合,使 $KM_2$ 的线圈得电,$KM_2$ 主触头闭合,电动机 M 因电源相序改变而反转,于是拖动工作台向后运动,这时 $SQ_1$ 复位;当工作台向后运行到一定位置时,固定在工作台上的挡铁又碰到行程开关 $SQ_2$,$SQ_2$ 的常闭触头断开,$KM_2$ 线圈失电,同时 $SQ_2$ 的常开触头闭合,使 $KM_1$ 的线圈得电,$KM_1$ 主触头闭合,电动机 M 又因电源相序改变而由反转变为正转,它所带动的工作台又开始向前运动,这时 $SQ_2$ 复位,工作台就这样往返循环工作。

停止:按下停止按钮 $SB_1$,接通的 $KM_1$ 或 $KM_2$ 接触器线圈失电,电动机停止运转。

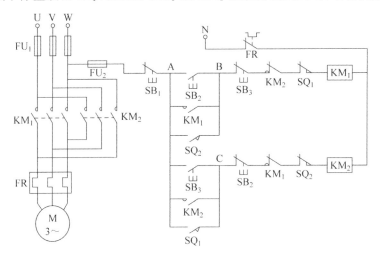

图 4-4 自动循环控制原理图

## 2. 限位控制分析

通过图 4-4 可以发现：当设备运行到位置限制点时，行程开关起到了极限保护作用。它是一种机械制动，是对设备安全运行的最后保障。行程开关的质量和安装方向直接影响了设备安全。

## 3. 实训内容

（1）按图 4-4 工作台自动循环控制线路安装，安装时注意行程开关的安装方向及安装位置。

（2）安装完线路，经检查无误后方可通电，观察电动机在极限位置的运转状况。

## 4. 实训作业

（1）画出实际操作图并分析原理。

（2）说明行程开关的作用。

（3）试分析还有什么方法可以起到限位作用。

### 4.2.5 电动机顺序起动的自动控制线路

**1. 线路工作原理**

原理图如图 4-5 所示：首先将电源盒上的漏电保护开关合上。

起动：按下起动按钮 $SB_2$，$KM_1$ 线圈得电并且自锁，$KM_1$ 主触头闭合，电动机 $M_1$ 运转，同时时间继电器 KT 的线圈得电，并且时间继电器 KT 开始计时，当计时时间到，时间继电器 KT 的常开触头闭合，$KM_2$ 线圈得电，$KM_2$ 主触头闭合，电动机 $M_2$ 开始运转。

停止：按下停止按钮 $SB_1$，电动机 $M_1$、$M_2$ 同时停车。

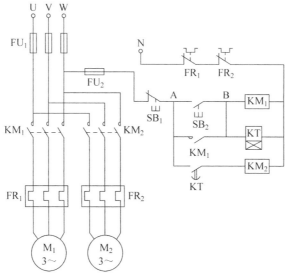

图 4-5 电动机顺序起动的自动控制原理图

### 2. 时间控制分析

我们通过图 4-5 可以发现：

（1）电动机 $M_1$ 与电动机 $M_2$ 的运转有一个时间差，这个时间差取决于实际操作时对时间继电器 KT 的设置时间，$M_2$ 属于自动起动。

（2）该线路具有短路、过载、失（欠）压保护。当两台电机功率相差很大时，要考虑单独加短路保护。

### 3. 实训内容

（1）按图 4-5 安装具有短路、过载保护及失（欠）压保护的电动机顺序起动的控制电路，安装时要先判断元器件的好坏及接线位置。

（2）安装完线路，经检查无误后方可通电，观察电动机动作及运转状况。

### 4. 实训作业

（1）要求画出两台电机顺序起动的线路图，分析原理。

（2）分析顺序起动的意义。

## 4.2.6 固态继电器单相电动机控制线路

### 1. 线路工作原理

使用两个单相固态继电器实现单相电动机正反转的控制，电路如图 4-6 所示，图中按钮开关 $SB_1$ 和 $SB_2$ 分别控制正转固态继电器 $SSR_1$ 和反转固态继电器 $SSR_2$ 的输入信号，使得固态继电器内部的双向可控硅导通或截止，实现电动机电源的通断控制，图中 RV 是压敏电阻，阻值随所加电压变化，其作用是电压波动时保护固态继电器不被击穿，$SB_3$ 为停止按钮。

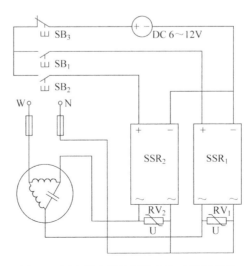

图 4-6  固态继电器控制单相电动机原理图

**2. 实训内容**

(1) 按图 4-6 连线,注意 $SSR_1$ 和 $SSR_2$ 的输入、输出端。
(2) 分别起动 $SB_1$、$SB_2$,观察电动机运转方向,换向间隙应大于 20ms。

**3. 实训作业**

简述固态继电器的连接使用方法。

## 4.2.7 气动控制应用线路

**1. 实训原理**

通过参照气动控制原理图见图 3-21～图 3-23 了解到,当电磁阀线圈 $YA_1$ 通电时,气缸活塞右行;当电磁阀线圈 $YA_1$ 断电,$YA_2$ 通电时,气缸活塞左行。

**2. 实训内容**

(1) 认识气缸,电磁阀、电路和气路。
(2) 按图 4-7 所示电路,连接气动控制线路。
(3) 通过电动机的运转方向的改变,观察气路与电路的关系。

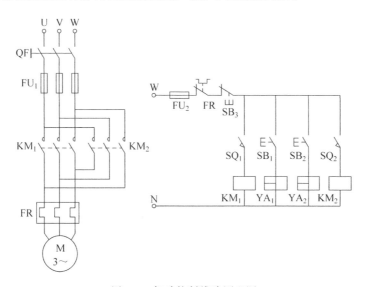

图 4-7 气动控制线路原理图

**3. 实训作业**

了解气动元件的性能,学习气动元件的使用。

### 4.2.8 传感器的应用线路

**1. 工作原理**

1) 传感器计数线路

本实训要求应用感应式接近开关和光电反射式传感器检测金属物体的位移,配合计数器统计生产线上产品的数量。传感器计数线路的接线如图4-8所示。其中SE是传感器,KC为计数继电器,计数继电器底座接线端子9和11为12V直流电源的"＋"端和"－"端,端子10为传感器信号输出端,端子3和4是继电器输出常开触点,端子3和5是继电器输出常闭触点,端子8和9外接按钮开关,当$SB_4$接通时,计数器复位。

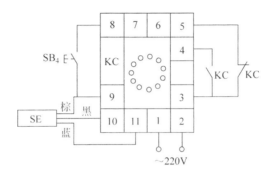

图4-8 传感器计数线路接线图

2) 运料小车控制线路

生产实践要求运料小车将加工好的工件从一端送到另一端,中间使用传感器和计数器对产品数量进行计数。运料小车控制线路如图4-9所示。漏电保护器QF控制电源的通断并起漏电保护作用,三相异步电动机M的正、反转分别代表的是小车去装料或去卸料,分别由交流接触器$KM_1$和$KM_2$控制,熔断器FU用于短路保护,KA为中间继电器,KT为时间继电器,YA为电磁离合器线圈,KC为计数继电器,SP为接近开关,SB为按钮开关。

电路的工作过程如下:

(1) 起动正转,即小车去装料

按下$SB_2$ → $KM_1$得电并自锁 → 电动机正转,小车去装料 → 小车运行到接近开关$SP_1$ → $KM_1$线圈失电,正转停止 → $KA_1$线圈得电 → $KT_1$线圈得电,小车装料 → 时间到,装料结束,$KM_2$线圈得电并自锁 → 电动机反转、运料小车去卸料 → 进入下一循环

(2) 起动反转,即小车去卸料

按下$SB_3$ → $KM_2$得电并自锁 → 电动机反转,小车去卸料 → 小车运行到接近开关$SP_2$ → $KM_2$线圈失电,反转停止 → $KA_2$线圈得电 → $KT_2$线圈得电,小车卸料 → 时间到,卸料结束,$KM_1$线圈得电并自锁 → 电动机正转、运料小车去装料 → 进入下一循环

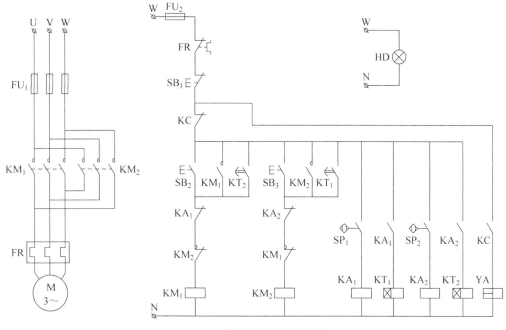

图 4-9 运料小车控制线路接线图

(3) 计数显示

首先在计数继电器上预置检测的工件数。在运料小车运行过程中,传感器检测运送的工件,检测到一个工件计数一次,当检测的数量和预置数相等时,计数继电器常闭触头断开控制电路,运料小车停止运行,计数继电器常开触头闭合,电磁离合器线圈 YA 得电,去完成后续工作。当按开关 $SB_4$ 时,计数继电器置 0。

**2. 实训内容**

(1) 按图 4-8 接好计数器线路,传感器使用感应式接近开关,将计数继电器插入底座。
(2) 按图 4-9 接好运料小车控制线路和指示灯电路。
(3) 按照运料小车工作过程调试运行传送带控制电路。
(4) 比较运料小车运送的工件和计数器显示的数据。

**3. 实训作业**

将电路中传感器改换为光电传感器,重复实训内容(1)～(4),将结果和使用感应式接近开关的现象进行比较。

# 思 考 题

从工程的经济效益、成本核算的角度设计电路,最后要求效益最大化。
某套设备有两台 $M_1$ 和 $M_2$ 电机拖动,现要求:

(1) 起动时，$M_1$ 必须先起动，$M_2$ 才能起动。
(2) 停止时，$M_2$ 要求先停止，$M_1$ 才能停止。
(3) 调试时 $M_1$ 要求有点动功能，$M_2$ 一旦起动，$M_1$ 的点动功能失效。
(4) $M_2$ 能实现两地起停。
(5) 要求设备具有短路、过载及失压、欠压保护。
(6) 要求设计图符号正确、规范。

# 变频器的应用实践

变频器是用于交流电动机的调速控制装置,是在电力电子技术和交流调速技术的基础上开发的产品。变频器应用到三相交流电动机的调速,它的作用是将输给变频器的工频三相交流电转变为频率可调的三相交流电,当这个频率可调的三相交流电送入三相交流电动机时,三相交流电动机的转速将随着变频器输出的三相电源频率的改变而变化。

## 5.1 变频调速原理

### 5.1.1 异步电动机基本工作原理

当在三相异步电动机的定子绕组上加上三相交流电压时,该三相电压将产生一个旋转磁场,该磁场的旋转速度由定子绕组上的电压频率所决定。当磁场旋转时,位于该旋转磁场中的转子绕组将切割磁力线,并在转子绕组中产生相应的感应电动势和感应电流,而此感应电流又将受到旋转磁场的作用而产生电磁力,即转矩,使转子跟随旋转磁场旋转。这就是异步电动机的工作原理。当将三相异步电动机定子绕组的任意两相进行交换时,所产生的旋转磁场的方向将发生改变,电动机的转向也将发生改变。

### 5.1.2 异步电动机的变频调速

异步电动机定子中所产生的旋转磁场的转速被称为异步电动机的同步转速。而异步电动机转子的转速将低于其同步转速。这是因为当转子的转速达到电动机的同步转速时,其转子绕组将不再切割磁力线,转子绕组中也不再产生感应电流,也就不再产生转矩。异步电动机也因此而得名。异步电动机的转速由下式得出:

$$n = \frac{60f(1-s)}{p} \tag{5-1}$$

式中,$n$ 为异步电动机实际转速,r/min;$f$ 为电源频率,Hz;$p$ 为电动机定子绕组磁极的极对数;$s$ 为转差率,表征了电机实际转速与同步转速的差值。从物理层面上来看,负载越重,电机转速越低,转差率越大。

由式(5-1)可以看出,改变三个参数 $f$、$p$ 和 $s$ 中的任意一个,即可改变电动机转速,实现异步电动机的调速控制。一般电动机出厂后极对数 $p$ 是确定的,转差率变化范围也不大,因此可以通过改变电源频率 $f$ 来实现对异步电动机的调速控制。变频器就是利用这一原理来实现交流电机的调速控制。

变频调速的最初目的是为了节能,但是随着电力电子技术、微电子技术和控制理论的发展,电力半导体器件和微处理器性能不断提高,变频驱动技术也得到了显著发展,变频器的性能不断得到提高,应用范围越来越广。目前变频器不仅应用在电力拖动系统中,而且还扩展到了工业生产的大部分领域,并且在空调、洗衣机、电冰箱等家电产品中得到了广泛应用。

## 5.2 变频器实训模块介绍

### 5.2.1 控制盘

本实训采用西门子公司 MM420 型变频器,如图 5-1 所示。左侧黑色部分为变频器的基本操作面板(BOP),其主要作用是:预置控制参数、显示运行参数,以及作为变频器内控时的操作盘。

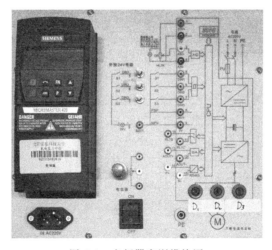

图 5-1 变频器实训模块图

### 5.2.2 控制端子

变频器的控制端子称为可编程端子,即每个控制端子与变频器内部的一个参数相关联,随着变频器设置不同的控制参数,各端子的功能和作用也随之发生改变。本实训模块中变频器各端子的作用如表 5-1 所述。

表 5-1 变频器端子功能

| 端子序号 | 端子名称 | 功 能 |
| --- | --- | --- |
| 1 | 模拟输入电压正端 | 10V |
| 2 | 模拟输入电压负端 | 0V |
| 3 | AIN+ | 模拟输入信号正端 |

续表

| 端子序号 | 端子名称 | 功　　能 |
| --- | --- | --- |
| 4 | AIN− | 模拟输入信号负端 |
| 5 | DIN1 | 数字信号输入端 |
| 6 | DIN2 | 数字信号输入端 |
| 7 | DIN3 | 数字信号输入端 |
| 8 | 数字电压输出正端 | 24V |
| 9 | 数字电压输出负端 | 0V |
| com | 数字信号输入公共端 | PNP 或 NPN |
| 电位器 | 红 | 电位器首端 |
| 电位器 | 黄 | 电位器中间抽头 |
| 电位器 | 黑 | 电位器尾端 |

## 5.3　变频器调试方法

在使用变频器进行调速控制之前,需要首先根据控制要求对变频器的控制参数进行正确的设置,使变频器控制的电动机运转性能满足生产实际要求。MM420 型变频器有多种控制参数集,为满足不同的控制要求,在使用变频器时可以选择相应的控制参数。变频器控制参数的设置是通过基本操作板(BOP)来实现的。

### 5.3.1　基本操作板(BOP)使用说明

变频器操作面板如图 5-2 所示,利用基本操作面板可以改变变频器的各个参数,BOP 液晶显示器最多可显示五位数字,显示内容可以是参数的序号、数值、报警和故障信息,以及设定值和实际值。通过使用基本操作板(BOP)修改变频器的某些参数,就可以实现在面板上使用按钮对三相交流电动机进行控制,这是变频器最基本的控制方式,通常称为内控。

图 5-2　MM420 型变频器操作面板(BOP)

基本操作面板(BOP)上的各部分功能说明如表 5-2 所示。

表 5-2 基本操作面板 BOP 上的按钮功能

| 显示/按钮 | 功 能 | 功能的说明 |
| --- | --- | --- |
| r0000 | 状态显示 | LCD 显示变频器当前的设定值 |
| I | 起动变频器 | 按此键起动变频器。默认值运行时此键是被封锁的。为了使此键的操作有效,应设定 P0700=1 |
| O | 停止变频器 | OFF1:按此键,变频器将按选定的斜坡下降速率减速停车,默认值运行时此键被封锁;为了允许此键操作,应设定 P0700=1。<br>OFF2:按此键两次(或一次,但时间较长)电动机将在惯性作用下自由停车。此功能总是"使能"的(与 P0700 或 P0719 的设置无关) |
| ⟲ | 改变电动机的转动方向 | 按此键可以改变电动机的转动方向。电动机的反向用负号(一)表示或用闪烁的小数点表示。默认值运行时此键是被封锁的,为了使此键的操作有效应设定 P0700=1 |
| jog | 电动机点动 | 在变频器"运行准备就绪"的状态下,按下此键,将使电动机起动,并按预先设定的点动频率运行。释放此键时,变频器停车。如果变频器/电动机正在运行,按此键将不起作用 |
| Fn | 功能 | 1) 浏览辅助信息<br>变频器运行过程中,在显示任何一个参数时按下此键并保持不动 2s,将显示以下参数值(在变频器运行中从任何一个参数开始):<br>(1) 直流回路电压(用 $d$ 表示,单位:V);<br>(2) 输出电流(A);<br>(3) 输出频率(Hz);<br>(4) 输出电压(用 $o$ 表示,单位:V);<br>(5) 由 P0005 选定的数值(如果 P0005 选择显示上述参数中的任何一个((1)~(4)),这里将不再显示)。<br>连续多次按下此键将轮流显示以上参数。<br>2) 跳转功能<br>在显示任何一个参数(r××××或 P××××)时短时间按下此键,将立即跳转到 r0000,如果需要的话,可以接着修改其他的参数。跳转到 r0000 后,按此键将返回原来的显示点。<br>3) 确认功能<br>在出现故障或报警的情况下,按此键可以对故障或报警进行确认,并将操作板上显示的故障或报警信号复位 |
| P | 访问参数 | 按此键即可访问参数 |
| ▲ | 增加数值 | 按此键即可增加面板上显示的参数数值 |
| ▼ | 减少数值 | 按此键即可减少面板上显示的参数数值 |

## 5.3.2 使用基本操作面板(BOP)设置参数

变频器在运行之前,需要按照其要实现的功能进行参数设置。这个过程类似于编程的过程,即首先分析要实现哪些控制功能,然后改变相应的参数集的设置值,来实现预定的控制功能。

## 1. 改变参数的方法

为了实现变频器的功能,需设置不同的参数集,本实训中需要用到的参数及其设定值的说明如表 5-3 所示。参数表中给出了实现变频器功能的参数说明和详细解释。表 5-4 以参数 P0003 为例说明改变参数数值的方法及步骤。

表 5-3 基本参数表

| 参数号 | 参数名称 | 参数数值及含义 | 默认值 | 访问级 | 调试状态 Cstat[①] |
|---|---|---|---|---|---|
| P0003 | 用户访问级:用于定义用户访问参数组的等级 | 0 用户定义的参数表(有关使用方法的详细情况请参看 P0013 的说明);<br>1 标准级:可以访问最经常使用的一些参数;<br>2 扩展级:允许扩展访问参数的范围,例如变频器的 I/O 功能;<br>3 专家级:只供专家使用;<br>4 维修级:只供授权的维修人员使用——具有密码保护 | 1 | 1 | CUT |
| P0004 | 参数过滤器:按功能的要求筛选(过滤)出与该功能有关的参数,这样,可以更方便地进行调试 | 0 全部参数;<br>2 变频器参数;<br>3 电动机参数;<br>7 命令,二进制 I/O;<br>8 ADC(模/数转换)和 DAC(数-模转换);<br>10 设定值通道/RFG(斜坡函数发生器);<br>12 驱动装置的特征;<br>13 电动机的控制;<br>20 通信;<br>21 报警/警告/监控;<br>22 工艺参量控制器(如 PID) | 0 | 1 | CUT |
| P0005 | 显示选择:选择参数 r0000(驱动装置的显示)要显示的参量。任何一个只读参数都可以显示 | 21 实际频率;<br>25 输出电压;<br>26 直流回路电压;<br>27 输出电流 | 21 | 2 | CUT |
| r0000 | 驱动装置的显示:显示用户选定的由 P0005 定义的输出数据 | 按下"Fn"键并持续 2s,就可看到直流回路电压,输出电流和输出频率的数值,以及选定的 r0000 设定值(在 P0005 中定义) |  | 1 |  |
| r0002 | 驱动装置的状态:显示驱动装置的实际状态 | 可能的显示值:<br>0 调试方式(P0010!=0);<br>1 驱动装置运行准备就绪;<br>2 驱动装置故障;<br>3 驱动装置正在起动(直流回路预充电);<br>4 驱动装置正在运行;<br>5 停车(斜坡函数正在下降) |  | 2 |  |

续表

| 参数号 | 参数名称 | 参数数值及含义 | 默认值 | 访问级 | 调试状态 Cstat[①] |
|---|---|---|---|---|---|
| P0010 | 调试参数过滤器：显示驱动装置的实际状态 | 可能的设定值：<br>0 准备；<br>1 快速调试；<br>2 变频器；<br>29 下载；<br>30 工厂的设定值 | 0 | 1 | CT |
| P0970 | 工厂复位：P0970=1时所有的参数都复位到它们的默认值 | 可能的设定值：<br>0 禁止复位；<br>1 参数复位；<br>工厂复位前，首先要设定 P0010=30(工厂设定值)；在把参数复位为默认值之前，必须先使变频器停车(即封锁全部脉冲) | 0 | 1 | C |
| P0700 | 选择命令源：选择数字的命令信号源 | 可能的设定值：<br>0 工厂的默认设置；<br>1 BOP(键盘)设置；<br>2 由端子排输入；<br>4 通过 BOP 链路的 USS 设置；<br>5 通过 COM 链路的 USS 设置；<br>6 通过 COM 链路的通信板(CB)设置 | 2 | 1 | CT |
| P1000 | 频率设定值的选择：选择频率设定值的信号源 | 在下面给出的可供选择的设定值表中，主设定值由最低一位数字(个位数)来选择(即 0~6)，而附加设定值由最高一位数字(十位数)来选择(即 $x_0 \sim x_6$，其中，$x=1\sim6$)。<br>举例：<br>设定值 12 选择的是主设定值(2)，由模拟输入，而附加设定值(1)则来自电动电位计。<br>设定值：<br>1 电动电位计设定；<br>2 模拟输入；<br>3 固定频率设定；<br>4 通过 BOP 链路的 USS 设定；<br>5 通过 COM 链路的 USS 设定；<br>6 通过 COM 链路的通信板(CB)设定；<br>其他设定值，包括附加设定值，可用下表选择。<br>可能的设定值：<br>0 无主设定值；<br>1 MOP 设定值；<br>2 模拟设定值；<br>3 固定频率；<br>4 通过 BOP 链路的 USS 设定；<br>5 通过 COM 联路的 USS 设定；<br>6 通过 COM 链路的 CB 设定 | 2 | 1 | CT |

续表

| 参数号 | 参数名称 | 参数数值及含义 | 默认值 | 访问级 | 调试状态 Cstat[①] |
|---|---|---|---|---|---|
| P0013 | 用户定义的参数：定义一个有限的最终用户将要访问的参数组 | 使用说明：<br>第1步：设定 P0003＝3(专家级用户)。<br>第2步：转到 P0013 的下标 0~16(用户列表)。<br>第3步：将用户定义的列表中要求看到的有关参数输入 P0013 的下标 0~16。<br>以下这些数值是固定的,并且是不可修改的：<br>— P0013 下标 19＝12(用户定义的参数解锁)；<br>— P0013 下标 18＝10(调试参数过滤器)；<br>— P0013 下标 17＝3(用户访问级)；<br>第4步：设定 P0003＝0,使用户定义的参数有效 | 0 | 3 | CUT |
| P0701 | 数字输入1的功能：选择数字输入1的功能 | 可能的设定值：<br>0 禁止数字输入；<br>1 ON/OFF1(接通正转/停车命令1)；<br>2 ON reverse/OFF1(接通反转/停车命令1)；<br>3 OFF2(停车命令2)-按惯性自由停车；<br>4 OFF3(停车命令3)-按斜坡函数曲线快速降速停车；<br>9 故障确认；<br>10 正向点动；<br>11 反向点动；<br>12 反转；<br>13 MOP(电动电位计)升速(增加频率)；<br>14 MOP 降速(减少频率)；<br>15 固定频率设定值(直接选择)；<br>16 固定频率设定值(直接选择＋ON 命令)；<br>17 固定频率设定值(二进制编码选择＋ON 命令)；<br>25 直流注入制动；<br>29 由外部信号触发跳闸；<br>33 禁止附加频率设定值 | 1 | 2 | CT |
| P0702 | 数字输入2的功能：选择数字输入2的功能 | 可能的设定值：<br>0 禁止数字输入；<br>1 ON/OFF1(接通正转/停车命令1)；<br>2 ON reverse/OFF1(接通反转/停车命令1)；<br>3 OFF2(停车命令2)-按惯性自由停车；<br>4 OFF3(停车命令3)-按斜坡函数曲线快速降速停车；<br>9 故障确认；<br>10 正向点动；<br>11 反向点动； | 12 | 2 | CT |

续表

| 参数号 | 参数名称 | 参数数值及含义 | 默认值 | 访问级 | 调试状态 Cstat[①] |
|---|---|---|---|---|---|
| P0702 | 数字输入 2 的功能：选择数字输入 2 的功能 | 12 反转；<br>13 MOP(电动电位计)升速(增加频率)；<br>14 MOP 降速(减少频率)；<br>15 固定频率设定值(直接选择)；<br>16 固定频率设定值(直接选择＋ON 命令)；<br>17 固定频率设定值(二进制编码选择＋ON 命令)；<br>25 直流注入制动；<br>29 由外部信号触发跳闸；<br>33 禁止附加频率设定值；<br>99 使能 BICO 参数化 | 12 | 2 | CT |
| P0703 | 数字输入 3 的功能：选择数字输入 3 的功能 | 可能的设定值：<br>0 禁止数字输入；<br>1 ON/OFF1(接通正转/停车命令 1)；<br>2 ON reverse/OFF1(接通反转/停车命令 1)；<br>3 OFF2(停车命令 2)-按惯性自由停车；<br>4 OFF3(停车命令 3)-按斜坡函数曲线快速降速停车；<br>9 故障确认；<br>10 正向点动；<br>11 反向点动；<br>12 反转；<br>13 MOP(电动电位计)升速(增加频率)；<br>14 MOP 降速(减少频率)；<br>15 固定频率设定值(直接选择)；<br>16 固定频率设定值(直接选择＋ON 命令)；<br>17 固定频率设定值(二进制编码选择＋ON 命令)；<br>25 直流注入制动；<br>29 由外部信号触发跳闸；<br>33 禁止附加频率设定值；<br>99 使能 BICO 参数化 | 9 | 2 | CT |
| P0725 | PNP/NPN 数字输入：高电平(PNP)有效和低电平(NPN)有效之间的切换。它对所有的数字输入都有效 | 可能的设定值：<br>0 NPN 方式：低电平有效；<br>1 PNP 方式：高电平有效 | 1 | 3 | CT |

续表

| 参数号 | 参数名称 | 参数数值及含义 | 默认值 | 访问级 | 调试状态 Cstat[①] |
|---|---|---|---|---|---|
| P1001-1007 | 固定频率1~7：分别定义固定频率1~7的设定值 | 有三种选择固定频率的方法：<br>1) 直接选择<br>(P0701~P0703=15)<br>在这种操作方式下，一个数字输入选择一个固定频率。如果有几个固定频率输入同时被激活，选定的频率是它们的总和。<br>例如：FF1+FF2+FF3<br>2) 直接选择+ON命令(P0701~P0703=16)<br>选择固定频率时，既有选定的固定频率，又带有ON命令，把它们组合在一起。在这种操作方式下，一个数字输入选择一个固定频率。如果有几个固定频率输入同时被激活，选定的频率是它们的总和。<br>例如：FF1+FF2+FF3<br>3) 二进制编码选择+ON命令(P0701~P0703=17)<br>使用这种方法最多可以选择7个固定频率。各个固定频率的数值根据表5-6选择 | 分别为：<br>0<br>5<br>10<br>15<br>20<br>25<br>30 | 2 | CUT |
| P3900 | 结束快速调试：完成优化电动机的运行所需的计算。在完成计算以后，P3900和P0010(调试参数组)自动复位为它们的初始值0 | 可能的设定值：<br>0 不用快速调试；<br>1 结束快速调试，并按工厂设置使参数复位；<br>2 结束快速调试；<br>3 结束快速调试，只进行电动机数据的计算。<br>关联：<br>本参数只是在P0010=1(快速调试)时才能改变 | 0 | 1 | C |

注：① 指参数的调试状态。可能有三种状态：调试C、运行U、准备运行T。这是表示该参数在什么时候允许进行修改。对于一个参数可以指定一种，两种或全部三种状态。如果三种状态都指定了，就表示这一参数的设定值在变频器的上述三种状态下都可以进行修改。

表5-4 改变参数数值的方法

| | 操作步骤 | 显示的结果 |
|---|---|---|
| 1 | ⓟ 按此键进入访问参数 | r0000 |
| 2 | ▲ 按此键，直到显示出P0003 | P0003 |
| 3 | ⓟ 按此键进入参数访问级界面，此时显示的是参数的当前值 | 1 |
| 4 | 按 ▲ 或 ▼ 键，达到所要求的数值(如3) | 3 |
| 5 | ⓟ 按此键，确认并存储参数的数值 | P0003 |
| 6 | 现在已设定为第3访问级，使用者可以看到第1至第3级的全部参数 | |

## 2. 任意参数设置步骤

表 5-5 以下标参数 P0719 为例,说明了任意参数数值的设定方法。需要注意的是访问该参数的前提是必须把 P0003 的参数设为≥3,P0004 设在 0 或 7。参数的具体含义参见表 5-3。修改参数的数值时,BOP 有时会显示 P----,表明变频器正忙于处理优先级更高的任务。

表 5-5 任意参数设置方法

| | 操 作 步 骤 | 显示的结果 |
| --- | --- | --- |
| 1 | ◎按此键访问参数 | r0000 |
| 2 | ◎按此键,直到显示出 P0719 | P0719 |
| 3 | ◎按此键进入参数数值访问级 | in000 |
| 4 | ◎按此键显示当前设定值 | 0 |
| 5 | 按◎或◎键,选择运行所需要的最大频率(如 12) | 12 |
| 6 | ◎按此键,确认并存储参数 P0719 的数值 | P0719 |
| 7 | 按◎或◎键,直到显示出 r0000 | r0000 |
| 8 | 按返回标准的变频器显示(由用户定义) | |

## 3. 变频器恢复出厂默认设置方法

MM420 型变频器在出厂时具有这样参数设置:即不需要再进行任何参数化就可以投入运行。在使用变频器的过程中,如果需要将变频器的全部参数恢复到出厂时的参数设置,可以按照以下步骤进行:

(1) 设定 P0010=30;
(2) 设定 P0970=1。

大约需要 10s 才能完成复位的全部过程,将变频器的参数复位为工厂的默认设置值。

## 4. 变频器的常规操作

由于在出厂默认设置中,变频器的基本操作板上的命令键都是被禁止使用的,因此在使用 BOP 之前,应该先进行一下参数设置,使 BOP 面板的控制键有效。

(1) P0010=0(为了正确地进行运行命令的初始化)。
(2) P0700=1(使能 BOP 操作板上的起动/停止按钮)。
(3) P1000=1(使能电动电位计的设定值)。

设置完成后,BOP 可以直接控制变频器。按下绿色◎按钮,起动电动机。按下"数值增加"◎按钮,电动机转动速度逐渐增加到 50Hz。当变频器的输出频率达到 50Hz 时,按下"数值降低"◎按钮,电动机的速度及其显示值逐渐下降,用◎按钮,可以改变电动机的转动方向。按下红色◎按钮,电动机停车。

## 5.4 西门子 MM420 变频器实训内容

### 5.4.1 利用变频器 BOP 面板调节电动机的转速

**1. 实训目的**

(1) 学习 MM420 变频器 BOP 面板的使用方法；
(2) 学习 MM420 变频器参数恢复出厂值的方法；
(3) 学习 MM420 变频器基本参数的设置方法；
(4) 学习通过 BOP 面板起动电机运行的方法；
(5) 学习通过 BOP 面板调速的方法。

**2. 实训设备**

(1) MM420 变频器 1 台；
(2) 三相交流电机 1 台；
(3) 连接导线 1 套。

**3. 实训内容**

1) 项目要求

通过 MM420 变频器 BOP 面板起动运行，通过"数值增加"按钮或"数值减少"按钮调节电机运行频率。这种通过变频器内部电动电位计控制电机转速的方式可以使电机的转速平滑连续地上升或者下降，而不是阶跃变化，因此称为"无级调速"。

2) 实训步骤

(1) 将变频器输入电源 220V 插头插到单相电插座上；用导线将变频器主电路输出线端 U/V/W 分别与三相电机的 D1/D2/D3 端相连接。按照图 5-3 进行 (2)～(4) 的参数设置。

(2) 变频器接通电源，并且恢复出厂设置，即：将 P0010 设置为 30，P0970 设置为 1。

(3) 进入快速调试(P0010=1)。利用快速调试功能使变频器与实际使用的电动机参数相匹配，并对重要的技术参数进行设定。查看变频器内的电动机参数是否是当前电动机的相关参数，不同的数值要校正。电动机的相关参数校正后，参数 P3900 设置为 1(P3900=1)。

(4) 在恢复了出厂的默认设置值时，用 BOP 控制电动机的功能是被禁止的。因此如果要用 BOP 进行控制，参数 P0700 应设置为 1，参数 P1000 也应设置为 1。将参数 P0700 和 P1000 均设置为 1 (P0700=1 为操作面板控制变频器；P1000=1 为变频器输入控制信号由内部电路控制)。

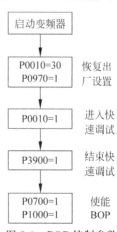

图 5-3 BOP 控制参数设置流程

(5) 参数设置完成后,按下 BOP 面板上的起动按钮 ◉ 运行电动机。按下"数值增加" ◉ 按钮,电动机转动速度将逐渐增加到 50 Hz。当变频器的输出频率达到 50 Hz 时,按下"数值降低"按钮 ◉,电动机的速度及其显示值逐渐下降。用按钮 ◉,可以改变电动机的转动方向。按下红色停止按钮 ◉,电动机停车。

### 4. 实训作业

简述变频器恢复出厂设置的方法。

## 5.4.2 通过外部调速电位器调节电机转速

### 1. 实训目的

(1) 学习 MM420 变频器外部电位器调速方法;
(2) 学习 MM420 变频器外部电位器调速的参数设置方法;
(3) 学习通过 BOP 面板起动停止电机运行的方法。

### 2. 实训设备

(1) MM420 变频器 1 台;
(2) 三相交流电机 1 台;
(3) 连接导线 1 套。

### 3. 实训内容

1) 项目要求

变频器 BOP 面板上的绿色起动按钮作为电机起动运行的信号,电机运行后的运行频率由外部调速电位器给定。用 BOP 面板上的停止按钮停止电机运行。

2) 实训步骤

(1) 先做好调试前的准备工作,然后将模块面板上的电位器接入到变频器的端口上,注意接线顺序,如图 5-4 所示。

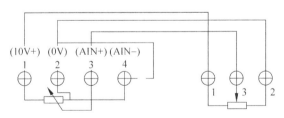

图 5-4 电位器与变频器的连线图

(2) 设定相关参数,首先将 P0700 设定为 1,然后将 P1000 设定为 2(P1000=2 表示变频器输入信号由模拟量输入控制,即由电位器输入可变的直流电压,参见表 5-3)。

(3) 按下变频器 BOP 上的起动键,运行电动机。通过调速电位器对电动机转速进行调节(注: 按图 5-4 接线,变频器输入电压为 10 V,电机转动频率约为 27 Hz;如将端子 1 接 8 号端子,端子 2 和 9 共地,电机转动频率为 50 Hz)。

## 4. 实训作业

设置变频器参数,使电动机按照外部电位器控制的频率运转,转速调节为 20Hz。

### 5.4.3 通过外部数字输入端子和调速电位器对电机进行远程控制

**1. 实训目的**

(1) 学习 MM420 变频器外部电位器调速方法;
(2) 学习 MM420 变频器使用外部数字输入端子控制的方法;
(3) 学习通过外部数字输入端子控制变频器的参数设置方法。

**2. 实训设备**

(1) MM420 变频器 1 台;
(2) 三相交流电机 1 台;
(3) 连接导线 1 套。

**3. 实训内容**

1) 项目要求

通过 MM420 变频器外部数字输入端子 5、6、7 和调速电位器对电机实现远程控制。具体控制要求为:5 号端子为正转起动命令,6 号端子为反转命令,7 号端子为直流制动命令。电机运行频率通过调速电位器给定。断开 5 号端子信号,电机停止运行。

2) 实训步骤

(1) 首先接好电源和连线,查看快速调试中电动机的参数(如果所使用的电动机没有更换,此步骤可以省略)。

(2) 将数字输入端子 5、6、7 号端子分别与三个开关的一端连接,将开关的另外一端短接至 8 号端子,如图 5-5 所示。

(3) 设置变频器参数等级 P0003=3,P0004=0(显示参数的范围)。

(4) 将 P0700 设定为 2(变频器由数字输入控制,即由端子排输入),P1000 设定为 2(模拟输入),P0701 设定为 1(正转起动),P0702 设定为 12(反转),P0703 设定为 25(直流制动),P0725 设定为 1(数字输入端子高电平有效)。

(5) 将连接数字输入端子 5 的开关闭合,变频器正转起动,通过调节电位器对电动机的频率进行调节。

(6) 将连接数字输入端子 6 的开关闭合,变频器反转运行,通过调节电位器对电动机的频率进行调节。

(7) 将连接数字输入端子 7 的开关闭合,电动机的绕组内通入直流电进行快速的制动。

(8) 将连接数字输入端子 5 的开关断开,电机停止运行。

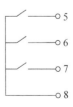

图 5-5 开关与端子接线图

通过调节 P0701～P0703 的参数来实现数字输入端其他的功能(参看 P0701～P0703 的参数说明见表 5-3)。

**4. 实训作业**

简述如何通过参数设置改变数字输入端子 5、6、7 的功能。

### 5.4.4 通过数字输入端选择固定频率运行电机

**1. 实训目的**

(1) 学习 MM420 变频器通过数字输入端使电机在不同固定频率下运行的方法；
(2) 学习 MM420 变频器通过数字输入端使电机在不同固定频率下运行的参数设置方法；
(3) 学习 MM420 变频器数字输入端的各种组合方法；
(4) 学习 MM420 变频器数字输入端不同组合与不同固定频率的对应方法。

**2. 实训设备**

(1) MM420 变频器 1 台；
(2) 三相交流电机 1 台；
(3) 连接导线 1 套。

**3. 实训内容**

1) 项目要求

通过 MM420 变频器数字输入端子 5、6、7 号端子组合起动电机运行，要求电机能在固定频率 5Hz、15Hz、20Hz、25Hz、35Hz、40Hz、50Hz 运行。注意：电机的起动及运行频率只能通过该 3 个端子实现。

2) 学习固定频率的选择办法

MM420 变频器有三种固定频率的选择办法，它们分别是：直接选择、直接选择＋ON 命令、二进制编码选择＋ON 命令。

(1) 直接选择(P0701～P0703＝15)

在这种操作方式下，一个数字输入对应选择的一个固定频率值。如果有几个固定频率数字输入端同时被激活，电机运行选定的频率是它们的总和。

例如：FF1＋FF2＋FF3

(2) 直接选择＋ON 命令(P0701～P0703＝16)

选择固定频率时，既有选定的固定频率，又带有 ON 命令，把它们组合在一起。在这种操作方式下，一个数字输入选择一个固定频率。如果有几个固定频率输入同时被激活，选定的频率是它们的总和。

例如：FF1＋FF2＋FF3

(3) 二进制编码的十进制数(BCD 码)选择＋ON 命令 P0701～P0703＝17

使用这种方法最多可以选择 7 个固定频率。各个固定频率的数值根据表 5-6 选择：

表 5-6 固定频率组合

| DIN1 | DIN2 | DIN3 | | |
|------|------|------|------|------|
| 不激活 | 不激活 | 不激活 | OFF | |
| 激活 | 不激活 | 不激活 | FF1 | P1001 |
| 不激活 | 激活 | 不激活 | FF2 | P1002 |
| 激活 | 激活 | 不激活 | FF3 | P1003 |
| 不激活 | 不激活 | 激活 | FF4 | P1004 |
| 激活 | 不激活 | 激活 | FF5 | P1005 |
| 不激活 | 激活 | 激活 | FF6 | P1006 |
| 激活 | 激活 | 激活 | FF7 | P1007 |

为了使用固定频率功能,需要用 P1000＝3 选择固定频率的操作方式。

在"直接选择"的操作方式(P0701～P0703＝15)下,还需要一个 ON 命令才能使变频器运行,这里以(P0701～P0703＝17)"二进制编码的十进制数(BCD 码)选择＋ON 命令"完成项目要求。

3) 实训步骤

(1) 首先接好电源和连线,查看快速调试中电动机的参数(如果所使用的电动机没有更换,此步骤可以省略)。

(2) 将数字输入端子 5、6、7 号端子分别与三个开关的一端连接,将开关的另外一端短接至 8 号端子,如图 5-5 所示。

(3) 将 P0003(参数访问级)设定为 3,P0700 设定为 2,P1000 设定为 3(变频器控制信号由三个开关固定频率值组合频率运行)。

(4) 将 P0701 至 P0703 均设定为 17(二进制编码的十进制数(BCD 码)选择＋ON 命令)。

(5) 将 P1001 设定为 5Hz,P1002 设定为 15Hz,P1003 设定为 20Hz,P1004 设定为 25Hz,P1005 设定为 30Hz,P1006 设定为 40Hz,P1007 设定为 50Hz。

(6) 闭合数字输入端 5 的开关,电动机将 5Hz(P1001＝5)的频率下运行,可以通过 3 个数字输入端上的开关闭合和断开的不同排列调出 7 种不同的速度(方法参看表 5-6)。

除此之外,还可以将数字输入端 5、6、7 分别设定为**低速**、**中速**、**高速**,其频率值通过设定 P1001、P1002、P1004 的数值来实现。相关参数设定如下：

① 将 P0700 设定为 2,将 P1000 设定为 3。

② P0701～P0703 均设定为 17(二进制编码的十进制数(BCD 码)选择＋ON 命令)。

③ P1001 设定为 15Hz(低速),P1002 设定为 30Hz(中速),P1004 设定为 45Hz(高速)(频率可以随意设定)。

④ 单独闭合数字输入端 1、2、3 电动机将在其对应的频率下运行。进行低速、中速、高速的切换。

**4. 实训作业**

简述变频器如何实现多挡转速的控制。

## 思 考 题

1. 三相异步电动机的转速是由什么决定的?
2. 什么叫做无级调速?变频器的调速方式有几种?

# 第6章 可编程控制器的应用实践

## 6.1 概 述

### 6.1.1 PLC的基本概念

可编程控制器(programmable logic controller,PLC)。是20世纪70年代以来,在继电器-接触器控制技术和计算机控制技术的基础上发展起来的一种新型工业自动化控制设备。PLC具有典型的计算机结构,它以微处理器为核心,以编程的方式进行逻辑控制、计数和算术运算等,并通过数字量和模拟量的输入和输出来完成各种生产过程的控制。PLC具有与控制对象相连的特殊接口,具有更适用于控制要求的编程语言,被广泛应用于自动控制的各个领域中。

作为一种新型的控制装置,PLC与传统的继电器-接触器控制系统相比具有响应时间快、控制精度高、可靠性好、控制程序可随工艺改变、易于与计算机连接、维护方便、体积小、质量小和功耗低等诸多优点。例如,可编程控制器控制系统可以通过编程软件灵活改变控制程序改变继电器间的逻辑关系,不需要改变硬线的连接就可以改变控制功能。此外,PLC还具有很强大的通信能力。PLC和PLC之间、PLC和计算机之间可以构成网络,实现相互信息交换,以满足工业生产过程中的智能控制。目前,PLC已成为工业自动化过程的一个重要组成部分。

### 6.1.2 PLC的产生和发展

在PLC出现之前,继电器-接触器控制在工业控制领域中占主导地位,这种控制系统具有结构简单、价格低廉、容易操作等优点,适用于工作模式固定,要求比较简单的场合,目前应用仍然比较广泛。但是这种传统的继电器-接触器控制系统也具有明显的缺点,如设备体积大,在复杂控制系统中可靠性低,维护不方便,特别是当生产工艺或控制对象改变时必须修改线路,因而通用性和灵活性都很差。20世纪60年代,计算机技术开始应用于工业控制,但由于其本身的复杂性、编程难度高、难以适应恶劣的工业环境以及价格昂贵的因素,未能在工业控制领域广泛应用。

随着工业生产的迅速发展,市场竞争激烈,产品更新换代的周期日趋缩短。而传统的继电器-接触器控制系统存在着控制能力弱,可靠性低,维修和改变控制逻辑困难等缺点,已不能适应现代工业发展的需要,迫切需要新型先进的自动控制装置。于是,为了适应生产工艺不断更新的需要,1968年美国通用汽车公司(GM)对外公开招标,要求把计算机的功能完善、通用灵活等优点和继电器-接触器控制系统的简单易懂、操作方便、价格低廉等优点结合起来,开发一种新的适用于工业控制环境的通用电气控制装置来取代继电器-接触器控制系统。该公司对新的控制系统提出10项指标(后被称为有名的"GM十条"):

(1) 编程简单方便,可现场修改程序;

(2) 维修方便,采用插件式结构;

(3) 可靠性高于继电器-接触器控制设备;

(4) 体积小于继电器控制柜;

(5) 可与管理计算机直接通信;

(6) 成本可与继电器-接触器控制系统竞争;

(7) 输入可以为市电;

(8) 输出可为市电,输出电流在2A及以上,可直接驱动接触器、电磁铁等;

(9) 系统扩展时,改动要小;

(10) 用户程序存储器容量大于4KB。

1969年,美国数字设备公司(DEC)研制成功了第一台PLC,并应用到美国通用汽车公司GM的汽车自动装配生产线上。它既有继电器-接触器控制系统的外部特性,又有计算机的可编程性、通用性和灵活性,将电气控制硬连接的逻辑转变成了计算机的软件逻辑控制,从而开创了工业控制的新局面,从此这一技术在工业领域迅速发展起来。随着计算机和网络技术的发展,PLC无论在概念、设计、性能上都有了新的突破,适用的领域也逐渐拓宽,与CAD/CAM和机器人技术一起成为现代工业自动化的三大支柱技术。

本章以西门子S7-1200 PLC为例,介绍可编程控制器的基本原理、硬件构成和编程软件(TIA博途)的功能及使用方法。

## 6.2 PLC 硬件结构

PLC的硬件组成如图6-1所示,主要由CPU、RAM、ROM和专门设计的输入输出电路组成。

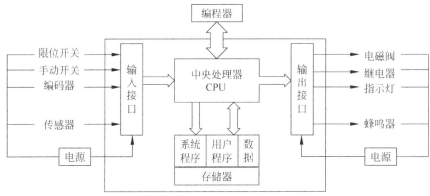

图 6-1 PLC 系统基本结构图

## 6.2.1 中央处理器

中央处理器(CPU)是 PLC 的核心部件,是 PLC 的运算和控制中心,它由控制电路、运算器和寄存器组成,这些电路都集成在同一芯片上。CPU 通过地址总线、数据总线和控制总线与存储单元、输入输出(I/O)接口电路相连。CPU 的主要功能是从内存中读取指令,进行逻辑运算和算术运算,处理中断。

## 6.2.2 存储器

存储器是 PLC 存放系统程序、用户程序和运行数据的单元。PLC 内部配有两种不同类型的存储器:一种是只读存储器 ROM,用来固化 PLC 生产厂家编写的系统工作程序,用户不能更改或调用;另一种是可进行读/写操作的随机存储器 RAM,用来存储用户编写的程序或用户数据,存于 RAM 中的程序可随意修改、增删。PLC 的存储器可以等效为一个继电器系统,每一个继电器用存储器中的每一位触发器表示,当这一位触发器为"1"时,表示这个继电器线圈通电。这个继电器是在软件中出现的,因此又称为"软继电器"。

存储器中存放的逻辑变量就是指各种"软继电器",这些继电器包括以下内容。

**1. 输入继电器和输出继电器**

输入继电器用 I、IB 或者 IW 表示,其中 I 表示某个输入继电器,是按位寻址,地址一般用 $X.0 \sim X.7(X=0,1,2,\cdots)$ 表示。IB 表示按字节寻址的输入继电器,一般表示为 IBX(地址 $X=0,1,2,\cdots$),表示 IX.0~IX.7 共计 8 个输入继电器,它按字节(即 8 位)寻址。IW 表示按字寻址的输入继电器,一般表示为 IWX(地址 $X=0,1,2,\cdots$),它由 IBX 和 IB($X+1$)两个字节构成,按字(即 16 位)寻址。另外还有双字表示的继电器,由两个字继电器构成,一般由继电器名称加字母 D 表示,地址与高八位的字继电器地址相同。

输出继电器用 Q 表示,也可以按位、字节、字和双字来进行寻址,规则同上。

输入继电器用于接收外部开关和传感器的控制信号,它与 PLC 输入端子相连,其通断只能由外部信号控制,不能用内部指令控制,因此在编程软件中没有线圈。它提供的常开触点和常闭触点参与控制程序的逻辑运算,其数量没有限制,不能直接输出驱动外部的控制对象。输出继电器用于将 PLC 运算的结果输出,驱动外部的接触器线圈、电磁阀等,每个输出继电器只有一个输出端口。

**2. 内部继电器和特殊内部继电器**

内部继电器用于存放运算的中间结果,不提供外部输出。特殊内部继电器(也称内部寄存器)具有特殊的作用,详细介绍可参考相关资料。

内部继电器用 M(MB、MW 和 MD)表示,M 是按位寻址,MB、MW 和 MD 分别是按字节、字和双字寻址。

**3. 定时器和计数器**

PLC 内的定时器和计数器用 T 和 C 表示,使用定时器和计数器时,需分别设定定时器和计数器的其他参数,如定时时间、计数次数、触发和复位指令等。

### 6.2.3 输入/输出单元(I/O 单元)

PLC 的输入模块主要处理现场的各种开关量(状态量)、数字量或模拟量等外部信号,如限位开关、操作按钮、选择开关、行程开关以及其他一些传感器的信号。PLC 的输入接口单元是 PLC 与控制现场的接口界面的输入通道,输入接口由光电耦合、输入电路和微处理器输入接口电路组成。通过 PLC 输入接口电路可将外部输入信号转换成中央处理器能够识别和处理的信号,并存放到输入映像寄存器中。其中,光电耦合电路能够隔离输入信号,防止现场的强电干扰进入 PLC。直流输入接口电路有两种类型:一种是共漏型输入,另一种是共源型输入。西门子 S7-1200 型 PLC 的输入接口为共漏型输入,如图 6-2 所示。

PLC 输出模块的作用是把用户程序的逻辑运算结果转换成现场需要的电信号,并输出到 PLC 外部,驱动电磁阀、接触器、指示灯等控制设备的执行元件。输出接口单元接收 CPU 的输出信息,并进行功率放大和隔离,经过输出接线端子向现场输出相应的控制信号,输出接口电路一般由输出接口和隔离电路,功率放大电路组成。PLC 的输出接口单元有三种形式,即晶体管输出、继电器输出和双向晶闸管输出。继电器输出型 PLC 是利用继电器线圈和触点之间的电气隔离,将内部电路与外部电路进行隔离的。晶体管输出型 PLC 是通过使晶体管截止或饱和来控制外部负载电路,并利用光电耦合器在 PLC 的内部电路与输出晶体管之间进行隔离。双向晶闸管输出型 PLC 是通过使晶闸管导通或关断来控制外部电路的,是利用光敏晶闸管在 PLC 的内部电路与输出器件(三端双向晶闸管开关器件)之间进行隔离的。

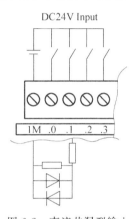

图 6-2 直流共漏型输入

### 6.2.4 编程器

编程器是 PLC 的外围设备,利用编程器可将用户程序送入 PLC 的存储器,还可以检查和修改诊断程序。利用编程器还可以监视 PLC 的工作状态。编程器一般分为手持型编程器和计算机编程器。

## 6.3　PLC 接线方法

PLC 的硬件接线包括电源、输入信号和输出信号的连线。

**1. 电源**

PLC 主机及控制板采用 24V 直流电源,将直流供电电源的正、负极分别接在 PLC 主机的电源正、负极接入点。接法如下:

(1) 电源端子：PLC 主机电源接口分别接 DC24V 正、负极；

(2) 输入端子公共端：1M、2M 接电源负极；

(3) 输出端子公共端：1L、2L、3L 接 24V 电源正极，3M 接 24V 电源负极。

**2. 输入/输出信号**

PLC 的输入信号一般是按钮、传感器和行程开关等。输出信号可以是接触器的线圈、电磁阀的线圈、指示灯。图 6-3(a) 给出了 PLC 输入端子与输入信号的连接方法。图 6-3(b) 给出了 PLC 输出端子与输出信号的连接方法。图 6-3(c) 虚线框左端电路图以 PLC 的输入端子 I0.0 接入按钮 SB 为例给出了输入信号的接线方法。图 6-3(c) 虚线框右端电路图以 PLC 的输出端子 Q0.0 输出信号去控制指示灯为例，给出了输出信号的接线方法。其他输入输出端子接入信号的接线方法与其相同，均可参考图 6-3。

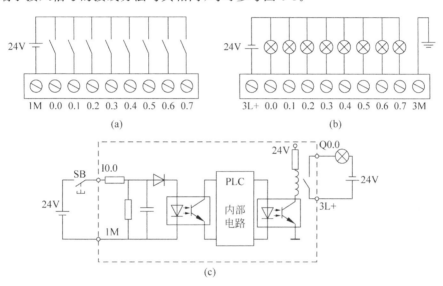

图 6-3　PLC 电源及输入/输出部分接线图

(a) 输入端子信号接法；(b) 输出端子信号接法；(c) 单个输入/输出信号接法

## 6.4　PLC 的编程语言

目前，国内外各种品牌 PLC 的编程语言大致有四种：梯形图、指令表、逻辑功能图和高级语言。梯形图和指令表是应用比较广泛的两种编程方式。本书中所列实训使用西门子 S7-1200 型可编程序控制器，采用梯形图进行编程。

### 6.4.1　梯形图

PLC 所使用的梯形图是一种图形语言，是从继电器控制演变而来的。它具有形象、直观、易于理解的特点，而且与传统的继电器控制相比较还增加了许多功能强大、使用灵活的指令，是目前 PLC 应用最广泛，最受电气技术人员欢迎的一种编程语言。梯形图与继电器控制图的设计思路基本一致,非常容易由继电器控制线路转化为梯形图,如图6-4所示。在图6-4(a)所示的继电器控制电路中,每个符号表示一个继电器或接触器的线圈或触点,触点和线圈之间用导线连接,组成一个具有一定功能的控制电路。图6-4(b)所示的梯形图由触点(常开、常闭等)、线圈和各种指令组成,图中每个符号和字母表示一个内部的"软继电器"的触点或者线圈,即PLC内寄存器中的一位触发器的端子,内部各继电器元件之间的连接表示各元件之间的逻辑关系,称为"软"连线,而不是实际的导线。梯形图属于逻辑图,各个元件之间是逻辑关系,并没有电流流过。例如,电路中电器元件的串联用"与"逻辑表示,并联用"或"逻辑来表示。在梯形图中,线圈通常代表逻辑运算的输出结果和输出标志,触点一般代表逻辑运算的输入条件。

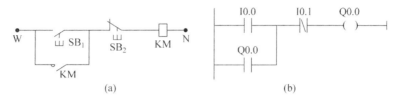

图 6-4 继电器控制电路与 PLC 梯形图对比

(a) 控制原理图;(b) PLC 梯形图程序

### 6.4.2 指令系统

西门子 S7-1200 型 PLC 具有功能强大、实用丰富的指令系统,本节根据教材中学生工程实训案例的应用选择了相应的指令进行介绍,在实际实用过程中,教材中未涉及的指令可参考西门子 PLC 使用手册。

**1. 位逻辑指令**

1) 常开触点与常闭触点

常开触点在寄存器状态为1(ON)时闭合,为0(OFF)时断开。常闭触点与常开触点相反。

指令解释:常开/常闭触点符号如图6-5所示。图6-5(a)为输入继电器I0.0的常开触点,当PLC的输入端子I0.0所连接的输入开关(按钮、行程开关或传感器)闭合时,输入继电器I0.0的线圈为高电平1(ON),则继电器的常开触点状态将由0(OFF)变为1(ON)。图6-5(b)为输入继电器I0.2的常闭触点,当PLC输入端子I0.2所连接的输入开关(按钮、行程开关或传感器)闭合时,输入继电器I0.2的线圈为高电平1(ON),则继电器的常闭触点状态将由1(ON)变为0(OFF)。

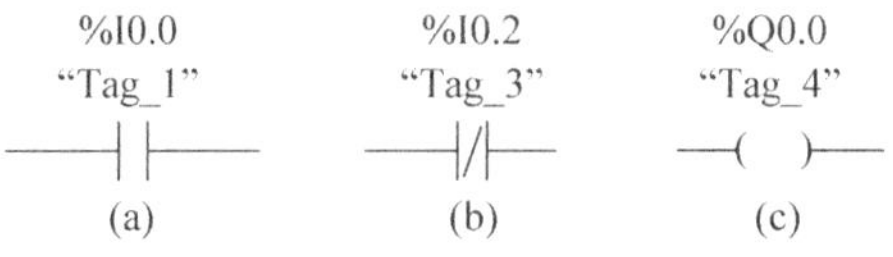

图 6-5 位逻辑符号

(a) 常开触点;(b) 常闭触点;(c) 线圈

2) 输出线圈

线圈输出指令将线圈的状态写入指定的地址,线圈通电时写入 1,断电时写入 0,如果是 Q 区域的地址,CPU 将输出的值传送给对应的过程映像输出。

指令解释:图 6-5(c)所示为输出继电器 Q0.0 的线圈,线圈一般出现在程序的最右侧,输出的是输入逻辑的运算结果。当逻辑运算结果为高电平 1(ON)时,可通过 PLC 的输出端子 Q0.0 将结果输出到现场的执行元件,如接触器线圈、电磁阀线圈、指示灯等。

3) 置位和复位指令

S(set,置位或置 1)指令将指定的地址置位(变为 1 状态并保持);R(reset,复位或置 0)指令将指定的地址复位(变为 0 状态并保持)。

指令解释:在图 6-6(c)的程序段中,当置位指令的输入信号 I1.0 由状态 0 变为 1 时,置位指令将输出寄存器 Q1.0 接通为 ON 并保持。当复位指令的输入信号 I1.1 由状态 0 变为 1 时,复位指令将输出寄存器 Q1.0 断开并保持。

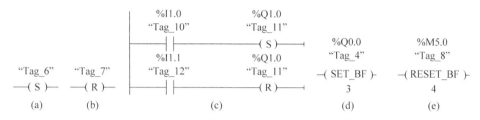

图 6-6 置位/复位/多点置位/多点复位指令
(a) 置位指令;(b) 复位指令;(c) 指令举例;(d) 多点置位指令;(e) 多点复位指令

4) 多点置位和复位指令

SET_BF(set bit field,多点置位)指令将指定的地址开始的连续的若干个地址位置位(变为 1 状态并保持)。复位指令则是将指定地址开始的连续的若干个地址位复位(变为 0 状态并保持)。

指令解释:图 6-6(d)中的 SET_BF 指令可将自 Q0.0 开始的 3 个输出映像寄存器置位,即将 Q0.0、Q0.1、Q0.2 置 1。图 6-6(e)中的 RESET_BF 指令可将 M5.0 开始的 3 个内部寄存器复位,即将 M5.0、M5.1、M5.2 置 0。

5) 边沿检测触点指令

图 6-7(a)、(b)分别为上升沿和下降沿检测触点,该指令的作用是检测触点是否出现由 OFF(ON)到 ON(OFF)的上升(下降)沿,如果出现则指令输出为 1,并且接通一个扫描周期。

指令解释:在图 6-7(c)中,如果输入信号 I0.0 由 FALSE(0)变为 TRUE(1),即输入信号 I0.0 出现上升沿,则该 P 触点接通一个扫描周期。P 触点设置的变量 M2.0 为边沿存储位,用来存储上一次扫描循环时 I0.0 的状态。通过比较输入信号的当前状态和上一次循环的状态,来检测信号的边沿。如果输入信号 I0.1 由 TRUE(1)变为 FALSE(0),即输入信号 I0.1 出现下降沿,则该 N 触点接通一个扫描周期。N 触点设置的变量 M2.1 为边沿存储位,用来存储上一次扫描循环时 I0.1 的状态。通过比较输入信号的当前状态和上一次循环的状态,来检测信号的边沿。

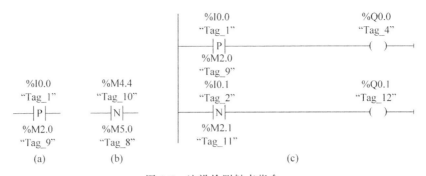

图 6-7 边沿检测触点指令
(a) 上升沿检测触点；(b) 下降沿检测触点；(c) 指令举例

**2. 接通延时型定时器指令**

接通延时定时器(TON)如图 6-8 所示。IN 为定时器输入端为，PT(PT=1～32767)为定时器设定端，用来设定定时时间。当 IN 输入端电路由断开变为接通时，起动该指令。定时时间大于等于预置时间(PT)指定的设定值时，输出 Q 变为 1 状态，已耗时间由 ET 显示。只要起动输入 IN 仍为"1"，输出 Q 就保持置位。当 IN 输入端的电路断开时，定时器为复位，已耗时间被清零，输出 Q 变为 0 状态。在起动输入 IN 检测到新的信号上升沿时，该定时器功能将再次起动。可以在 ET 输出查询当前的时间值。时间值从 $T=0s$ 开始，达到 PT 时间值时结束。只要输入 IN 的信号状态变为"0"，输出 ET 就复位。

**3. 减计数器指令**

图 6-9 为减计数器指令(CTD)。LD 为计数器的复位端，PV 为设定值，CD 为输入端，Q 为输出端。当 LD 为 1 时，Q 被复位为 0，并把预置值 PV 的值装入 CV。输入端 CD 出现上升沿时（由 0 状态变为 1），CV 值会减 1，当 CD 端出现的上升沿次数达到计数预置值 PV 设定的次数（本例中为 10 次）时，CV 减为 0，输出 Q 为 1 状态，反之为 0 状态。

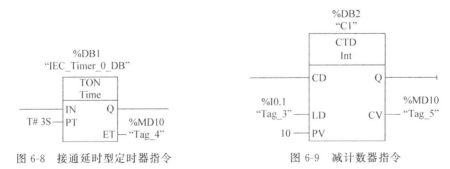

图 6-8 接通延时型定时器指令　　　　图 6-9 减计数器指令

**4. 数据传送指令 MOVE**

如图 6-10 所示，数据传输指令在 EN（使能）端为 ON 的前提下，可将 IN 输入端的源数据复制给 OUT1 输出的目的地址，并且转换为 OUT1 指定的数据类型，源数据保持不变。IN 和 OUT1 可以是 Bool 之外所有的基本类型，IN 还可以是常数。本例中是将 IN 输入的常数 1234 赋值给 OUT1 端的变量 MW0 中。

## 5. 数学运算指令

数学运算指令包括加(ADD)、减(SUB)、乘(MUL)、除(DIV)等运算,如图 6-11 为加法运算指令。EN 为使能端,IN1、IN2 为输入端,OUT 为输出端。当 EN 端为 ON 时,可使用"加"指令,将输入 IN1 的值与输入 IN2 的值相加,并在输出 OUT(OUT=IN1+IN2)处查询总和。其他数学运算指令分析方法与之相同。

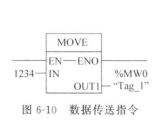

图 6-10 数据传送指令

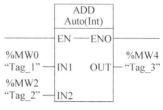

图 6-11 加法运算指令

## 6. 比较指令

比较指令用于比较两个变量的大小,编程时根据需要选择相应的比较指令即可。如在图 6-12 中,要比较上面数据 SOURCE[5] 的数值与常数 20 的大小,可以使用"大于"指令,来确定第一个比较值(操作数 1)是否大于第二个比较值(操作数 2),如果结果为大于,则比较指令输出为 TRUE。要比较的两个值必须为相同的数据类型。

## 7. 块填充指令

块填充指令是将输入参数 IN 输入的值填充到输出参数 OUT 指定起始地址的目标数据区。IN 和 OUT 必须是数据块或块的局部数据中的数组元素,IN 还可以是常数。COUNT 为填充的数组元素的个数,数据类型为 Dint 或常数。

指令解释:在图 6-13 的指令程序中,触点 I0.1 接通时,常数"0"被填充到"数据块_1"的 SOURCE[0] 开始的 20 个元素中。

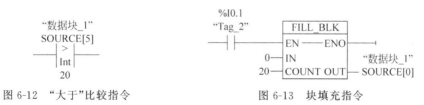

图 6-12 "大于"比较指令    图 6-13 块填充指令

## 8. 数据转换指令 CONV

利用该指令可进行数据类型的转换,如图 6-14 的指令可将 IN 输入端的 16 位 BCD 码数据 MW0 转换为 INT 整型数据,存储在 OUT 端的数据 DATA1[0] 中。

## 9. 解码指令(P109)DECO

输入参数 IN 为十进制数,比如为 $n$,解码指令 DECO(Decode)将输出参数 OUT 的第 $n$ 位

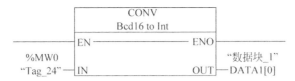

图 6-14　数据转换指令

置位为 1,其余各位为 0。如在图 6-15 中,如果输入端的数据 DATA 1[2]的值为 3,那么解码之后输出端 OUT 的变量 MW100 的各位数据则为:第三位为 1,其余位均为 0,如表 6-1 所示。

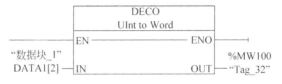

图 6-15　解码指令

表 6-1　数据 MW100 解码后的数据表

| 字 | MW100 | | | | | | | | | | |
|---|---|---|---|---|---|---|---|---|---|---|---|
| 字节 | M100 | | | M101 | | | | | | | |
| 数位 | 15 | … | 8 | 7 | 6 | 5 | 4 | 3 | 2 | 1 | 0 |
| 地址 | 100.7 | … | 100.0 | 101.7 | 101.6 | 101.5 | 101.4 | 101.3 | 101.2 | 101.1 | 101.0 |
| 数值 | 0 | 0 | 0 | 0 | 0 | 0 | 0 | 1 | 0 | 0 | 0 |

## 6.5　西门子编程软件的使用方法

### 6.5.1　新建项目

在桌面上双击"TIA Portal V13"图标 ,或直接从"开始"菜单中选择"TIA Portal V13",即可起动软件,软件界面包括 Portal 视图和项目视图,两个界面中都可以新建项目。在软件的 Portal 视图中单击"创建新项目"进入创建新项目窗口,在该窗口单击"路径"选项后的"…"可以设定程序在硬盘中存储的位置。输入项目名称、存储路径等信息后,单击"创建"按钮,即可创建新项目,如图 6-16 所示。

图 6-16　创建新项目

## 6.5.2 硬件组态

S7-1200PLC 需要对各硬件进行组态、参数配置和通信互连,项目中的组态要与实际系统一致,系统起动时,CPU 会自动检测软件的预设组态与系统的实际组态是否一致,如果不一致会报错。

下面介绍如何进行项目硬件组态。创建新项目之后,在项目视图中单击"组态设备",再单击"添加新设备",即可出现添加新设备对话框,为项目添加所需的硬件设备,如图 6-17 所示。添加新设备步骤如下:

(1) 选择"控制器";
(2) 选择 S7-1200CPU 型号;
(3) 选择 CPU 版本;
(4) 设置设备名称;
(5) 单击右下角的"添加",完成新设备添加。

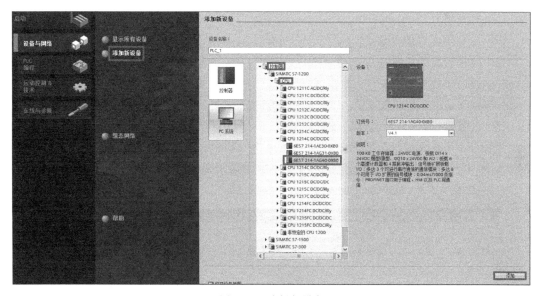

图 6-17 选择新设备

在添加完成新设备后,与该新设备匹配的机架也会随之生成。所有通信模块都要配置在 S7-1200CPU 左侧,而所有信号模块都要配置在 CPU 的右侧,在 CPU 本体上可以配置一个扩展版,硬件配置步骤如图 6-18 所示。

在硬件配置过程中,TIA 博途软件会自动检查模块的正确性,在硬件目录下选择模块后,机架中允许配置该模块的槽位边框变为蓝色,不允许配置该模块的槽位边框无变化。如果需要更换已经组态的模块,可以直接选中该模块,右击选择"更改设备类型"命令,然后在弹出的菜单中选择新的模块型号。

硬件配置步骤如下:
(1) 单击打开设备视图;

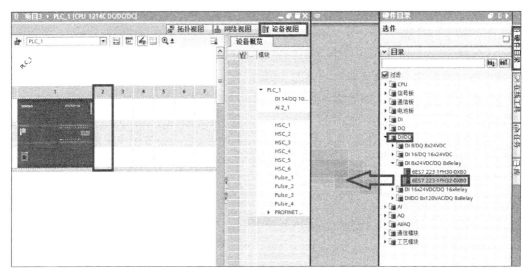

图 6-18 硬件配置步骤

(2) 打开硬件目录；
(3) 选择要配置的模块；
(4) 拖曳到机架上相应的槽位；
(5) 通信模块配置在 CPU 的左侧槽位；
(6) I/O 及工艺模块配置在 CPU 的右侧槽位；
(7) 信号板、通信板及电池板配置在 CPU 的本体上(仅能配置一个)。

添加完设备之后，为了方便编程调试，可单击"设备概览"中的设备地址，修改设备地址为 2(如图 6-19 中的 I 地址，Q 地址)，使其与实际系统中设备面板端子地址标记一致。

设备组态完成后，单击左下角的"Portal"视图，即可返回到"项目树"视图。

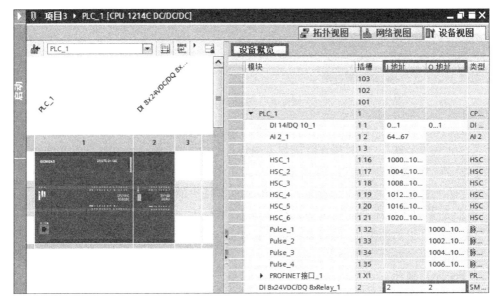

图 6-19 修改硬件地址

在"项目树"中可查看"设备组态",也可以选择"程序块"进行 PLC 编程。可单击图 6-20 中右上角的三角形图标折叠和展开"项目树"。

图 6-20 项目树视图

## 6.5.3 S7-1200 编程方法简介

### 1. 打开主程序

在"项目树"中点开"程序块",双击"Main(OB1)"进入 PLC 编程界面,如图 6-21 所示。根据控制的需要,可选择右侧的基本指令进行编程,也可将常用指令加入收藏夹,方便调用。

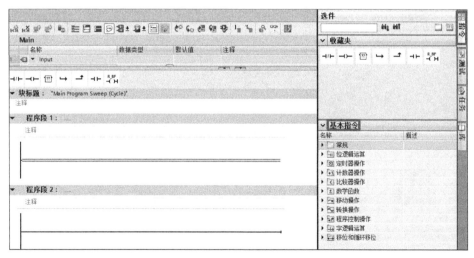

图 6-21 编程界面

### 2. 项目下载至 PLC

项目编译完成无错误后,可下载至 PLC。本教程所涉及的工程实训项目采用的是以太网通信,即西门子 PLC 与上位计算机通过以太网连接。

第一次下载时需注意，一定要用鼠标从项目或者控制器名称"PLC_1[CPU 1214C DC/DC/DC]"处选中，如图 6-22 所示，然后再选择"下载到设备"按钮，否则不能将整个项目完整下载。调试过程中，如果修改程序再进行下载时，可以只选中程序，则仅从鼠标选中的程序处进行增量下载。

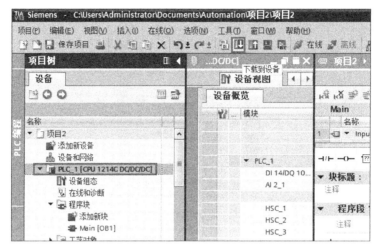

图 6-22　项目下载界面

单击下载到设备的按钮选项后会出现选择网卡型号对话框，如图 6-23 所示，单击"开始搜索"按钮，则自动为网卡分配 IP 地址，选中该地址，并单击"下载"按钮。

图 6-23　搜索网卡对话框

### 3. 程序在线监控

程序下载之后 PLC 即可进入在线监控运行方式。单击"启用/禁用监视"按钮，如图 6-24 所示。在线运行监控可以实时监测输入、输出信号以及程序中各指令运行的状态，进行在线调试。

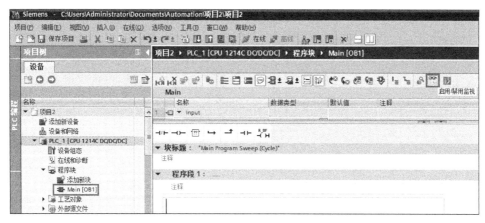

图 6-24　起动在线监控界面

## 6.6　工程实训案例

通过 PLC 工程实训案例，可以熟悉各种指令的运用，了解各条指令的特点和功能。实训前要仔细阅读程序中的指令，理解程序运行的过程。在程序在线运行时，认真观察 PLC 输入输出状态，进一步理解每一个程序的功能。

### 6.6.1　逻辑指令

**1. 实训目的**

学习边沿检测指令的使用。

**2. 实训步骤**

(1) 硬件接线：按照图 6-25 将 PLC 的输入、输出信号接到端子面板上。数字量输入信号 I0.0 和 I0.1 分别接按钮开关 $SB_0$ 和 $SB_1$ 作为起动和停止信号；数字量输出信号 Q0.0 和 Q0.1 分别接输出控制板(TVT90HV-2 天塔之光)上的 LED 指示灯 A 和 B。

(2) 软件编程，参考 6.5 节中的步骤创建新项目，进行硬件组态。然后进行梯形图程序的编制，将图 6-26 中的程序输入到主程序中。注意编程指令的输入方法，可以在编程界面右侧的基本指令栏选择相应的指令拖至需要放置的位置或者双击该指令。

(3) 打开 PLC 电源开关，将新建的项目下载至 PLC 中，再进行在线运行监控。

(4) 程序分析：当按下按钮 $SB_0$(按住不放)时，输入寄存器 I0.0 由状态 FALSE(0) 变为状态 TRUE(1)，P 触点接通一个扫描周期，输出寄存器 Q0.0 接通并自锁，指示灯 A 被点

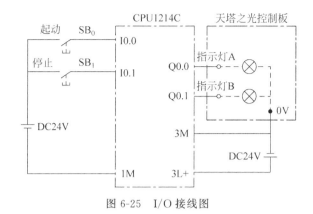

图 6-25 I/O 接线图

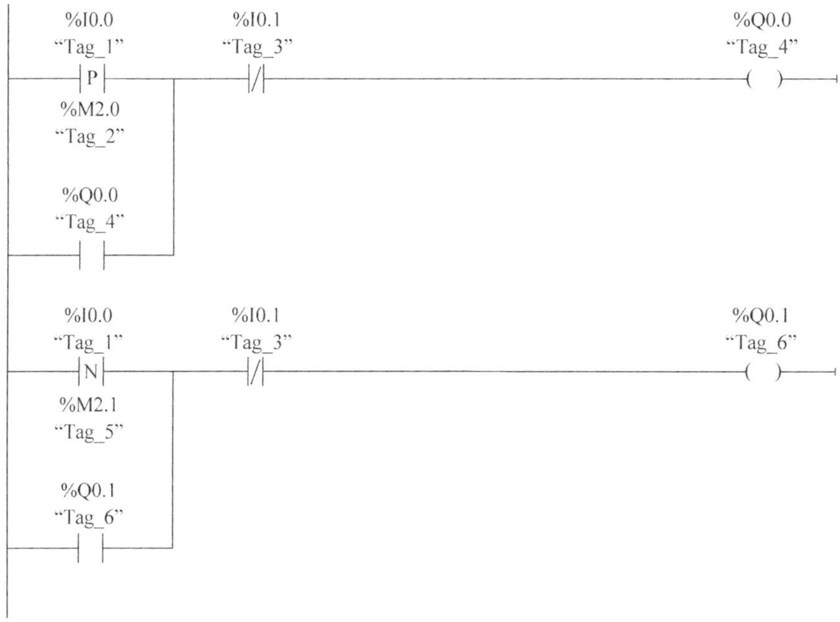

图 6-26 梯形图程序(1)

亮并一直保持;当松开 SB$_0$ 时,输入寄存器 I0.0 由状态 1 变为状态 0,N 触点接通一个扫描周期,输出寄存器 Q0.1 接通并自锁,指示灯 B 被点亮并一直保持;当按下按钮 SB$_1$ 时,输入寄存器 I0.1 接通,其常闭点断开,指示灯 A、B 均熄灭。

**3. 实训作业**

在线运行程序,根据运行结果画出输入、输出信号的时序图。

## 6.6.2 定时器和置位复位指令

**1. 实训目的**

学习定时器指令和置位复位指令的使用。

## 2. 实训步骤

（1）硬件接线：按照输入输出分配表 6-2 将 PLC 的输入、输出信号接到端子面板上。

表 6-2 输入/输出地址分配表

| 输入 | SB$_0$ | SB$_1$ | SB$_2$ | SB$_3$ |
|---|---|---|---|---|
|  | I0.0 | I0.1 | I1.0 | I1.1 |
| 输出 | 指示灯 A | 指示灯 B | 指示灯 C | 指示灯 D |
|  | Q0.0 | Q0.1 | Q0.2 | Q1.0 |

（2）软件编程，程序如图 6-27 所示。

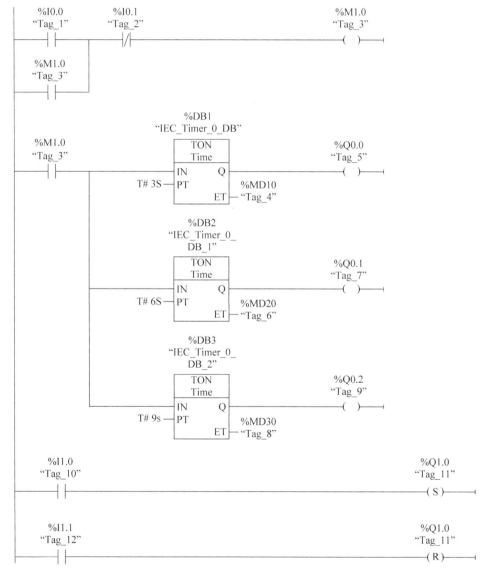

图 6-27 梯形图程序（2）

(3) 将项目下载至 PLC 中,进行在线运行监控。

(4) 程序分析:当按下 $SB_0$ 时,输入寄存器 I0.0 由 0 状态变为 1,寄存器 M1.0 接通,并自锁,定时器输入端常开触点 M1.0 接通,三个定时器均开始计时,计时 3s 后,定时器 DB1 的输出接通,Q0.0 接通,指示灯 A 被点亮并一直保持;计时 6s 后,定时器 DB2 的输出接通,Q0.1 接通,指示灯 B 被点亮并一直保持;计时 9s 后,定时器 DB3 的输出接通,Q0.2 接通,指示灯 C 被点亮并一直保持;当按下 $SB_1$ 时,输入寄存器 I0.1 接通,其常闭点断开,指示灯 A、B、C 均熄灭。当按下 $SB_2$ 后,置位指令使得输出寄存器 Q1.0 置位接通,指示灯 D 被点亮并一直保持;当按下 $SB_3$ 后,复位指令使得输出寄存器 Q1.0 复位断开,指示灯 D 被熄灭。

**3. 实训作业**

在线运行程序,根据运行结果画出输入、输出信号的时序图。

## 6.6.3 计数器指令

**1. 实训目的**

学习计数器指令的使用。

**2. 实训步骤**

(1) 硬件接线:按照表 6-3 所示输入输出分配表将 PLC 的输入、输出信号接到端子面板上。

表 6-3 输入/输出地址分配表

| 输入 | $SB_0$ | $SB_1$ |
|---|---|---|
|  | I0.0 | I0.1 |
| 输出 | 指示灯 A ||
|  | Q0.0 ||

(2) 软件编程,程序如图 6-28 所示。

(3) 将项目下载至 PLC 中,进行在线运行监控。

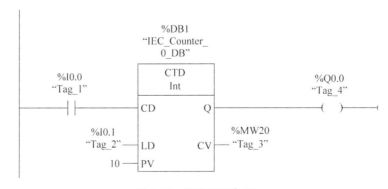

图 6-28 梯形图程序(3)

(4) 程序分析：当输入寄存器 I0.0 由 0 状态变为 1 时，减计数器 CTD 开始计数，I0.0 每出现一次上升沿，CV 值会减 1，当达到计数预置值 PV 设定的次数(本例中为 10 次)时，CV 值减为 0，并且输出 Q 接通，指示灯 A 被点亮并一直保持；当计数器复位端输入信号 I0.1 接通时，指示灯 A 熄灭。

**3. 实训作业**

在线运行程序，根据运行结果画出输入、输出信号的时序图。

## 6.6.4 小车自动往返控制程序的设计

**1. 实训目的**

练习逻辑指令及定时器指令的使用。

**2. 实训步骤**

(1) 硬件接线：按照表 6-4 输入输出分配表及图 6-29 将 PLC 的输入、输出信号接到端子面板上。

表 6-4 输入/输出地址分配表

| 输入 | SB$_0$ | SB$_1$ | SB$_2$ | SA$_0$ | SA$_1$ |
|---|---|---|---|---|---|
|  | I1.0 | I1.1 | I1.2 | I1.3 | I1.4 |
| 输出 | 电机正转 | | | 电机反转 | |
|  | Q1.0 | | | Q1.1 | |

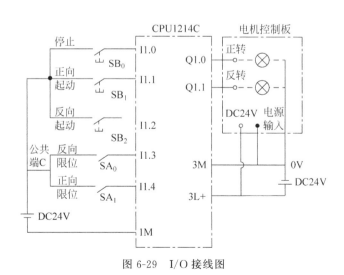

图 6-29 I/O 接线图

(2) 软件编程，程序如图 6-30 所示。
(3) 将项目下载至 PLC 中，进行在线运行监控。

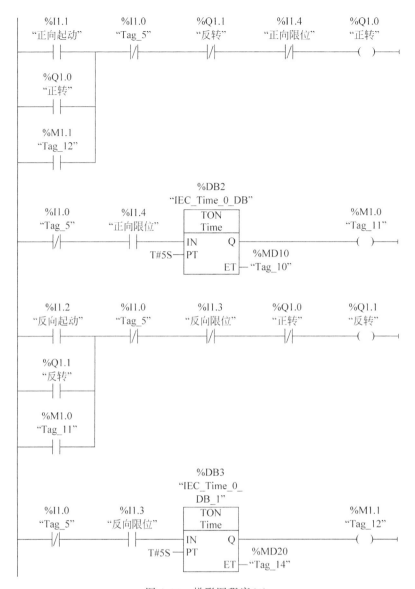

图 6-30 梯形图程序(4)

(4) 程序分析：当按下 $SB_1$ 时，输入寄存器 I1.1 由 0 状态变为 1，电机正转并自锁，按下 $SB_0$，电机停止运行。当按下 $SB_2$ 时，输入寄存器 I1.2 由 0 状态变为 1，电机反转并自锁，此时将开关 $SA_0$ 接通，寄存器 I1.3 接通，其常闭点"反向限位"断开，电机停止运行，与此同时，I1.3 常开点接通，定时器 DB3 开始计时，当达到 5s 计时时间后，寄存器 M1.1 接通，其常开点接通，电机正转，断开反向限位开关 $SA_0$。电机正转时，采用正向限位开关 $SA_1$ 将电机切换到反转运行，分析同上。

**3. 实训作业**

在线运行程序，根据运行结果画出输入、输出信号的时序图。

## 6.6.5 竞赛抢答器

**1. 实训目的**

练习逻辑指令的使用。

**2. 实训步骤**

(1) 硬件接线：按照输入输出分配表 6-5 将 PLC 的输入、输出信号接到端子面板上。数字量输入信号 I0.0～I0.3 分别接按钮开关 $SB_0$～$SB_3$ 作为 4 个组的抢答按钮，I0.4 接开关 $SA_7$ 作为复位信号；数字量输出信号 Q0.0～Q0.7 分别接输出控制板（TVT90HV-2 天塔之光）上的 LED 指示灯 H 和 A～G。其中，H 为抢答指示信号（也可以接蜂鸣器作为抢答器铃声信号）。

表 6-5　输入/输出地址分配表

| 输入 | $SB_0$ | $SB_1$ | $SB_2$ | $SB_3$ | $SA_7$ |
|---|---|---|---|---|---|
|  | I0.0 | I0.1 | I0.2 | I0.3 | I0.4 |
| 输出 | 指示灯 H | 指示灯 A | 指示灯 B | 指示灯 C | 指示灯 D | 指示灯 E | 指示灯 F | 指示灯 G |
|  | Q0.0 | Q0.1 | Q0.2 | Q0.3 | Q0.4 | Q0.5 | Q0.6 | Q0.7 |

(2) 软件编程，程序如图 6-31、图 6-32 所示。
(3) 将项目下载至 PLC 中，进行在线运行监控。
(4) 程序分析：当分别按下按钮 $SB_0$～$SB_3$ 时，抢答器指示灯点亮，同时八段码显示器显示抢答的组号。每次抢答完，需按下复位按钮 $SA_7$ 才能再重新开始抢答。

**3. 实训作业**

在线运行程序，根据运行结果画出输入、输出信号的时序图。

## 6.6.6 算术运算及比较指令

**1. 实训目的**

数据处理指令的使用以及数据块的建立。

**2. 实训步骤**

(1) 硬件接线：按照输入输出分配表 6-6 将 PLC 的输入、输出信号接到端子面板上。数字量输入信号 I0.0 和 I0.1 分别接按钮开关 $SB_0$ 和 $SB_1$ 作为起动和复位信号；数字量输出信号 Q0.0、Q0.1 和 Q0.2 分别接输出控制板（TVT90HV-2 天塔之光）上的 LED 指示灯 A、B 和 C，指示数学运算结果。

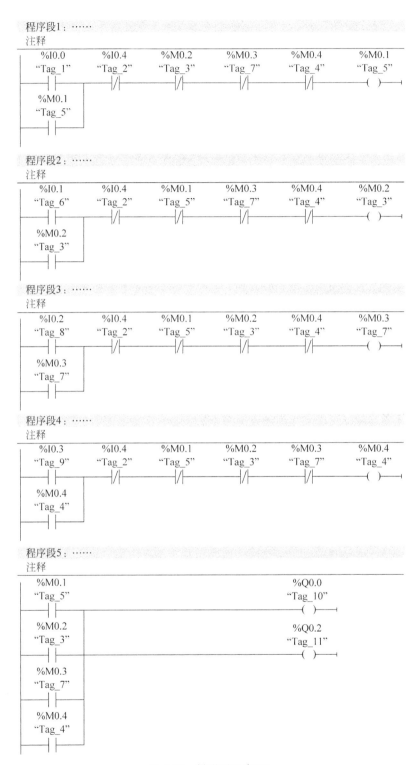

图 6-31 梯形图程序(5)

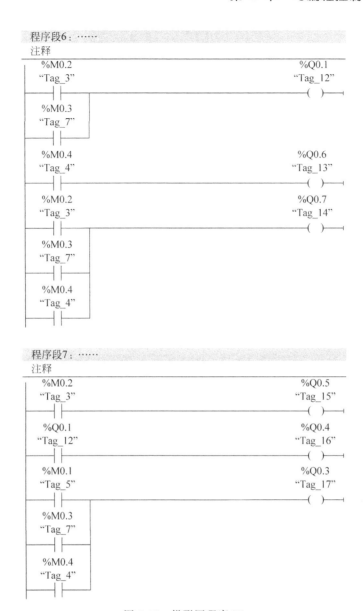

图 6-32 梯形图程序(6)

表 6-6 输入/输出地址分配表

| 输入 | $SB_0$ | $SB_1$ | — |
|---|---|---|---|
|  | I0.0 | I0.1 | — |
| 输出 | 指示灯 A | 指示灯 B | 指示灯 C |
|  | Q0.0 | Q0.1 | Q0.2 |

(2) 软件编程,程序如图 6-38 所示。

为了存储相同类型的数据,并且对数据进行填充(赋值),在编程过程中,需建立整型变量数据块(数组)存放数据,这样在编程时更加方便。建立数据块的方法如下。

双击图 6-33 项目树中"程序块"文件夹中的"添加新块",添加一个新的块。

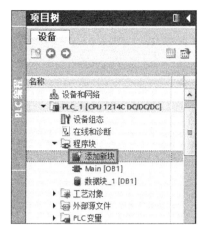

图 6-33 添加新块

在打开的对话框中,如图 6-34 所示,单击"数据块"按钮,即可生成一个数据块,可以进一步按照程序的要求修改其名称,或者采用默认的名称,类型为默认的"全局 DB",生成方式为默认的"自动",单击"确定"按钮后自动生成数据块。

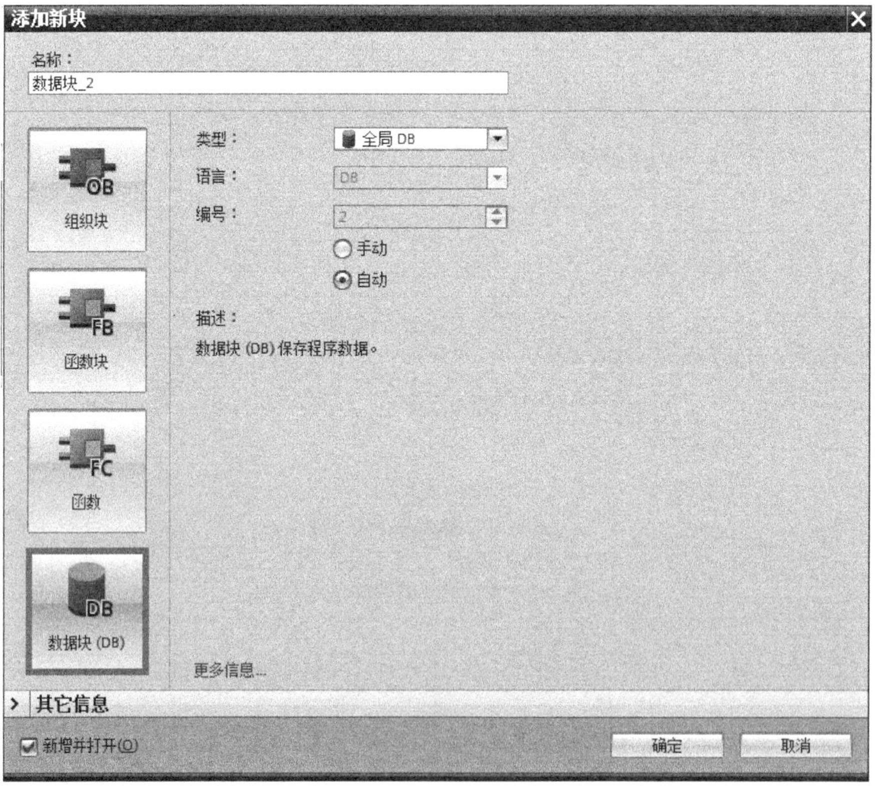

图 6-34 添加数据块

打开数据块后,在图 6-35 所示的"名称"列,输入数组(Array)的名字,例如"SOURCE",再单击"数据类型"列中的按钮,选中下拉式列表中的数据类型"Array[lo...hi] of type",将数据块设置为数组。其中的"lo(low)"和"hi(high)"分别是数组元素的编号(下标)的上限值和下限值,最大范围为[-32768…32767],下限值应小于等于上限值。在本程序中,将"Array[lo…hi] of type"设置为"Array[0…20] of Int",其元素数据类型为 Int,元素的编号为 0~20,为一维整型数组,如图 6-36 所示。

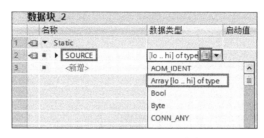

图 6-35　设置数据块类型为数组

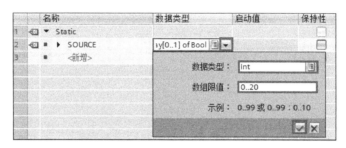

图 6-36　设置数组类型

数据块调用方法如图 6-37 所示。单击要输入数据位置右侧的下拉列表,然后单击右侧双箭头,出现数据块名称 SOURCE[ ],单击 SOURCE[ ],可选择所需的数据。

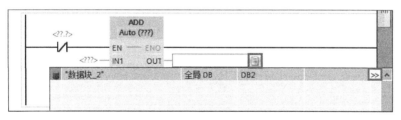

图 6-37　数据块调用方法

(3) 将项目下载至 PLC 中,进行在线运行监控。

(4) 程序分析:当按下按钮 $SB_0$ 时,输入寄存器 I0.0 由 0 状态变为 1,寄存器 M0.0 接通,并自锁,其常开点接通,执行两个数据传输指令 MOVE,分别将数据 123 和 432 赋值给变量 SOURCE[0]和 SOURCE[1],然后执行算术运算指令,对数据进行运算,表达式为 {(123+432)×12-60}/330,最后将运算结果与整数 20 比较大小,结果分别输出到 Q0.0~Q0.2,分别用指示灯 A、B、C 表示大于、等于、小于。

## 3. 实训作业

在线运行程序,根据运行结果画出输入、输出信号的时序图,如图 6-38 所示。

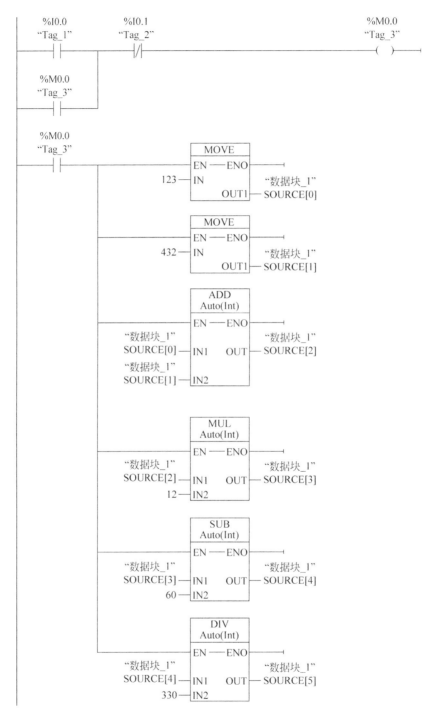

图 6-38 梯形图程序(7)

```
        %I0.1         FILL_BLK
       "Tag_2"      EN      ENO
        ─┤ ├──────┤                ├──────"数据块_1"
              0 ──┤IN                      SOURCE[0]
             20 ──┤COUNT OUT├

        %M0.0       "数据块_1"                              %Q0.0
        "Tag_3"     SOURCE[5]                             "Tag_12"
        ─┤ ├─────────┤ > ├──────────────────────────────────( )─
                      Int
                       20

                    "数据块_1"                              %Q0.1
                    SOURCE[5]                             "Tag_13"
                    ─┤ == ├──────────────────────────────────( )─
                      Int
                       20

                    "数据块_1"                              %Q0.2
                    SOURCE[5]                             "Tag_14"
                    ─┤ < ├──────────────────────────────────( )─
                      Int
                       20
```

图 6-38 （续）

## 6.6.7 数值运算

BCD 码：Binary-coded Decimal 是二进制编码的十进制数。由于十进制数共有 0、1、2、…、9 十个数码，因此，至少需要 4 位二进制码来表示 1 位十进制数。8421BCD 码是用 4 位二进制码来表示 1 位十进制数中的 0～9 这十个数码，是一种二进制的数字编码形式。例如十进制数码 9，转换成 8421BCD 码为 1001。

**1. 实训目的**

学习拨码器及数据转换指令的使用。

**2. 实训步骤**

(1) 硬件接线：将 PLC 的输入、输出信号接到端子面板上。数字量输入信号 I0.0～I0.3 和 I1.0～I1.3 分别接两个拨码器作为 BCD 码数据输入，I0.4 接按钮开关作为复位信号；数字量输出信号 Q0.0～Q0.7 分别接输出控制板数码管上的 LED 指示灯 A～H（注意顺序）。其中，拨码器 A 和 B 的公共端 $C_0$ 和 $C_1$ 接 24V 电源正极。输入输出接线方法如下：

　　计算按钮：$SB_7$ — I0.4

　　拨码器 A：端子 1-I0.0　　端子 2-I0.1　　端子 4-I0.2　　端子 8-I0.3

　　拨码器 B：端子 1-I1.0　　端子 2-I1.1　　端子 4-I1.2　　端子 8-I1.3

(2) 软件编程,程序如图 6-39、图 6-40 和图 6-41 所示。

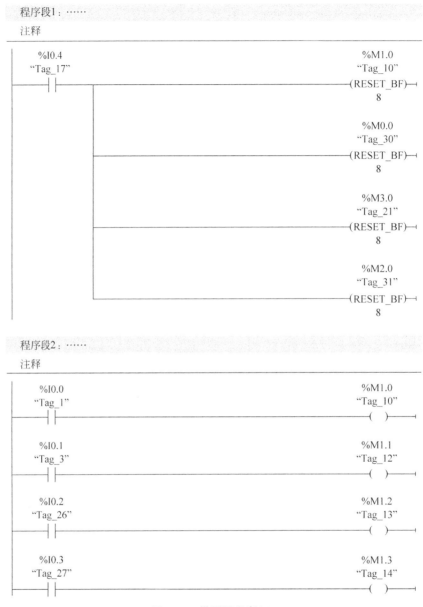

图 6-39 梯形图程序(8)

(3) 将项目下载至 PLC 中,进行在线运行监控。

(4) 程序分析:从拨码器分别输入一个数字,转换为 4 位 BCD 码后,通过数字输入端子输入到 PLC 进行运算。拨码器的数值分别存放在 MW0 和 MW2 中。利用数据转换指令 CONV 将 BCD 码转换为整数,储存在新建的整型数据块元素 DATA1[0]和 DATA1[1]中。再对转换过后的数据进行加法运算,结果存储在数据块 DATA1[2]中。最后利用解码指令 DECO 将计算结果转换成 BCD 码,输出到数码管显示计算结果。I0.4 所接的开关为复位信号(由于只有 1 位数码管,要求输入的两个拨码器相加结果不超过 10)。

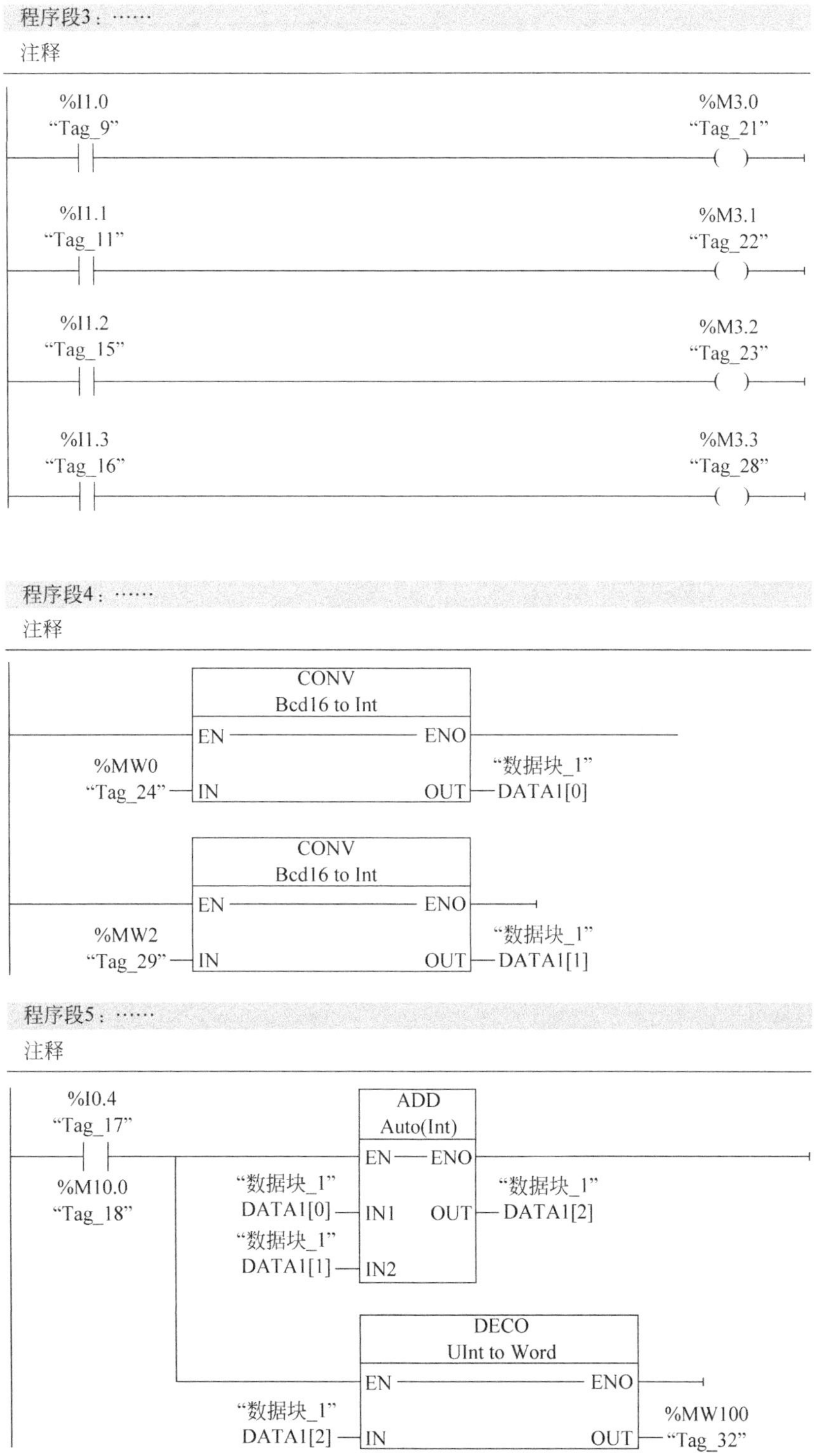

# 第 6 章 可编程控制器的应用实践

程序段3：……
注释

```
   %I1.0                                              %M3.0
  "Tag_9"                                            "Tag_21"
────┤ ├─────────────────────────────────────────────( )────

   %I1.1                                              %M3.1
  "Tag_11"                                           "Tag_22"
────┤ ├─────────────────────────────────────────────( )────

   %I1.2                                              %M3.2
  "Tag_15"                                           "Tag_23"
────┤ ├─────────────────────────────────────────────( )────

   %I1.3                                              %M3.3
  "Tag_16"                                           "Tag_28"
────┤ ├─────────────────────────────────────────────( )────
```

程序段4：……
注释

```
                    ┌─────────────┐
                    │    CONV     │
                    │ Bcd16 to Int│
                    ├─EN     ENO ─┤
     %MW0           │             │     "数据块_1"
    "Tag_24"────────┤IN      OUT ─┤──── DATA1[0]
                    └─────────────┘

                    ┌─────────────┐
                    │    CONV     │
                    │ Bcd16 to Int│
                    ├─EN     ENO ─┤
     %MW2           │             │     "数据块_1"
    "Tag_29"────────┤IN      OUT ─┤──── DATA1[1]
                    └─────────────┘
```

程序段5：……
注释

```
    %I0.4                   ┌─────────────┐
   "Tag_17"                 │    ADD      │
────┤ ├──┬──────────────────│  Auto(Int)  │
         │                  ├─EN     ENO ─┤
    %M10.0                  │             │
   "Tag_18"     "数据块_1"   │             │  "数据块_1"
────┤ ├──┘     DATA1[0]─────┤IN1     OUT ─┤──DATA1[2]
               "数据块_1"    │             │
               DATA1[1]─────┤IN2          │
                            └─────────────┘

                            ┌─────────────┐
                            │    DECO     │
                            │ UInt to Word│
                            ├─EN     ENO ─┤
               "数据块_1"    │             │    %MW100
               DATA1[2]─────┤IN      OUT ─┤── "Tag_32"
                            └─────────────┘
```

图 6-40 梯形图程序（9）

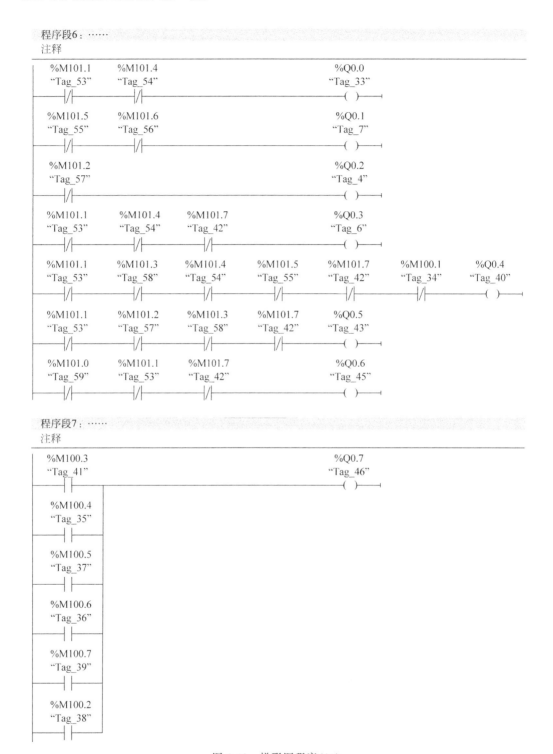

图 6-41 梯形图程序(10)

**3. 实训作业**

在线运行程序，根据运行结果画出输入、输出信号的时序图。

## 6.6.8 交通信号灯控制

**1. 实训目的**

用 PLC 构成交通灯控制系统。

**2. 实训步骤**

(1) 硬件接线：按以下输入输出分配方案将 PLC 面板端子与交通灯控制实验板相连接。

```
     输入                        输出
I0.0-------启动按钮           Q0.0-------东西绿灯
I0.1-------停止按钮           Q0.1-------东西黄灯
I0.2-------S1(行人按钮)       Q0.2-------东西红灯
                              Q0.3-------南北绿灯
                              Q0.4-------南北黄灯
                              Q0.5-------南北红灯
                              Q0.6-------L1
                              Q0.7-------L2
```

(2) 软件编程，程序如图 6-42 所示。

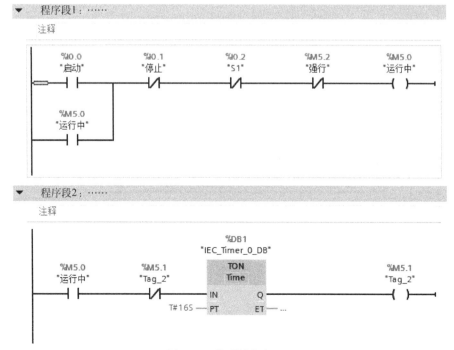

图 6-42 梯形图程序(11)

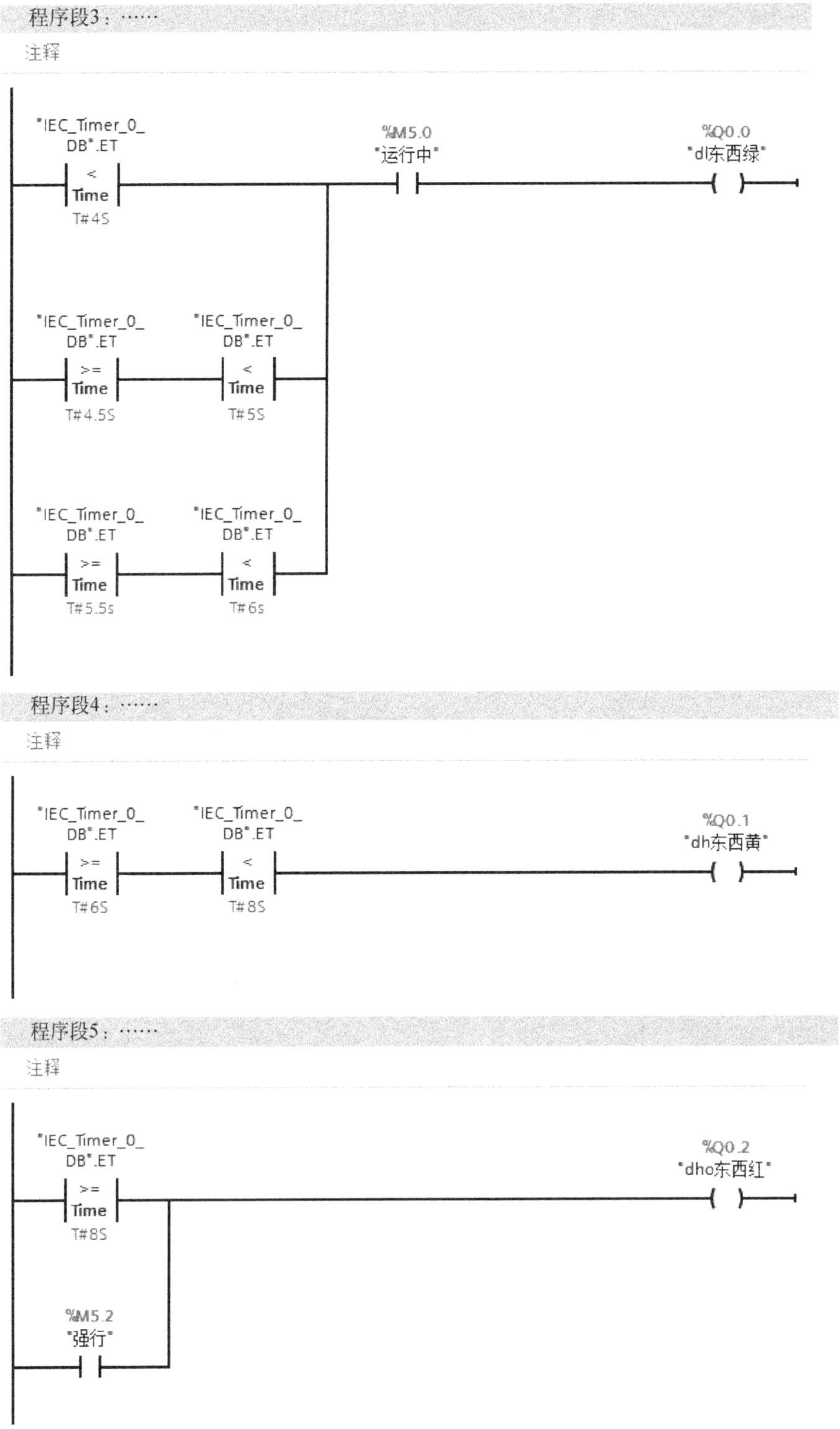

程序段3：……
注释

```
    "IEC_Timer_0_                    %M5.0              %Q0.0
      DB".ET                         "运行中"            "dl东西绿"
      ─┤ < ├──────────────────────────┤ ├────────────────( )─
        Time
        T#4S

    "IEC_Timer_0_    "IEC_Timer_0_
      DB".ET            DB".ET
      ─┤ >= ├───────────┤ < ├──
        Time             Time
        T#4.5S           T#5S

    "IEC_Timer_0_    "IEC_Timer_0_
      DB".ET            DB".ET
      ─┤ >= ├───────────┤ < ├──
        Time             Time
        T#5.5s           T#6s
```

程序段4：……
注释

```
    "IEC_Timer_0_    "IEC_Timer_0_                       %Q0.1
      DB".ET            DB".ET                          "dh东西黄"
      ─┤ >= ├───────────┤ < ├─────────────────────────────( )─
        Time             Time
        T#6S             T#8S
```

程序段5：……
注释

```
    "IEC_Timer_0_                                         %Q0.2
      DB".ET                                            "dho东西红"
      ─┤ >= ├─────────────────────────────────────────────( )─
        Time
        T#8S
          │
          │   %M5.2
          │   "强行"
          └───┤ ├───
```

图 6-42 （续）

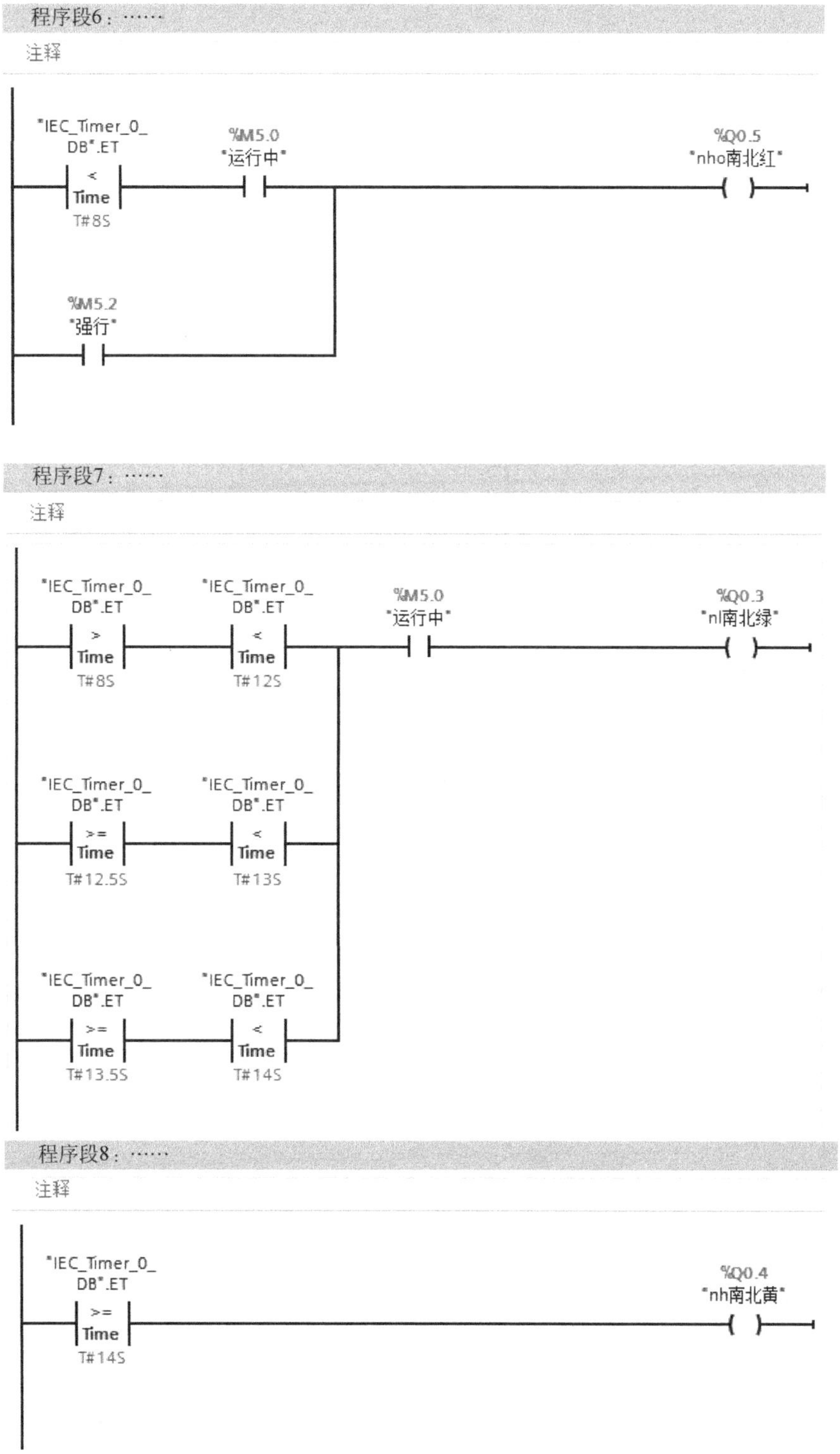

## 第 6 章 可编程控制器的应用实践

程序段6：……
注释

```
"IEC_Timer_0_
   DB".ET        %M5.0                            %Q0.5
     |<|        "运行中"                         "nho南北红"
   Time          ——| |——————————————————————————( )——
    T#8S
     |
   %M5.2
   "强行"
   ——| |——
```

程序段7：……
注释

```
"IEC_Timer_0_     "IEC_Timer_0_
   DB".ET            DB".ET         %M5.0           %Q0.3
     |>|              |<|          "运行中"        "nl南北绿"
   Time              Time          ——| |——————————( )——
    T#8S             T#12S

"IEC_Timer_0_     "IEC_Timer_0_
   DB".ET            DB".ET
    |>=|             |<|
   Time              Time
   T#12.5S           T#13S

"IEC_Timer_0_     "IEC_Timer_0_
   DB".ET            DB".ET
    |>=|             |<|
   Time              Time
   T#13.5S           T#14S
```

程序段8：……
注释

```
"IEC_Timer_0_
   DB".ET                                          %Q0.4
    |>=|                                         "nh南北黄"
   Time           ————————————————————————————————( )——
   T#14S
```

图 6-42 （续）

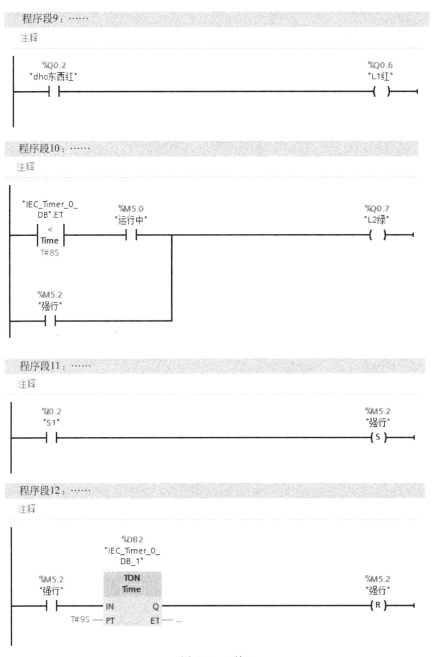

图 6-42 （续）

(3) 将项目下载至 PLC 中，进行在线运行监控。

(4) 程序分析：开关合上后，东西绿灯亮 4s 后闪 2s 灭；黄灯亮 2s 灭；红灯亮 8s；绿灯亮；循环。对应东西绿黄灯亮时南北红灯亮 8s；接着绿灯亮 4s 后闪 2s 灭；黄灯亮 2s 后，红灯又亮；循环。按下 S1 后，L2 绿灯亮，东西南北红灯均亮，表示可以通行，9 秒后，恢复初始状态。

**3. 实训作业**

在线运行程序,根据运行结果画出输入、输出信号的时序图。

## 思 考 题

1. 简述 PLC 的基本结构。
2. 简述 PLC 控制与继电器控制系统的区别。

# 第 2 篇

# 电子技术

# 焊接工艺 第7章

电子产品是由电阻、电容、电感、集成电路等电子元器件,用一定的焊接工艺焊接到印制电路板上形成电路的。焊接技术包括焊接方法、焊接材料、焊接设备、焊接质量检查等。焊接技术,作为电子工艺的核心技术之一,在工业生产中起着重要的作用。

焊接技术分为手工焊接技术及自动焊接技术。

## 7.1 手工焊接技术

手工焊接在科研、小批量产品研制、电子产品维修中是必不可少的方法,是保证电子产品质量的基本技能。图 7-1 所示为手工焊接常用工具。

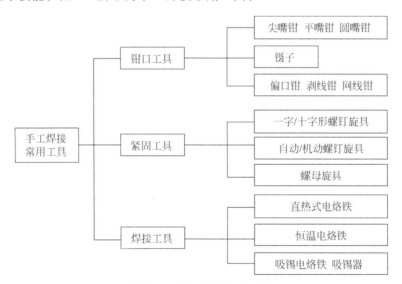

图 7-1 手工焊接常用工具

### 7.1.1 手工焊接常用工具

**1. 钳口工具**

1) 尖嘴钳

尖嘴钳如图 7-2 所示。它主要用在焊点上网绕导线和元器件引线,以及元器件引线成形、布线等。尖嘴钳一般都带有塑料套柄,使用方便,且能绝缘。

2)平嘴钳

平嘴钳如图7-3所示。其主要用于拉直裸导线,将较粗的导线及较粗的元器件引线成形。在焊接晶体管及热敏元件时,可用平嘴钳夹住引线,以便于散热。

图 7-2　尖嘴钳　　　　　　　　　　　图 7-3　平嘴钳

3)圆嘴钳

圆嘴钳如图7-4所示。由于钳子口成圆锥形,故可以方便地将导线端头、元器件的引线弯绕成圆环形,安装在螺钉及其他部位上。

4)偏口钳

偏口钳又称斜口钳,如图7-5所示。其主要用于剪切导线,尤其适合用来剪除网绕后元器件多余的引线。剪线时,要使钳头朝下,在不变动方向时,可用另一只手遮挡,防止剪下的线头飞出而伤眼。

图 7-4　圆嘴钳　　　　　　　　　　　图 7-5　偏口钳

5)镊子

镊子有尖头镊子和圆头镊子两种,如图7-6所示。其主要用来挟持物体。端部较宽的医用镊子可挟持较大的物体,而头部尖细的普通镊子适合夹细小物体。在焊接时,用镊子夹持导线或元器件,以防止移动。对镊子的要求是弹性强,合拢时尖端要对正吻合。

图 7-6　镊子

(a)尖头镊子;(b)圆头镊子

6）剥线钳

剥线钳的刃口有不同尺寸的槽形剪口,专用于剥去导线的绝缘皮,如图 7-7 所示。由钳口和手柄两部分组成。剥线钳钳口分 0.2～4 多个直径切口,用于不同规格的线芯线直径相匹配,切口过大则难以剥离绝缘层,切口过小则会切断芯线。剥线钳也装有绝缘套。

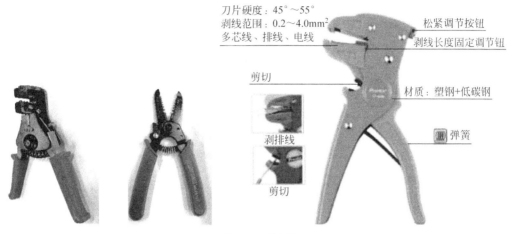

图 7-7 剥线钳

剥线钳的使用方法如图 7-8 所示。

（1）根据导线的粗细型号,选择相应的剥线刃口。

（2）将准备好的导线放在剥线工具的刀刃中间,选择好要剥线的长度。

（3）握住剥线工具手柄,将导线夹住,缓缓用力使电缆外表皮慢慢剥落。

（4）松开工具手柄,取出导线,这时导线金属整齐地露出外面,其余绝缘塑料完好无损。

图 7-8 剥线钳的使用方法

7）网线钳

网线钳是用来卡住 BNC 连接器外套与基座的,它有一个用于压线的六角缺口,如图 7-9 所示。一般这种压线钳也同时具有剥线、剪线的功能。它可以用来加工网线和电话线,主要用来给网线或者电话线加装水晶头。

**2. 紧固工具**

紧固工具用于紧固、拆卸螺钉和螺母。

1）一字形螺钉旋具

一字形螺钉旋具用来旋转一字槽螺钉,如图 7-10 所示。选用时,应使旋具头部的长短

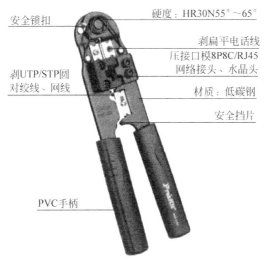

图 7-9  网线钳

和宽窄与螺钉槽相适应。

2）十字形螺钉旋具

十字形螺钉旋具适用于旋转十字槽螺钉,如图 7-11 所示。选用时应使旋具头部与螺钉槽相吻合,否则易损坏螺钉槽。使用一字形和十字形螺钉旋具时,用力要平稳,压和拧要同时进行。

  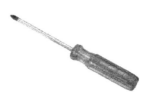

图 7-10  一字型螺钉旋具　　　　　　图 7-11  十字形螺钉旋具

3）自动螺钉旋具

自动螺钉旋具适用于紧固头部带槽的各种螺钉,如图 7-12 所示。这种旋具有同旋、顺旋和倒旋三种动作。当开关置于同旋位置时,与一般旋具用法相同,当开关置于顺旋或倒旋位置,在旋具刃口顶住螺钉槽时,只要用力顶压手柄,螺旋杆通过来复孔而转动旋具,便可连续顺旋或倒旋。

4）机动螺钉旋具

机动螺钉旋具有电动和风动两种类型。广泛用于流水生产线上小规模螺钉的装卸。小型机动螺钉旋具如图 7-13 所示。这类旋具体积小、质量轻、操作灵活方便。机动螺钉旋具设有限力装置,使用中超过规定扭矩时会自动打滑。这对在塑料安装件上装卸螺钉极为有利。

5）螺母旋具

螺母旋具如图 7-14 所示。它用于装卸六角螺母,使用方法与螺钉旋具相同。

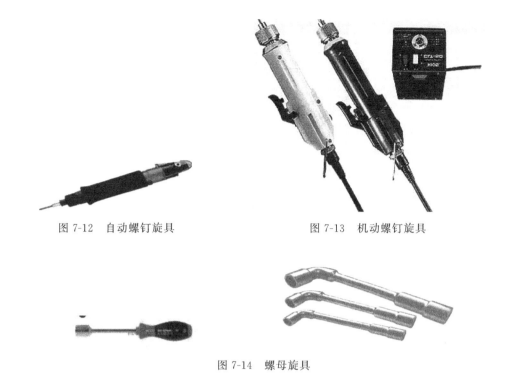

图 7-12　自动螺钉旋具　　　　图 7-13　机动螺钉旋具

图 7-14　螺母旋具

**3．焊接工具**

焊接必须使用合适的工具。目前在电子电气产品的锡焊技术中,用电烙铁进行手工焊接仍占有极其重要的地位。电烙铁的正确选用与维护知识,是电子电气设计、安装、维修人员必须掌握的基础知识。

电烙铁分为直热式电烙铁、恒温式电烙铁、吸锡电烙铁等。无论哪种电烙铁,它们的工作原理基本上是相似的,都是在接通电源后,电流使电阻丝发热,并通过传热筒加热烙铁头,达到焊接温度后即可进行焊接工作。对于电烙铁,要求热量充足,温度稳定,耗电少,效率高,安全耐用,漏电流小,对元器件不应有磁场影响。

1) 电烙铁简介

(1) 直热式电烙铁

直热式电烙铁又分为外热式和内热式。

① 外热式电烙铁

外热式电烙铁由烙铁头、烙铁芯、外壳、手柄、电源线和电源插头等几部分组成,其结构外形如图 7-15 所示。由于发热的烙铁芯在烙铁头的外面,所以称为外热式电烙铁。外热式电烙铁对焊接大型和小型电子产品都很方便,因为它可以调整烙铁头的长短和形状,借此来掌握焊接温度。

焊接高密度的线头、小孔及小而怕热的元器件的烙铁头可以加工成不同形状,如图 7-16 所示。凿式和尖锥形烙铁头的角度较大时,热量比较集中,温度下降较慢,适用于焊接一般焊点。当烙铁头的角度较小时,温度下降快,适用于焊接对温度比较敏感的元器件。斜面烙铁头表面大,传热较快,适用于焊接布线不很拥挤的单面印制电路板的焊接点。圆锥形烙铁

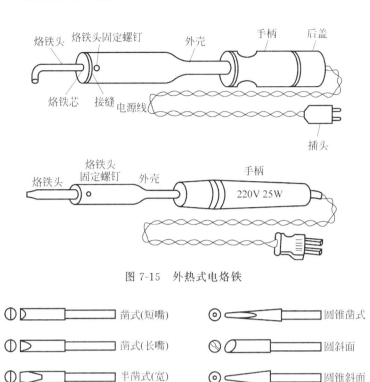

图 7-15 外热式电烙铁

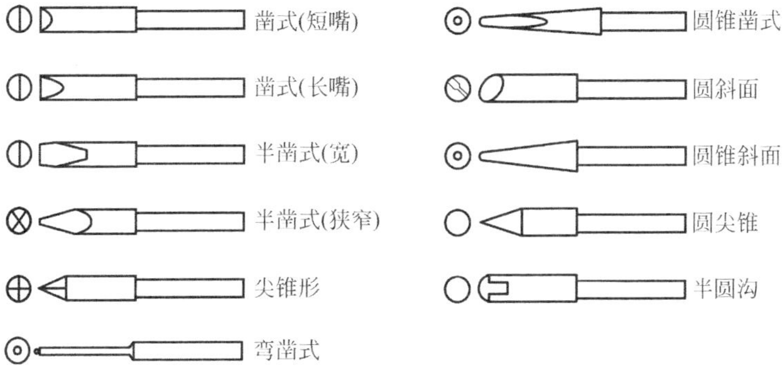

图 7-16 烙铁头的不同形状

头适用于焊接高密度的焊点和小而怕热的元器件。

**提示**：电烙铁的规格是用功率来表示的,常用的有 25W、75W、100W 等几种,功率越大,烙铁的热量越大,烙铁头的温度越高。在焊接印制电路板主件时,通常使用功率为 25～40W 的外热式电烙铁。

② 内热式电烙铁

常见的内热式电烙铁由于烙铁芯安装在烙铁头里面,所以称为内热式电烙铁,其结构外形如图 7-17 所示。烙铁芯是将镍铬电阻丝缠绕在两层陶瓷管之间,再经过烧结制成的。通电后,镍铬电阻丝立即产生热量,由于它的发热元件在烙铁头内部,所以发热快,热量利用率高达 85%～90% 以上,烙铁温度在 350℃ 左右。内热式电烙铁的功率越大,烙铁头的温度越高。

内热式电烙铁与外热式电烙铁比较,其优点是体积小、质量轻、升温快、耗电省和效率高。20W 的内热式电烙铁相当于 25～40W 的外热式电烙铁的热量,因而内热式电烙铁得到了普遍应用。其缺点是温度过高容易损坏印制电路板上的元器件,特别是焊接集成电路时温度不能太高。又由于镍铬电阻丝细,所以烙铁芯很容易烧断。另外,烙铁头不容易加工,更换不方便。

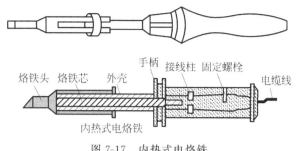

图 7-17 内热式电烙铁

**提示：**

a. 擦拭烙铁头时要用水海绵或湿布，不得用砂纸或砂布打磨烙铁头，也不要用锉刀锉，以免破坏镀层，缩短使用寿命。若烙铁头不沾锡，可用松香助焊剂或 202 浸锡剂在浸锡槽中上锡。

b. 电烙铁通电后、烙铁头不热故障的处理方法：用万用表欧姆挡测试电源线插头两端，观察其电阻值，如果电阻值很大或无穷大，则可以拆开电烙铁检查接线是否完好，若接线端没有问题，则可断开电源线与烙铁芯的连接，进一步测试烙铁芯。如果电阻值为无穷大，这说明其已被烧坏，应更换烙铁芯。注意，一般的烙铁结构紧凑，烙铁芯的入线端距离较近，应添加隔热及绝缘措施，防止电烙铁再次被烧毁。

（2）恒温式电烙铁

目前使用的外热式和内热式电烙铁的烙铁头温度都超过 300℃，这对焊接晶体管集成块等是不利的，一是焊锡容易被氧化而造成虚焊；二是烙铁头的温度过高，若烙铁头与焊点接触时间长，就会造成元器件损坏。在要求较高的场合，通常采用恒温式电烙铁。

恒温式电烙铁的烙铁头温度可以控制，烙铁头可以始终保持某一设定的温度，恒温电烙铁采用断续加热，耗电省，升温速度快，在焊接过程中焊锡不易氧化，可减少虚焊，提高焊接质量，烙铁头也不会产生过热现象，使用寿命较长。根据控制方式不同，可分为电控恒温电烙铁和磁控恒温式电烙铁两种。

① 电控恒温式电烙铁（又叫恒温焊台）是依靠温度传感器元件（热电偶）监测烙铁头温度，并控制电烙铁的供电电路输出的电压高低，从而达到自动调节烙铁温度，使烙铁温度恒定的目的。

当烙铁头的温度低于规定数值时，温控装置就接通电源，对电烙铁加热，使温度上升；当达到预定温度时，温控装置自动切断电源。这样反复动作，电烙铁基本保持恒定温度。恒温焊台如图 7-18 所示。

② 磁控恒温式电烙铁是在烙铁头上装一个强磁性体传感器，用于吸附磁性开关（控制加热器开关）中的永久磁铁来控制温度的。升温时，通过磁力作用，带动机械运动的触点，闭合加热器的控制开关，电烙铁被迅速加热；当烙铁头达到预定温度时，强磁性体传感器到达居里点（铁磁物质完全失去磁性的温度）而失去磁性，从而使磁性开关的触点断开，加热器断电，于是烙铁头的温度下降。

图 7-18 恒温焊台

当温度下降至低于强磁性体传感器的居里点时,强磁性体恢复磁性,又继续给电烙铁加热。如此不断地循环,达到控制电烙铁温度的目的。如果需要控制不同的温度,只需要更换烙铁头即可。因为不同温度的烙铁头,装有不同规格的强磁性体传感器,其居里点不同,失磁温度各异。烙铁头的工作温度可在260~450℃内任意选取。恒温式电烙铁的结构如图7-19所示。

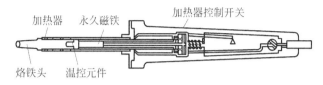

图7-19 恒温式电烙铁

(3) 吸锡电烙铁及吸锡器

① 吸锡电烙铁

吸锡电烙铁主要用于电工和电子技术安装维修中拆换元器件时拆焊用,与普通电烙铁相比,烙铁头是空心的,而且多了一个吸锡装置。如图7-20所示,在操作时,先加热焊点,待焊锡熔化后,按动吸锡装置,活塞上升,焊锡被吸入吸管,使元器件与印制电路板脱焊,用毕推动活塞三四次,清除吸管内残留的焊锡,以便下次使用。利用这种电烙铁,使拆焊效率提高,不会损伤元器件,特别是拆除焊点多的元器件如集成块、波段开关等,尤为方便。

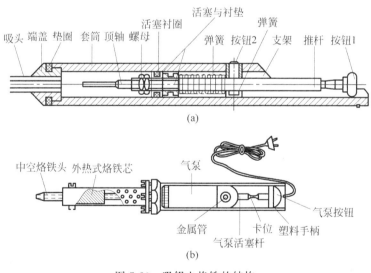

图7-20 吸锡电烙铁的结构
(a) 内部结构;(b) 外形

② 吸锡器(吸锡枪)

常见吸锡器的外形如图7-21所示,吸锡器的结构如图7-22所示。

**提示:**

a. 烙铁在使用前一定要检查电源线和保护地线是否良好。

b. 烙铁在使用过程中不宜长期空热,以免烧坏烙铁头和烙铁芯。

c. 烙铁不使用时放在烙铁架上,以免烫坏其他物品。

图 7-21 常见吸锡器的外形

(a) 手动式吸锡器；(b) 电动式吸锡器

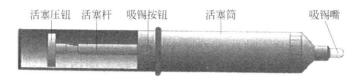

图 7-22 吸锡器的结构

d. 在使用过程中，要定期检验烙铁温度和是否漏电，如温度超过或低于规定范围或漏电应停止使用。

e. 烙铁不用时要关闭电源，拔下插头。

（4）其他工具

烙铁架是用来放置电烙铁的架子，如图 7-23 所示。它的构造通常都很简单，一个底座加上一个安置烙铁的弹簧式套筒，底座上通常还会有一个凹槽，让使用者在里面放一块海绵，使用电烙铁时，可以让海绵吸一点水，当烙铁头脏时可以将它在海绵上擦拭几回。

2）电烙铁的选用

图 7-23 烙铁架图

从总体上考虑，电烙铁的选用有 5 个原则：

（1）烙铁头的形状要适合被焊接物体的要求。

常用的外热式电烙铁的头部大多制成錾子式样，而且根据被焊物要求，錾式烙铁头头部角度有 10°～25°、45°等，錾口的宽度也各不相同。对焊接密度较大的产品，可用内热式电烙铁常用圆斜面烙铁头，适合于焊接印制电路板和一般焊点。在印制电路板的焊接中，采用凹口烙铁头和空芯烙铁头有时更为方便，但这两种烙铁头的修理较麻烦。

烙铁头按照材料分为合金头和纯铜头。

① 合金头：又称为长寿式电烙铁头，它的寿命是一般纯铜电烙铁头寿命的 10 倍。因为焊接时是利用烙铁头上的电镀层焊接，所以合金头不能用锉刀锉。如果电镀层被磨掉，烙铁头将不再沾锡导热；若电镀层在使用中有较多氧化物和杂质时，可以在烙铁架上轻轻擦除。

② 纯铜头：在空气中极易氧化，故应进行镀锡处理。

**注意**：烙铁头要保持刃口完整、光滑、无毛刺、无凹槽，才可使热传导效率高。

（2）烙铁头顶端温度应能适应焊锡的熔点。

通常这个温度应比焊锡熔点高 30～80℃，而且不应包括烙铁头接触焊点时下降的温度。

(3) 电烙铁的热容量应能满足被焊件的要求

热容量太小,温度下降快,使焊锡熔化不充分,焊点强度低,表面发暗而无光泽,焊锡颗粒粗糙,甚至造成虚焊。热容量过大,会导致元器件和焊锡温度过高,不仅会损坏元器件和导线绝缘层,还可能使印制电路板铜箔起泡,焊锡流动性太大而难以控制。

(4) 烙铁头的温度恢复时间能满足被焊件的加热要求

所谓温度恢复时间,是指烙铁头接触焊点温度降低后,重新恢复到原有最高温度所需的时间。要使这个恢复时间适当,必须选择功率、热容量、烙铁头形状、长短等适合的电烙铁。

(5) 对电烙铁功率的选择

① 焊接较精密的元器件和小型元器件及其他受热易损件的元器件时,考虑选用20W内热式或24～45W外热式电烙铁。

② 对连续焊接、热敏元件焊接,应选用功率偏大的电烙铁。

③ 焊接较大元器件时,如金属底盘接地焊片,应选100W以上的电烙铁。

④ 焊接较粗导线及同轴电缆时,考虑选用50W内热式或45～75W外热式电烙铁。

3) 使用电烙铁的注意事项

(1) 使用前必须检查两股电源线和保护接地线的接头是否正确,否则会导致元器件损伤,严重时还会引起操作人员触电。

(2) 新电烙铁初次使用,应先对烙铁头搪锡。其方法是将烙铁头加热到适当温度后,用砂布(纸)擦去或用锉刀挫去氧化层,蘸上松香,然后浸在焊锡中来回摩擦,称为搪锡。电烙铁使用一段时间后,应取下烙铁头,去掉烙铁头与传热筒接触部分的氧化层,再装回,避免以后取不下烙铁头,另外,电烙铁应轻拿轻放,不可敲击。

(3) 烙铁头应经常保持清洁。使用中若发现烙铁头工作表面有氧化层或污物,应在石棉毡等织物上擦去,否则影响焊接质量。烙铁头工作一段时间后,还会出现因氧化不能上锡的现象,应用锉刀或刮刀去掉烙铁头工作面黑灰色的氧化层,重新搪锡。烙铁头使用过久,还会出现腐蚀凹坑,影响正常焊接,应用榔头,锉刀对其整形,再重新搪锡。

(4) 电烙铁工作时要放在特制的烙铁架上。

4) 电烙铁常见故障及其维护

电烙铁使用过程中常见故障有:电烙铁通电后不热,烙铁头不"吃锡",烙铁带电等。下面以内热式20W电烙铁为例阐述如下:

(1) 电烙铁通电后不热。遇此故障可用万用表欧姆挡测量插头两端,如表针不动,说明有断路故障。当插头本身无断路故障可卸下胶木柄,用万用表测烙铁芯的两根引线。如表针仍不动,说明烙铁芯损坏,应更换烙铁芯。若测得电阻值为2.5kΩ左右,说明烙铁芯是好的,故障出现在引线及插头上,多为电源引线断路或插头的接点断开。进一步用$R \times 1$挡测电源引线电阻值,即可发现问题。更换烙铁芯的方法是:将固定铁芯的引线螺钉松开,将引线卸下,把烙铁芯从连接杆中取出,然后将新的同规格烙铁芯插入连接杆将引线固定在固定螺钉上,并将烙铁芯多余引线头剪掉,以防两引线不慎短路。

(2) 烙铁头带电。烙铁头带电除前面所述电源线错接在接地线的接线柱上的原因外,多为电源线从烙铁芯接线螺钉上脱落后,碰到了接地线的螺钉上,从而造成烙铁头带电。这种故障最易造成触电事故,并损坏元器件。为此,要经常检查压线螺钉是否松动或丢失,及时修理。

(3) 烙铁头不"吃锡"。烙铁头经长时间使用后,就会因氧化而不沾锡,这种现象称之为"烧死",亦称不"吃锡"。当出现不"吃锡"情况时,可用细砂纸或锉刀将烙铁头重新打磨或挫出新茬,然后重新镀上焊锡就可使用。

(4) 烙铁头出现凹坑或氧化腐蚀层,使烙铁头的刃面不平。遇此情况,可用锉刀将氧化层及凹坑挫掉,挫成原来的形状,再挂锡,即可重新使用。

## 7.1.2 焊接材料

焊接材料包括焊料(也叫焊锡)和焊剂(又叫助焊剂),了解和掌握焊料、焊剂的性质、成分、作用原理,对今后焊接电子线路板是非常重要的。

**1. 焊料**

1) 焊料的作用

焊料的作用是将元件连接在一起,要求熔点低,具有较好的流动性和浸润性,凝固时间短,凝固后外观好,具有良好的导电性和抗腐蚀性。

2) 焊料的成分及型号

焊料的成分及型号就其焊料成分,有锡铅焊料、银焊料、铜焊料等。在一般常用电子产品装配中主要使用锡铅焊料,通常我们叫焊锡。焊锡是一种铅锡合金焊料,它具有一系列铅和锡不具备的优点:

(1) 熔点低。其在180℃时便可熔化,使用25W外热式或20W内热式的电烙铁便可进行焊接。

(2) 具有一定机械强度。锡铅合金比纯锡、纯铅强度要高。又因电子元器件本身质量较轻,锡铅合金能满足对焊点强度的要求。

(3) 具有良好导电性。

(4) 抗腐蚀性能好。用其焊接后,不必涂抹保护层就能抗大气的腐蚀。从而减少工艺流程,降低了成本。

(5) 表面张力小,黏度下降,增大了液态流动性,利于焊接时形成可靠接头。

(6) 对元器件引线及其他导线附着力强,不易脱落。

正因为焊锡具有上述优点,故其在焊接技术中得到极其广泛的应用。但铅属于对人体有害的金属,使用焊锡时,应保持一定距离。

锡铅焊料的型号:由焊料两字汉语拼音字母及锡铅元素再加上铅的百分比含量组成。

3) 手工电烙铁焊接常用管状焊锡丝

管状焊锡丝由助焊剂和焊锡制作在一起做成管状,在焊锡管中夹带固体助焊剂,如图7-24所示,焊料的成分一般是含锡量60%~65%的铅锡合金。焊锡丝的直径有 0.5mm、0.8mm、0.9mm、1.0mm、1.2mm、1.5mm、5.0mm。形状有扁带状、球状、饼状的成型焊料。

图7-24 管状焊锡丝

**2. 助焊剂**

助焊剂是用于消除氧化物,保证焊锡浸润的一种化学剂。

1) 助焊剂作用：助焊剂除了有去氧化物的功能外还具有以下作用：

(1) 具有加热时防止金属氧化作用。

(2) 具有帮助焊料流动，减小表面张力的作用。

(3) 可将热量从烙铁头快速传递到焊料和被焊物的表面。因助焊剂熔点比焊料及被焊物熔点均低，故先熔化，并填满间隙和湿润焊点，使烙铁的热量很快传递到被焊物上，预热速度加快。

2) 助焊剂分类：可分为无机系列、有机系列和松香焊剂。

(1) 无机系列（主要是氯化锌、氯化氨）去氧化作用最强，但有强腐蚀作用。

(2) 有机系列（主要由有机酸、有机卤素组成）也有一定的腐蚀作用，在电子成品的焊接中一般不采用。

(3) 松香的主要成分是松香酯酸酐，在常温下几乎没有任何化学活力，当加热到熔化时显酸性，可与金属氧化膜发生化学反应，变成化合物而悬浮在液态焊锡表面，也起到了焊锡表面不被氧化的作用。焊接完毕后，松香又变成稳定的固体，无腐蚀性，绝缘性强。松香酒精焊剂是用无水酒精溶解松香配制而成的。一般松香占23%～30%。这种焊剂的优点是：无腐蚀性，高绝缘性能，长期的稳定性及耐湿性。焊接后易于清洗，并能形成薄膜层覆盖焊点，使焊点不被氧化腐蚀。所以电子线路的焊接通常都是采用松香或松香酒精焊剂。

3) 使用助焊剂的注意事项

常用的松香助焊剂在超过60℃时，绝缘性能会下降，焊接后的残渣对发热元器件有较大的危害，所以要在焊接后清除焊剂残留物。另外，存放时间过长的助焊剂不宜使用，因为助焊剂存放时间过长时，其成分会发生变化，活性变差，影响焊接质量。

正确合理的选择助焊剂，还应注意以下两点。

(1) 在元器件加工时，若引线表面状态不太好，又不便采用最有效的清洗手段时，可选用活化性强和清除氧化物能力强的助焊剂。

(2) 在总装时，焊件基本上都处于可焊性较好的状态，可选用助焊剂性能不强，腐蚀性较小，清洁度较好的助焊剂。

### 3. 阻焊剂

阻焊剂是一种耐高温的涂料。在焊接时，可将不需要焊接的部位涂上阻焊剂保护起来，使焊料只在需要焊接的焊接点上进行。阻焊剂广泛用于浸焊和波峰焊。

阻焊剂的优点如下：

(1) 可避免或减少浸焊时桥接、拉尖、虚焊和连条等弊病，使焊点饱满，大大减少板子的返修量，提高焊接质量，保证产品的可靠性。

(2) 使用阻焊剂后，除了焊盘外，其余线条均不上锡，可节省大量的焊料；另外，阻焊剂受热少、冷却快、降低印制电路板的温度，起了保护元器件和集成电路的作用。

(3) 由于板面部分为阻焊剂膜所覆盖，所以增加了一定的硬度，是印制电路板很好的永久性保护膜，还可以起到防止印制电路板表面受到机械损伤的作用。

## 7.1.3 手工焊接工艺与方法

要使被焊接金属与焊锡实现良好接触,应具备以下几个条件。

(1) 被焊接的金属应具有良好的可焊性。所谓可焊性是指在适当温度和助焊剂的作用下,在焊接面上,焊料原子与被焊金属原子互相渗透,牢固结合,生成良好的焊点。

(2) 被焊金属表面和焊锡应保持清洁接触。在焊接前,必须清除焊接部位的氧化膜和污物,否则容易阻碍焊接时合金的形成。

(3) 应选用助焊性能适合的助焊剂。助焊剂在熔化时,能熔解被焊接部位的氧化物和污物,增强焊锡的流动性,并能够保证焊锡与被焊接金属的牢固结合。

(4) 选择合适的焊锡。焊锡的选用,应能使其在被焊金属表面产生良好的浸润,使焊锡与被焊金属间熔为一体。

(5) 保证足够的焊锡温度。足够的焊接温度一是能够使焊料熔化,二是能够加热被焊金属,使两者生成金属合金。

(6) 要有适当的焊接时间。焊接时间过短,不能保证焊接质量,过长会损坏焊接部位,如果是印制电路板,会使焊接处的铜箔起泡。

**1. 手工焊接的基本方法**

1) 电烙铁的握法

为了使焊接牢靠,又不烫伤被焊件的元器件及导线,根据被焊件的位置和大小及电烙铁的类型、功率大小,适当选择电烙铁的握法很重要。电烙铁的握法分为三种。

(1) 握笔法:用握笔的方法握电烙铁,如图7-25(a)所示。此法适用于小功率电烙铁,一般在操作台上焊接散热量小的被焊件,如焊接收音机、电视机的印制电路板及其维修等焊接采用此法。

(2) 反握法:是用五指把电烙铁的柄握在掌内,如图7-25(b)所示。此法动作稳定,长时间操作不易疲劳,适用于大功率电烙铁,焊接散热量较大的被焊件。

(3) 正握法:如图7-25(c)所示。此法适用于中等功率的电烙铁,弯形烙铁头的一般也用此法。

2) 焊锡丝的握拿方式

焊锡丝的握拿方式如图7-26所示。

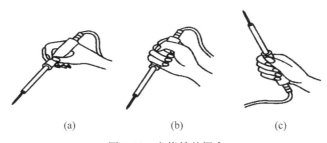

图 7-25 电烙铁的握拿
(a) 握笔法;(b) 反握法;(c) 正握法

图 7-26 焊锡丝的握拿

(a) 连续锡丝拿法；(b) 断续锡丝拿法

(1) 连续锡丝拿法是用拇指和食指握住焊锡丝，另外 3 个手指配合拇指和食指把焊锡丝连续向前送进。它适用于成卷(筒)焊锡丝的手工焊接，如图 7-26(a)所示。

(2) 断续锡丝拿法是用拇指、食指和中指夹住焊锡丝。采用这种拿法，焊锡丝不能连续向前送进。它适用于小段焊锡丝的手工焊接，如图 7-26(b)所示。

3) 焊前准备

手工锡焊前，要做的准备工作有以下几点：

(1) 印制电路板与元器件的检查

焊装前应对印制电路板和元器件进行检查，主要检查印制电路板印制线、焊盘、焊孔是否与图纸相符，有无断线、缺孔等，表面是否清洁，有无氧化、腐蚀，元器件的品种、规格及封装是否与图纸吻合，元器件引线有无氧化、腐蚀。

(2) 元器件引脚镀锡

为了提高焊接的质量和速度，避免虚焊等缺陷，应该在装配以前对焊接表面进行可焊性处理，这就是预焊，也称为镀锡。在电子元器件的待焊面(引线或其他需要焊接的地方)镀上焊锡，是焊接之前一道十分重要的工序，尤其是对于一些可焊性差的元器件，镀锡更是至关重要。

镀锡的工艺要求首先是待镀面应该保持清洁。对于较轻的污垢，可以用酒精或丙酮擦洗；严重的腐蚀性污点，只有用刀刮或用砂纸打磨等机械办法去除，直到待焊面上露出光亮的金属本色为止。接下来，烙铁头的温度要适合，温度不能太低，太低了锡镀不上；温度也不能太高，太高了容易产生氧化物，使锡层不均匀，还可能会使焊盘脱落。掌握好加热时间是控制温度的有效办法。最后，使用松香作助焊剂除去氧化膜，防止工件和焊料氧化，如图 7-27 所示的方式操作。

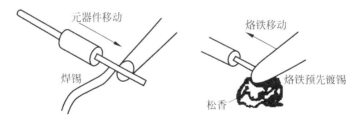

图 7-27 元器件引脚镀锡

(3) 元器件引线弯曲成形

为了使元器件在印制电路板上的装配排列整齐并便于焊接，在安装前通常采用手工或专用机械把元器件引脚弯曲成一定的形状。元器件在印制电路板上的安装方式有 3 种：立式安装、卧式安装和表面安装。立式安装和卧式安装无论采用哪种方法，都应该按照元器件在印制电路板上孔位的尺寸要求，使其弯曲成形的引脚能够方便地插入孔内。立式、卧式安装电阻和二极管元器件的引线弯曲成形如图 7-28 所示。引脚弯曲处距离元器件实体至少在 2mm 以上,绝对不能从引线的根部开始弯折。

元器件水平插装和垂直插装的引线成形都有规定的成形尺寸。总的要求是各种成形方法能承受剧烈的热冲击,引线根部不产生应力,元器件不受到热传导的损伤。

图 7-28　元器件引线弯曲成形

(4) 元器件的插装

元器件的插装方式有两种,一种是贴板插装,另一种是悬空插装,如图 7-29 所示。贴板插装稳定性好,插装简单,但不利于散热,且对某些安装位置不适应。悬空插装的适用范围广,有利于散热,但插装比较复杂,需要控制一定高度以保持美观一致。插装时的具体要求应首先保证图纸中安装工艺的要求,其次按照实际安装位置确定。一般来说,如果没有特殊要求,只要位置允许,采用贴板安装更为常见。

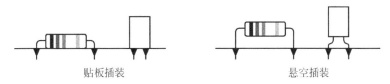

图 7-29　元器件的插装方式

元器件插装时应注意插装元器件字符标记方向一致,以便于读出。插装时不要用手直接碰元器件的引线和印制电路板上的铜箔。插装后,为了固定可对引线进行折弯处理。

4) 焊接技术

掌握电烙铁焊接技术对于保证焊接质量,具有重要意义。

(1) 准备施焊

将被焊件、焊锡丝和电烙铁准备好,保证电烙铁头的清洁,并通电加热。左手拿焊锡丝,右手握经过预上锡的电烙铁,如图 7-30 所示。

(2) 加热焊件

将烙铁头接触焊接点,使焊接部位均匀受热。

焊接时电烙铁头与引线、印制电路板铜箔焊盘之间要有正确接触位置。如图 7-31(a) 和 (b) 为不正确的接触,图 7-31(a) 中烙铁头与引线接触而与铜箔不接触,图 7-31(b) 中烙铁头与铜箔接触与引线不接触,图 7-31(c) 中烙铁头与引线、铜箔同时接触,且电烙铁头与焊件呈 45°,是正确焊接加热法。

图 7-30　准备施焊

(3) 熔化焊料

焊点温度达到需求后,将焊锡丝置于焊点部位,即被焊件上烙铁头对称的一侧,使焊料开始熔化并湿润焊点,如图 7-32 所示。

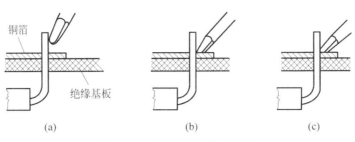

图 7-31　电烙铁头焊接时位置

(4) 移开焊锡丝

当熔化一定量的焊锡后将焊锡丝移开,如图 7-33 所示,熔化的焊锡不能过多也不能过少。能够将焊盘覆盖即可。

(5) 移开电烙铁

当焊锡完全湿润焊点,扩散范围达到要求后,即可移开电烙铁。注意:移开电烙铁的方向应该与印制电路板大致呈 45°,移开速度不宜太慢,如图 7-34 所示。此时焊点圆滑、饱满、电烙铁不会带走太多的焊料。

图 7-32　熔化焊料

图 7-33　移开焊锡丝

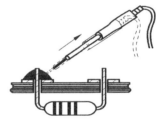

图 7-34　移开电烙铁

若电烙铁移开方向与焊接面呈 90°,此时焊点容易出现拉尖现象,降低焊点的质量。如图 7-35 所示。若电烙铁移开方向与焊接面平行,此时,电烙铁头会带走大量焊料,降低焊点的质量。如图 7-36 所示。

图 7-35　移开电烙铁

图 7-36　移开电烙铁

**提示:**

① 一般焊点整个焊接操作的时间控制在 2~3s。

② 各步骤之间停留的时间,对保证焊接质量至关重要;需要通过实践逐步掌握。

③ 焊接操作完毕后,在焊料尚未完全凝固之前,不能改变被焊件的位置。

以下是在印制电路板上进行的五步焊接法(即五工序法)见图7-37。

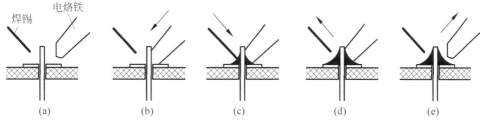

图7-37 手工焊接的五步操作法
(a) 准备施焊；(b) 加热焊件；(c) 熔化焊料；(d) 移开焊锡；(e) 移开电烙铁

当引线焊接于接线柱上时,同样的采用五步焊接法,如图7-38所示。

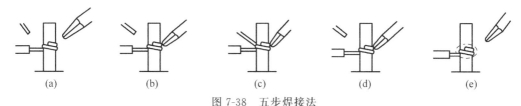

图7-38 五步焊接法
(a) 准备；(b) 加热被焊件；(c) 熔化焊料；(d) 移开焊锡丝；(e) 移开电烙铁

也可采用三步焊接法(即三工序法)如图7-39所示。

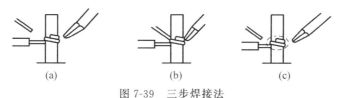

图7-39 三步焊接法
(a) 准备；(b) 加热被焊件和焊锡丝；(c) 移开电烙铁和焊锡丝

5) 拆焊操作

在调试、维修电子设备的工作中,经常需要更换一些元器件。更换元器件的前提当然是要把原有的元器件拆焊下来。如果拆焊的方法不当,则会破坏印制电路板,也会使换下来但并未失效的元器件无法重新使用。

(1) 拆焊原则

拆焊的步骤一般与焊接的步骤相反。拆焊前,一定要弄清楚原焊接点的特点,不要轻易动手。

① 不损坏拆除的元器件、导线、原焊接部位的结构件。

② 拆焊时不可损坏印制电路板上的焊盘与印制导线。

③ 对已判断为损坏的元器件,可先行将引线剪断,再进行拆除,这样可减小其他元器件损伤的可能性。

④ 在拆焊过程中,应该尽量避免拆除其他元器件或变动其他元器件的位置。若确实需要,则要做好复原工作。

(2) 拆焊要点

① 严格控制加热的温度和时间。拆焊的加热时间和温度较焊接时间要长、要高,所以

要严格控制温度和加热时间,以免将元器件烫坏或使焊盘翘起、断裂。宜采用间隔加热法来进行拆焊。

② 拆焊时不要用力过猛。在高温状态下,元器件封装的强度都会下降,尤其是对塑封器件、陶瓷器件、玻璃端子等,过分的用力拉、摇、扭都会损坏元器件和焊盘。

③ 吸去拆焊点上的焊料。拆焊前,用吸锡工具吸去焊料,有时可以直接将元器件拔下。即使还有少量锡连接,也可以减少拆焊的时间,减小元器件及印制电路板损坏的可能性。如果在没有吸锡工具的情况下,则可以将印制电路板或能够移动的部件倒过来,用电烙铁加热拆焊点,利用重力原理,让焊锡自动流向烙铁头,也能达到部分去锡的目的。

(3) 拆焊方法

通常,电阻器、电容器、晶体管等引脚不多,且每个引线可相对活动的元器件可用烙铁直接解焊。把印制电路板竖起来夹住,一边用烙铁加热待拆元器件的焊点,一边用镊子或尖嘴钳夹住元器件的引线轻轻拉出。

当拆焊多个引脚的集成电路或多引脚元器件时,一般有以下几种方法。

① 选择合适的医用空心针头拆焊。将医用针头用铜锉挫平,作为拆焊的工具,具体方法是:一边用电烙铁熔化焊点,一边把针头套在被拆焊元器件的引线上,直至焊点熔化后,将针头迅速地插入印制电路板的孔内,使元器件的引线脚与印制电路板的焊盘分开。

② 用吸锡材料拆焊。可用做锡焊材料的有屏蔽线编织网、细铜网或多股铜导线等。将吸锡材料加松香助焊剂,用烙铁加热进行拆焊。

③ 采用吸锡电烙铁进行拆焊是很有用的,既可以拆下待换的元器件,又可同时不使焊孔堵塞,而且不受元器件种类的限制。但它必须逐个焊点除锡,效率不高,而且必须及时排除吸入的焊锡。

④ 采用专用拆焊工具进行拆焊。专用拆焊工具能一次完成多引线引脚元器件的拆焊,而且不易损坏印制电路板及其周围的元器件。

⑤ 用热风枪或红外线焊枪进行拆焊。热风枪或红外线焊枪可同时对所有的焊点进行加热,待焊点熔化后取出元器件。对于表面安装的元器件,用热风枪或红外线焊枪进行拆焊效果最好。用此方法拆焊的优点是拆焊速度快,操作方便,不宜损伤元器件和印制电路板上的铜箔。

⑥ 镊子夹取法。用镊子夹住元器件引脚根部,待焊点熔化时,迅速将引脚拔离焊点。这里镊子兼有夹持和散热作用,拔离时可配合烙铁头压拔等动作。

⑦ 细铜丝黏附法。将铜丝导线去皮涂上焊剂,从熔化的焊点里慢慢拉过,元器件引脚上的锡液就黏附到了铜丝上。此方法适用于焊点细小处,如集成电路的引脚。

(4) 拆焊后的重新焊接

拆焊后一般都要重新焊上元器件或导线,操作时应注意以下几个问题:

① 重新焊接的元器件引线和导线的剪截长度,离底板或印制电路板的高度、弯折形状和方向,都应尽量保持与原来的一致,使电路的分布参数不致发生大的变化,以免使电路的性能受到影响,尤其是对于高频电子产品更要重视这一点。

② 印制电路板拆焊后,如果焊盘孔被堵塞,应先把锥子或镊子尖端再加热,从铜箔面将孔穿通,再插进元器件的引线或导线进行重焊。不能靠元器件引线从基板面捅穿孔,这样很容易使焊盘铜箔与基板分离,甚至使铜箔断裂。

③ 拆焊点重新焊好元器件或导线后,应将因拆焊需要而弯折、移动过的元器件恢复原状。

6) 焊点质量检查

为了保证锡焊质量,一般在锡焊后都要进行焊点质量检查,根据出现的锡焊缺陷及时改正,焊点质量检查主要有以下几种方法。

(1) 外观检查。外观检查就是通过肉眼从焊点的外观上检查焊接质量,可以借助 3~10 倍的放大镜进行。目检的主要内容包括:焊点是否有错焊、漏焊、虚焊和连焊,焊点周围是否有焊剂残留,焊接部位有无热损伤和机械损伤现象。焊接缺陷产生原因及排除方法见表 7-1。

表 7-1 焊接缺陷产生原因及排除方法

| 焊接缺陷 | 外观检查 | 危害 | 原因分析 |
| --- | --- | --- | --- |
| 虚焊 | 焊锡与元器件引线或与铜箔之间有明显黑色界线,焊锡向界线凹陷 | 不能正常工作 | 1. 元器件引线未清洁好,未镀好锡或锡被氧化;<br>2. 印制电路板未清洁好,喷涂的助焊剂质量不好 |
| 料堆焊积 | 焊点结构松散、白色、无光泽 | 机械强度不足,可能虚焊 | 1. 焊料质量不好;<br>2. 焊接温度不够;<br>3. 焊锡未凝固时,元器件引线松动 |
| 焊料过多 | 焊料面呈凸形 | 浪费焊料,且可能包藏缺陷 | 焊锡丝撤离过迟 |
| 松香渣 | 焊缝中夹有松香渣 | 强度不足,导通不良,可能时通时断 | 1. 焊剂过多或已失效;<br>2. 焊接时间不足,加热时间过长;<br>3. 表面氧化膜未去除 |
| 过热 | 焊点发白,无金属光泽,表面较粗糙 | 焊盘容易剥落,强度降低 | 电烙铁功率过大,加热时间过长 |
| 冷焊 | 表面呈豆腐渣状颗粒,有时可能有裂纹 | 强度低,导电不好 | 焊料未凝固前焊件抖动 |
| 浸润不良 | 焊料与焊件交界面接触大,不平滑 | 强度低,不通或时通时断 | 1. 焊件清理不干净;<br>2. 助焊剂不足或质量差;<br>3. 焊件未充分加热 |

续表

| 焊接缺陷 | 外观检查 | 危害 | 原因分析 |
|---|---|---|---|
| 气泡 | 引线根部有喷火式焊料隆起,内部藏有空洞 | 暂时导通,但长时间容易引起导通不良 | 1. 引线与焊盘孔的间隙过大;<br>2. 引线浸润性不良;<br>3. 双面板堵通孔时间长,孔内空气膨胀 |
| 不对称 | 焊锡未流满焊盘 | 强度不足 | 1. 焊料流动性不好;<br>2. 助焊剂不足或质量差;<br>3. 加热不足 |
| 引线松动 | 元器件或导线可移动 | 导电不良或不导电 | 1. 焊锡未凝固前,引线移动造成空隙;<br>2. 引线未处理好(浸润差或不浸润) |
| 拉尖 | 出现尖端 | 焊接不佳,容易造成桥接现象 | 1. 助焊剂过少,而加热时间过长;<br>2. 电烙铁撤离角度不当 |
| 桥接 | 相邻导线连接 | 电器短路 | 1. 焊锡过多;<br>2. 电烙铁撤离方向不当 |
| 针孔 | 目测或用放大镜可见有孔 | 强度不足,焊点容易腐蚀 | 引线与焊盘孔的间隙过大 |
| 铜箔翘起 | 铜箔从印制电路板上剥离 | 印制电路板已损坏 | 焊接时间太长,温度过高 |
| 剥离 | 焊点从铜箔上剥离(不是铜箔与印制电路板剥离) | 断路 | 焊盘上金属镀层不良 |
| 锡料过少 | 焊点没有将铜箔覆盖 | 断路 | 由于焊丝移开过早造成的 |

(2) 拨动检查。在外观检查中发现有可疑现象时,可用镊子轻轻拨动焊接部位进行检查,并确认其质量,主要包括导线、元器件引线和焊盘与焊锡是否结合良好,有无虚焊现象;元器件引线和线根部是否有机械损伤。

(3) 通电检查。通电检查必须是在外观检查及拨动检查无误后才可进行的工作,也是检查电路性能的关键步骤。如果不经过严格的外观检查,则通电检查不仅困难较多,而且容易损坏仪器设备,造成安全事故。通电检查可以发现许多微小的缺陷,如用目测观察不到的电路桥接、内部虚焊等。

**2. 印制电路板的焊接工艺**

1) 焊前准备

首先要熟悉所焊印制电路板的装配图,并按图纸配料,检查元器件型号、规格及数量是否符合图纸要求,并做好装配前元器件引线成形等准备工作。

2) 焊接顺序

元器件装焊顺序依次为:先小后大、先低后高。一般顺序是电阻器、电容器、二极管、晶体管、集成电路、大功率管等,注意要根据电路实际情况选择安装、焊接顺序。

3) 对元器件焊接的要求

(1) 电阻器的焊接。按图将电阻器准确地装入规定的位置。要求标记向上,字向一致。装完同一种规格后再装另一种规格,尽量使电阻器的高低一致。焊完后将露在印制电路板表面的多余引脚齐根剪去。

(2) 电容器的焊接。将电容器按图装入规定的位置,并注意有极性电容器的"＋"极与"－"极不能接错,电容器上的标记方向要易看可见。先装玻璃釉电容器、有机介质电容器、瓷介电容器,最后装电解电容器。

(3) 二极管的焊接。二极管的焊接要注意以下几点:第一,注意阳极、阴极的极性,不能装错;第二,型号标记要易看可见;第三,焊接立式二极管时,对最短引线的焊接时间不能超过2s。

(4) 晶体管的焊接。注意三引线位置插接正确。焊接时间尽可能地短,焊接时用镊子夹住引线脚,以利散热。焊接大功率晶体管时,若需加装散热片,应将接触面平整、打磨光滑后再紧固,若要求加垫绝缘薄膜时,切勿忘记加薄膜。引脚与印制电路板上需连接时,要用塑料导线。

(5) 集成电路的焊接。首先按图纸的要求,检查型号、引脚位置是否符合要求。焊接时先焊边沿的两只引脚,以使其定位,然后再从左到右自上而下逐个焊接。

对于电容器、二极管、晶体管露在印制电路板面上的多余引脚均须齐根剪去。

**3. 操作安全**

(1) 接通电源前,要注意严格检查工具或仪表引线有无破损、漏电、短路等现象,以免发生事故。

(2) 电烙铁使用前,要检查是否漏电,以免发生事故。

(3) 元器件上机焊接前,必须经检查合格,然后再刮腿、上锡、整形、最后上机,不得超越程序。

(4) 一般元器件的焊接应选择 20～25W 的电烙铁,不要太大,也不要太小,以免损坏元器件和造成虚焊或假焊。

(5) 电烙铁使用前,应检查使用电压是否与电烙铁的标称电压相符。

(6) 电烙铁通电后,不能任意敲击、拆卸及安装其电热部分零件。

(7) 焊接时要用镊子夹住元器件的引脚,以帮助散热,焊接时间不要太长,以免烧坏元器件。

(8) 电烙铁应保持干燥,不宜在过分潮湿或淋雨环境中使用。

(9) 拆烙铁头时,要关掉电源。

(10) 关闭电源后,利用余热在烙铁头上一层锡,以保护烙铁头。

(11) 实验完毕后,将烙铁电镀头拔下,放凉后再收起。

(12) 由于焊锡丝成分中铅占一定比例,众所周知铅是对人体有害的重金属,因此操作时应戴手套或操作后要洗手,避免食入。

(13) 焊剂加热挥发出的化学物质对人体是有害的,如果操作时鼻子距离烙铁头太近,则很容易将有害气体吸入。一般烙铁离开鼻子的距离应不少于 30cm,通常以 40cm 为宜。

(14) 使用电烙铁要配置烙铁架,烙铁架一般应置于工作台右上方,烙铁头部不能超出工作台,以免烫伤工作人员或其他物品。电烙铁用后一定要稳妥地放在烙铁架上。

## 7.2 自动焊接技术

### 7.2.1 波峰焊

波峰焊接是指将插装好元器件的印制电路板与熔化焊料的波峰接触,一次完成印制电路板上所有焊点的焊接过程。波峰焊接的工艺流程包括:焊前准备、元器件插件、喷涂焊剂、预热、波峰焊接、冷却及清洗等过程。

波峰焊工艺的优点如下:

(1) 省工省料,提高生产效率,降低成本。在电子产品生产中,应用波峰焊接工艺后,可以大幅提高生产效率(50 倍以上),节约大批人力和焊料。使得产品的生产成本大幅降低。

(2) 提高焊点的质量和可靠性。应用波峰焊接工艺后的另一个最突出的优势是消除了人为因素对产品质量的干扰和影响。

(3) 改善操作环境和操作者的身心健康。使用活性松香焊料丝手工焊接操作时产生的烟,其中大部分是助焊剂受热分解产生的气体或挥发物,这些烟中含有对人体有害的成分。

(4) 产品质量标准化。由于采用了机械化和自动化生产,就可以排除手工操作的不一致性和人为因素的影响,确保了产品的安装质量的整齐划一和工艺的规范化、标准化,从而达到使产品质量稳定不变。

(5) 可以完成手工操作无法完成的工作。随着电子装备的轻、薄、短、小型化的发展趋势,其安装密度大幅提高。面对精密微型化的安装结构,单靠人的技能已无法胜任。

一次波峰焊系统的基本组成包括夹送系统、夹具、助焊剂涂覆系统、预热系统、焊料、波峰发生器、冷却系统、电气控制系统等。

## 7.2.2 浸焊

浸焊是指将插装好元器件的印制电路板浸入有熔融状焊料的锡锅内,一次完成印制电路板上所有焊点的自动焊接过程。

浸焊的工艺流程包括:插件元器件、喷涂焊剂、浸焊、冷却剪脚、检查修补。

浸焊的特点:生产效率较高,操作简单,适应批量生产,可清除漏焊现象。但浸焊的焊接质量不高,需要补焊修正;焊槽温度掌握不当时,会导致印制电路板起翘、变形,元器件损坏;多次浸焊后,会造成虚焊、桥接、拉尖等焊接缺陷。

## 7.2.3 再流焊

再流焊又称回流焊,是将焊料加工成一定颗粒,并拌以适当的液态黏合剂,使之成为具有一定流动性的糊状锡膏,用它将贴片元器件粘在印制电路板上,然后通过加热使焊膏中的焊料熔化而再次流动,达到将元器件焊接到印制电路板上的目的。再流焊是适用于精密引线间距的表面贴装元件的有效方法。

再流焊和波峰焊的根本区别在热源和焊料。再流焊使用的连接材料是焊料膏,通过印刷或滴注等方法将焊料膏涂敷在印制电路板的焊盘上,再由专用设备——贴片机在上面放置表面装贴元件,然后加热使焊料熔化,即再次流动,从而实现连接,这也是再流焊名称的来由。

根据热源的不同,再流焊主要可分为红外再流焊、热风再流焊、气相再流焊和激光再流焊。

## 思 考 题

**1. 判断题**

(1) 20W 的电烙铁在烙铁芯烧断后,如果没有相同型号的烙铁芯,则可以采用其他型号的烙铁芯,如 35W 的烙铁芯。 ( )

(2) 剥线头时应根据导线粗细确定钳口的大小。 ( )

(3) 镀锡是焊接前准备工作的重要内容。 ( )

(4) 在焊接过程中,移开焊锡丝与移开电烙铁的角度、方向完全相同。 ( )

(5) 手工焊接一般焊点时,应选用熔点高的焊料。 ( )

(6) 焊接的理想状态是在较低的温度下缩短加热时间。 ( )

**2. 选择题**

(1) 磁控调温电烙铁的恒温功能是依靠( )实现的。
    A. 烙铁芯　　　　B. 烙铁头　　　　C. 磁性开关　　　　D. 永久磁铁

(2) 自动调温电烙铁通过( )监测烙铁头的温度。
    A. 电热偶传感器　B. 自动调温台　　C. 受控电烙铁　　　D. 烙铁芯

(3) 恒温式电烙铁的特点是什么（　　）。
　　A. 烙铁头的温度受电源电压的影响
　　B. 烙铁头的温度受环境温度的影响
　　C. 烙铁头的温度不受电源电压、环境温度的影响
　　D. 升温时间慢
(4) 恒温式电烙铁与普通电烙铁相比，具有（　　）的特点。
　　A. 耗电多　　　　　　　　　　B. 焊料易氧化
　　C. 温度变化范围大　　　　　　D. 寿命长
(5) 遇到烙铁通电后不热的故障，应使用万用表检测电烙铁的（　　）。
　　A. 烙铁头　　　B. 烙铁芯　　　C. 烙铁芯的引线　　D. 外观
(6) 如果烙铁头带电，则应（　　）。
　　A. 继续使用　　B. 断电检测　　C. 带电检测电压　　D. 更换新烙铁
(7) 如果烙铁头不沾锡，则应该（　　）。
　　A. 更换电烙铁　　　　　　　　B. 更换烙铁头
　　C. 用松香等助焊剂重新镀锡　　D. 首先修整烙铁头，然后重新镀锡
(8) 在拆焊或返修时，可以采用的除锡工具是（　　）。
　　A. 真空吸锡器　　B. 电烙铁　　C. 热风台　　　D. 拔焊台
(9) 使用剥线钳时，容易产生的缺陷是（　　）。
　　A. 剥线过长　　　　　　　　　B. 剥线过短
　　C. 芯线损伤或绝缘未断　　　　D. 导体截断
(10) 拧紧或拧松螺钉时，应选用（　　）。
　　A. 扳手或套筒　　B. 尖嘴钳　　C. 老虎钳　　　D. 螺丝刀
(11) 在五步焊接法中，应（　　）。
　　A. 先移开焊锡再移开电烙铁　　B. 先移开电烙铁再移开焊锡
　　C. 同时移开电烙铁和焊锡　　　D. 焊锡和电烙铁的移动不分顺序
(12) 五步法和三步法的操作时间一般为（　　）。
　　A. 1s内　　　　B. 2s内　　　C. 2~4s　　　　D. 5~10s
(13) 在焊接过程中，烙铁头应（　　）。
　　A. 保持清洁　　B. 连续加锡　　C. 断续加热　　D. 连续升温
(14) 在焊接过程中不正确的说法是（　　）。
　　A. 烙铁温度适当　　　　　　　B. 焊接时间加长
　　C. 烙铁头与焊件的位置要适当　D. 保持烙铁头清洁
(15) 关于焊接温度说法正确的是（　　）。
　　A. 温度越高，焊点越好
　　B. 较大焊件的焊接温度应较高
　　C. 温度低时，只要延长焊接时间，就可以取得应有效果
　　D. 焊接温度的高低仅仅取决于焊件的大小

# 常用无线电元器件

元器件是构成一个电子线路的基本元素,电路功能是通过各种元器件有机组合后实现的,学习电子技术应该从元器件起步。认识各种元器件,了解它们的性能和在电路中所起的作用,以便更有效和合理地使用它们。像电阻器、电容器等这类不需要通上直流电流就能呈现它本身特性的称为元件,而二极管、三极管、场效应管等这类需要加上直流电压后才能体现它的主要特性的称为器件,元件和器件统称电子元器件。了解元器件结构和基本工作原理,掌握电子元器件的特性是分析电路工作原理的关键要素。

## 8.1 电阻器和电位器

### 8.1.1 电阻器的作用

为了控制电路的电压和电流,也就是降低电压,需要一种具有一定数值电阻的元件,这种元件叫做电阻器,简称电阻。电阻器是与频率无关的元件,在电路中用做负载、分流器、分压器或与电容器配合起滤波作用等。

电阻器阻值的基本单位是欧姆。简称为欧,用符号"Ω"表示。在实际电路中所用电阻器的阻值单位有:欧(Ω)、千欧(kΩ)和兆欧(MΩ)等。

其换算关系为:1MΩ=1000kΩ=1000000Ω

在电路图上,为了简便起见,凡是阻值在999Ω以下的电阻都不注"Ω"字,凡是1000Ω以上到999kΩ可以"k"为单位标注,1兆欧以上的用"M"表示。

### 8.1.2 常用电阻器

常用电阻器符号如图 8-1 所示。

图 8-1 常用电阻器符号

市场上形形色色的电阻器有很多,按照其结构、用途、材料,以及各种电阻器的名称可将常用的电阻器分类见表 8-1。

表 8-1 常用电阻器种类说明

| 划分方法 | 种类及说明 | |
|---|---|---|
| 按结构形式划分 | 一般电阻器。阻值固定不变,是用量最多的电阻器 | |
| | 可变电阻器。阻值在一定范围内可以改变,又叫电位器 | |
| | 片形电阻器 | |
| 按用途划分 | 普通型。其允许误差为+5%、+10%、±20%等 | |
| | 精密型。其允许误差为±2%~±0.001% | |
| | 高频型。亦称无感电阻,功率可达100W | |
| | 高压型。额定电压可达35kV | |
| | 高阻型。阻值为$10^7 \sim 10^{12}$ MΩ | |
| | 敏感型。阻值对温度、压力、气体等很敏感,会根据它们的变化而变化 | |
| | 熔断型。亦称保险丝电阻器 | |
| 按材料划分 | 合金型 | |
| | 薄膜型 | |
| | 合成型 | |
| 按名称划分 | 线绕电阻器 | 主要有通用线绕电阻器、精密线绕电阻器、大功率线绕电阻器、高频线绕电阻器 |
| | 薄膜电阻器 | 主要有碳膜电阻器、合成碳膜电阻器、金属膜电阻器、金属氧化膜电阻器、化学沉积膜电阻器、玻璃釉膜电阻器、金属氮化膜电阻器 |
| | 实心电阻器 | 主要有无机合成实心碳质电阻器、有机合成实心碳质电阻器 |
| | 敏感电阻器 | 主要有压敏电阻器、热敏电阻器、光敏电阻器、力敏电阻器、气敏电阻器、湿敏电阻器、磁敏电阻器 |

**1. 固定电阻器**

常用固定电阻器如图 8-2 所示。

**2. 电位器**

常用电位器如图 8-3 所示。按材料分类,有线绕电位器、碳膜电位器、金属膜电位器、金属玻璃釉电位器、导电塑料电位器等。按结构形式区分,有旋转式和直滑式两种。按可变范围来分,又可分为可变电位器和半可等变电位器。

表 8-2 列示出了电位器名称的标志符号。

1) 线绕电位器

线绕电位器是用康铜丝或镍铬合金丝作为电阻体在绝缘骨架上绕制而成的。它的阻值偏低、高频特性差,但其额定功率较大、接触电阻小。

2) 碳膜电位器

碳膜电位器的电阻体是在纸胶板的马蹄形基体上涂一层碳膜而成的。其中 A、C 两焊片间是总阻值,而旋动转轴滑动接点转动时,A、B 间或 B、C 之间的阻值由小到大变化,或由大到小变化。这种电位器稳定性较高,噪声较小。它的阻值范围较大,常见的有几百欧到几兆欧。还有带开关的小型碳膜电位器,以及推拉式带开关碳膜电位器,直滑式碳膜电位器,半可变电位器等类型。

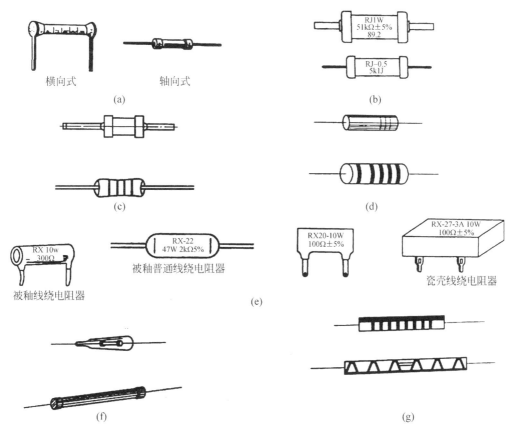

图 8-2　常用固定电阻器

(a) 碳膜电阻器;(b) 金属电阻器;(c) 金属氧化膜电阻器;(d) 有机实心电阻器;
(e) 线绕电阻器;(f) 合成碳膜电阻器;(g) 金属玻璃釉电阻器

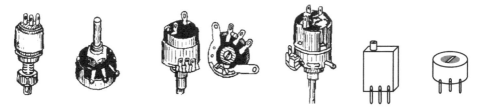

图 8-3　常用电位器

表 8-2　电位器名称的标志符号

| 字母 | 代表的意义 | 字母 | 代表的意义 |
| --- | --- | --- | --- |
| WT | 碳膜电位器 | WS | 有机实心电位器 |
| WH | 合成膜电位器 | WI | 玻璃釉膜电位器 |
| WN | 无机实心电位器 | WJ | 金属膜电位器 |
| WX | 线绕电位器 | WY | 氧化膜电位器 |

## 8.1.3 电阻器的主要参数

电阻器的主要技术参数有标称阻值、阻值误差和额定功率。在使用电阻器时,首先要看它的阻值是多大,通常见到的电阻器都标有阻值,这个标出的阻值叫做电阻的标称值,一个电阻的标称值与实际的电阻值不完全都相符,有的偏大一些,有的偏小一些,这就是阻值误差。当电流通过电阻器时,电流会对电阻器做功,电阻器会发热。如果电阻器上所加电功率大于它所能承受的电功率时,电阻器就会因温度过高而烧毁。通常在规定的气压、温度等条件下,电阻器长期工作时所允许承受的最大电功率称为额定功率。

**1. 标称阻值和阻值误差**

电阻器阻值的标示有两种,一种直接数字标注,另一种是色标法。

所谓直接标注,就是将电阻器阻值直接印刷在电阻器上。它的优点是容易识别,但是,其缺点也是明显的:第一,当表面出现局部磨损时,有可能造成无法读数;第二,仅能在一面观察读数,当焊接时误将读数面焊接到下面,则只有拆下来,才能读数。为了克服这些缺点,近年来,电阻生产者大量使用的是色环标注法,简称色标法。

所谓色标法,就是在电阻上印刷四条或者五条具有不同颜色的环线,并用这些不同的颜色组合,标注该电阻的阻值。这种方法标注的电阻器,表面上少量的磨损,并不影响数值读取,并且因为是环线标注,无论怎样焊接,都可以方便的读取。其缺点是,必须学会并记住读取的色环表。四色环:前2条环表示2位有效数字,共有10种颜色,表示0~9。第3条环表示倍率,常用有8种颜色,表示倍率为$10^0 \sim 10^7$。电阻值为前面的有效值乘以当前的倍率。最后1条表示电阻器的允许偏差。五色环:前3条表示3位有效数字,其余与四色环相同。图8-4给出了五环电阻器色环的标示。色码表示见表8-3所示。

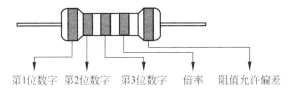

第1位数字　第2位数字　第3位数字　倍率　阻值允许偏差

图8-4　五色环电阻器色环标示

表8-3　电阻值的色环标注

| 颜色 | 有效数字 | 倍率 | 允许偏差/% |
| --- | --- | --- | --- |
| 黑 | 0 | $10^0$ | |
| 棕 | 1 | $10^1$ | ±1 |
| 红 | 2 | $10^2$ | ±2 |
| 橙 | 3 | $10^3$ | |
| 黄 | 4 | $10^4$ | |
| 绿 | 5 | $10^5$ | ±0.5 |
| 蓝 | 6 | $10^6$ | ±0.25 |

续表

| 颜色 | 有效数字 | 倍率 | 允许偏差/% |
|---|---|---|---|
| 紫 | 7 | $10^7$ | ±0.1 |
| 灰 | 8 | $10^8$ | ±0.05 |
| 白 | 9 | $10^9$ | |
| 金 | | $10^{-1}$ | ±5 |
| 银 | | $10^{-2}$ | ±10 |
| 无色 | | | ±20 |

例如：某四色环标定的电阻器四条色环分别是棕、黑、黄和金，其对应阻值为：1(棕)0(黑)×$10^4$(黄)=100kΩ，误差为±5%(金)。某五色环标定的电阻器5条色环分别是橙、黑、黑、棕和棕，其对应阻值为：3(橙)0(黑)0(黑)×10(棕)=3.00kΩ，误差为±1%(棕)。

注意：有些电阻器的色标很难区分起始位和最后一位，一般用下列方法识别第一色环。偏差环与其他环间距较大、偏差环较宽、第一环距端部较近、有效数字环无金、银色(解释：若从某端环数起第1,2环有金或银色，则另一端环是第一环)。四色环电阻的偏差环一般是金、银、偏差环无橙、黄色。(解释：若某端环是橙或黄色，则一定是第一环)。一般常见成品电阻器的阻值不大于22MΩ，若试读大于22MΩ，说明读反。应注意的是有些厂家不严格按一般规则生产，以上各条应综合考虑，此时最好结合万用表读取电阻器的阻值，前提是电阻器必须完好。五环电阻第五条色环为黑色，一般用来表示该电阻器是线绕电阻器。第五条色环为白色一般用来表示该电阻器是熔断电阻器。此时，五环电阻器本质是四环电阻器，按四环电阻器进行标称阻值和误差的识别。当色环电阻器为六条色环，第六条色环为温度系数色环，表示温度系数参数。

(1) **电阻底色含义**：蓝色通常代表金属膜电阻；灰色的通常代表氧化膜电阻；米黄色(土黄色)通常代表碳膜电阻；棕色通常代表实心电阻；绿色通常代表线绕电阻；白色通常代表水泥电阻；红色、棕色塑料壳的，通常是无感电阻。

(2) **色环电阻与色环电感的外观区别**：色环电感底色为绿色，两头尖，中间大，读数也与色环电阻一样，只是单位为微亨(μH)。

**2. 电阻器的额定功率**

1) 电阻功率的计算

电阻器消耗的功率是根据电阻上通过的电流、加在电阻两端的电压和电阻本身的阻值确定的，只要知道其中任两个数值就能算出电功率的大小来。

2) 额定功率大小的标志符号

电阻额定功率的标称值通常有1/16、1/8、1/4、1/2、1、2、3、5、10等。"瓦"字用字母"W"表示。如果电阻的功率数未标出时，可根据电阻体积大小粗略判断，一般体积大的电阻器功率也大。通常电子电路中使用的普通电阻器的额定功率都比较小，电路图形符号中不标出它的额定功率，一般在额定功率比较大时需要在电路图中标注额定功率。

### 8.1.4 电阻器阻值的测量及选用常识

**1. 固定电阻器的测量**

电阻器在使用前要进行测量,看其阻值与标称阻值是否相符,偏差值是否在电阻器的标称偏差之内。

用万用表测量电阻器要注意:测量时手不能同时接触被测电阻的两根引线,以免人体电阻影响测量的准确性。测量电路中的电阻时,必须将电阻器的一端从电路中断开,以防电路中的其他元件影响测量结果,测量电阻器的阻值时,应根据电阻值的大小选择合适的量程。因为,指针式万用表的欧姆挡刻度线是非线性关系,在欧姆挡的中间段,分度较细而准确。因此,测量电阻时,尽可能让表针落在刻度盘的中间段,以提高测量精度。

**2. 电位器的测量**

电位器的引脚分别为 A、B、C,开关引脚为 K、S。

首先,根据标称值大小,选择合适的挡位,测 A、C 两端的阻值是否与标称值相符,如阻值为∞时,表明电阻体与其相连的引线脚断开了。然后测 A、B 两端或 B、C 两端的电阻值,并慢慢地旋转轴,若这时表针平稳地朝一个方向移动,没有跌落和跳跃现象,表明滑动触点与电阻体接触良好。最后用 $R \times 1$ 挡测 K 和 S 之间的阻值,转动转轴使电位器的开关接通或断开,阻值应为零或无穷大,否则,说明开关坏了。

说明:用万用表测电阻简单方便,但不精确,一般用来粗测。

**3. 电阻器的选用常识**

固定电阻器种类较多,应根据应用电路的具体要求选择其种类。

(1) 要根据电路的用途选用不同种类的电阻器,对要求不高的电子电路,可选碳膜电阻器。对整机质量、工作稳定性、可靠性要求较高的线路可选用金属膜电阻器。对于仪器、仪表电路应选用精密电阻或者线绕电阻器。但在高频电路中不能选用线绕电阻器,高频电路应选用分布电感和分布电容小的非线绕电阻器,如可以选用碳膜电阻器、金属膜电阻器和金属氧化膜电阻器等。

(2) 高增益的小信号放大器电路应选用低噪声电阻器,如金属膜电阻器、碳膜电阻器和线绕电阻器,而不能使用噪声较大的合成碳膜电阻器和有机实心电阻器。

(3) 所选电阻器的电阻值应接近应用电路中计算值的标称值,应优先选用标准系列的电阻值。

(4) 选用电阻器的额定功率不能过大,也不能过小。过大则势必增大电阻体积,过小就不能保证电阻器安全可靠工作。一般情况下所选用电阻器的额定功率大于实际消耗功率的两倍左右,以保证电阻器的可靠性。

(5) 电阻器的误差选择,在一般电路中选用 5%~10% 即可。在精密仪器及特殊电路中根据要求选用。

（6）电阻器的代用，大功率的电阻器可代换小功率的电阻器，金属膜电阻器可代换碳膜电阻器，固定电阻器与半可调电阻可互相代替使用。

（7）熔断电阻器是具有保护功能的电阻器，选用时应考虑其双重性能，根据电路的具体要求选择其阻值和功率等参数，既要保证它在过负荷时能快速熔断，又要保证它在正常条件下能长期稳定工作。电阻值过大或功率过大均不能起到保护作用。

## 8.2 电 容 器

### 8.2.1 电容器的作用

电容器是一种储存电荷的"容器"，或者说是一种储存电能的元件。两块互相平行且中间绝缘的金属片就构成一个最简单的电容器。在电路中，电容器可用作隔直流、旁路、耦合、滤波以及和电感组成谐振回路等。

电容器有充放电特性。把电容器的两个金属片分别接电池的正、负极，接电池正极的极片带正电荷，接电池负极的极片带负电荷，这就是电容器的充电。充电的过程中，电路中有电流通过。当电容器两极片所充电荷形成的电压与电池的电动势相等时，充电停止，电路中就没有电流了。这相当于电路开路（指直流），也正是电容器能够隔断直流的道理。若把充电的电容两极片与电池断开，并把两个极片连起来，在连接的瞬时极片上的正、负电荷将通过导线而中和，直到两极片上的电荷完全消失。这就是"放电"。

如果电容器两个极片接到交流电源上时，因为交流电的大小和方向不断地变化，电容器的两极片必然交替地充放电，电路中就不停地有电流通过，这就是电容器能通过交流电的道理。

电容器电容的单位是法拉，常用字母"F"表示。在实际应用上法拉这个单位太大，通常用的容量单位是微法（$\mu$F）和皮法（pF）。

具体换算关系为：
$$1F = 10^6 \mu F = 10^{12} pF$$

### 8.2.2 常用电容器

常见电容器符号如图 8-5 所示，常见电容器实物如图 8-6 所示。常用电容器种类说明如表 8-4 所示。

图 8-5　常见电容器符号

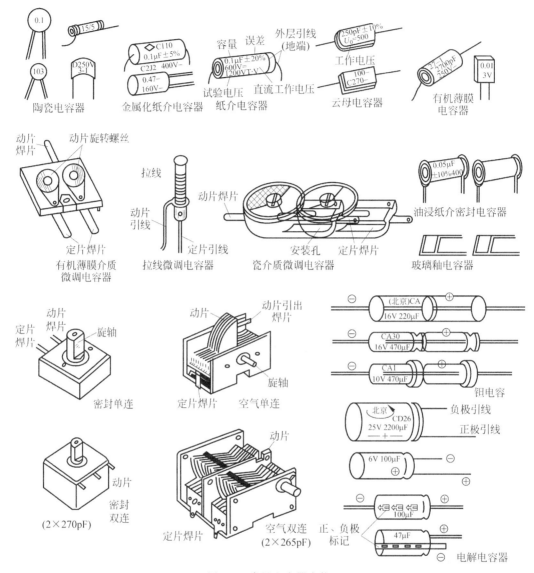

图 8-6 常见电容器实物

表 8-4 常用电容器种类说明

| 划分方法 | 种类及说明 |
| --- | --- |
| 按容量是否可变划分 | 固定电容器。容量固定不变,是用量最多的电容器 |
| | 微调电容器。它的容量是可以调节的,但是容量可调节范围很小 |
| | 可变电容器。它的容量在一定范围内可以改变,主要用于收音机电路中 |
| | 变容二极管 |
| 按电介质划分 | 有机介质电容 |
| | 无机介质电容 |
| | 电解电容器。这是一种常用电容器 |
| | 液体介质电容器。如油质电容器 |
| | 气体介质电容器 |

续表

| 划分方法 | 种类及说明 | |
| --- | --- | --- |
| 按工作频率划分 | 低频电容器。用于工作频率较低的电路中,如音频电路中 | |
| | 高频电容器。对高频信号的损耗小,用于工作频率高的电路中,如收音机等 | |
| 按电路功能划分 | 高频旁路 | 主要有陶瓷电容器、云母电容器、玻璃膜电容器、涤纶电容器、玻璃釉电容器 |
| | 低频旁路 | 主要有纸介电容器、陶瓷电容器、铝电解电容器、涤纶电容器 |
| | 滤波 | 主要有铝电解电容器、纸介电容器、复合纸介电容器、液体钽电容 |
| | 调谐 | 主要有陶瓷电容器、云母电容器、玻璃膜电容器、聚苯乙烯电容器 |
| | 低频耦合 | 主要有纸介电容器、陶瓷电容器、铝电解电容器、涤纶电容器、固体钽电容器 |
| | 高频耦合 | 主要有陶瓷电容器、云母电容器、聚苯乙烯电容器 |
| | 高频抗干扰 | 主要有高压瓷片电容器（Y安规电容器和X安规电容器） |
| | 分频 | 主要有铝电解电容器、钽电容器 |

**1. 固定电容器**

固定电容器是指电容器一经制成后,其电容量不能改变的电容器。

**2. 微调电容器**

微调电容器又称半可变电容器,是在两片或两组小型金属弹片中间夹有有机薄膜介质或云母介质组成的。也有的是在两个瓷片上镀上一层银制成的,称为瓷介半可变电容器。螺钉转动调节两组金属片间的距离或交叠角度即可改变电容量。

**3. 可变电容器**

空气介质单连可变电容器是由固定不动的一组（许多片）定片和可以旋动的一组动片构成的。旋转动片角度可以改变电容器的大小；动片组全旋入时,容量最大,在实用电路中,为减小调节动片时的干扰,将动片引脚接地。

固体介质单连可变电容器的定片组与动片组间以聚苯乙稀薄膜为介质。这种电容器整个是密封的,只引出动片和定片引脚。动、定片金属层层相互交错叠压。

等容双联可变电容器,它的结构和工作原理与单联一样,两联容量相等,同步变化。两联共用一个动片引脚,动片引脚设在中间,两侧各是两个联的定片。

差容双联可变电容器,它的结构和工作原理与等容双联一样,两联容量不等,在双联上电容器上标有"A"的一端为调谐联,标有"O"的一端为振荡联,中间是标有"G"的接地端,在这类双联的背面,均设有微调电容器。

还有一种密封固体多连可变电容器,它有六个引出焊片,这种四连可变电容器用于调频调幅收音机中。

不论是空气双连,还是固体双连,都有等容和差容两种形式。

## 8.2.3 电容器的主要参数

标称容量、额定工作电压和绝缘电阻是衡量电容器质量的主要参数。

**1. 额定工作电压(耐压)**

电容器在电路中长期工作而不致被击穿所能承受的最大电压叫额定直流工作电压,即最大的直流电压或最大交流电压的有效值或脉冲电压的峰值,又称为工作电压、耐压、标称电压、标称安全电压。不同类型的电容器耐压也不同,在选用时,不允许电路的电压超过电容器的耐压,否则电容器容易被击穿。

**2. 绝缘电阻**

绝缘电阻是指电容器极片间的介质绝缘电阻大小,是衡量电容器性能好坏的重要指标。绝缘电阻越大越好。当电容器的容量较小时,主要取决于电容器的表面状态,容量大于 $0.1\mu F$ 时,主要取决于介质的性能。

**3. 标称容量**

为了便于生产和使用,国家规定了一系列容量值作为产品标准,通常采用 E 系列。

## 8.2.4 电容量标注方法

**1. 加单位的直标法**

这种方法是国际电工委员会推荐的表示方法。具体内容是:用 2~4 位数字和一个字母表示标称容量,其中数字表示有效数值,字母表示数值的量级。字母 m 表示毫法($10^{-3}F$)、$\mu$ 表示微法($10^{-6}F$)、n 表示纳法($10^{-9}F$)、P 表示皮法($10^{-12}F$)。字母有时也表示小数点。如 33m 表示 $33000\mu F$;47n 表示 $0.047\mu F$;3$\mu$3 表示 $3.3\mu F$;5n9 表示 5900pF;2p2 表示 2.2pF。另外也有些是在数字前面加 R,则表示为零点几微法,即 R 表示小数点,如 R22 表示 $0.22\mu F$。

**2. 不标单位的直接表示法**

这种方法是用 1 到 4 位数字表示,容量单位为 pF。用小数(有时不足 4 位数字)来表示,其单位为 $\mu F$。如 3300 表示 3300pF、680 表示 680pF、7 表示 7pF、0.056 表示 $0.056\mu F$。

**3. 电容量的数码表示法**

一般用三位数表示容量的大小。前面两位数字为电容器标称容量的有效数字,第三位数字表示有效数字后面零的个数,它们的单位是 pF。如 102 表示 1000pF;221 表示 220pF。224 表示 220000pF。在这种表示方法中有一个特殊情况,就是当第三数字用"9"表示时,是

用有效数字乘上 $10^{-1}$ 来表示容量的。如 229 表示 $22×10^{-1}$pF 即 2.2pF。

**4. 电容量的色码表示法**

色码表示法是用不同的颜色表示不同的数字。色码表示的意义如表 8-5 所示。

表 8-5 电容量的色码表示法色码表示意义

| 颜色 | 黑 | 棕 | 红 | 橙 | 黄 | 绿 | 蓝 | 紫 | 灰 | 白 |
|---|---|---|---|---|---|---|---|---|---|---|
| 数字 | 0 | 1 | 2 | 3 | 4 | 5 | 6 | 7 | 8 | 9 |

具体的方法是：沿着电容器引线方向，第一、二种色码代表电容量的有效数字，第三种色码表示有效数字后面零的个数，其单位为 pF，每种颜色所代表的数字见表 8-5，当色码要表示两个重复的数字时，可用宽一倍的色码来表示。沿着引线方向，第一道色环的颜色为棕，第二道色环的颜色为绿，第三道色环的颜色为橙，则这个电容器的电容量为 15000pF 即 $0.015\mu F$；又如第一道色环为橙色（宽一倍表示两条相同的色码），第二道色环为红色，则该电容器的容量为 3300pF。

**5. 电容量的误差表示法**

国外电容量误差的表示方法有两种：一种是将电容量的绝对误差范围直接标志在电容器上，即直接表示法，如 $(2.2\pm 0.2)$pF。另一种方法是直接将字母或百分比误差标志在电容器上。

字母表示的百分比误差是：D 表示 $\pm 0.5\%$，F 表示 $\pm 1\%$，G 表示 $\pm 2\%$，J 表示 $\pm 5\%$，K 表示 $\pm 10\%$，M 表示 $\pm 20\%$，N 表示 $\pm 30\%$ 等。如电容器上标有 334K 则表示 $0.33\mu F$，误差为 $\pm 10\%$。

## 8.2.5 电容器的测量及选用常识

电容器的常见故障有断路、短路、失效等。为保证正常工作，事先必须对电容器进行检测。一般测量电容器容量有专用仪器。下面介绍用指针式万用表检测电容的方法。

**1. 漏电电阻的测量**

用万用表的欧姆挡（$R\times 10k$ 或 $R\times 1k$，视电容器的容量而定），当两表笔分别接触电容器的两根引线时，表针首先朝顺时针方向（$R$ 为零的方向）摆动，然后又慢慢地反方向退回到 $\infty$ 位置的附近，当表针静止时所指的表针距无穷大较远，表明电容器漏电严重，不能使用。有的电容器在测漏电电阻时，表针退回到无穷大位置时，又顺时针摆动，这表明电容器漏电更严重。

**2. 电容器断路的测量**

用万用表判断电容器的断路情况，首先要看电容量的大小。对于 $0.01\mu F$ 以下的小容量电容器用万用表不能判断其是否断路，只能用其他仪表进行鉴别（如 Q 表等）。

对于 $0.01\mu F$ 以上的电容器用万用表测量时，必须根据电容器容量的大小，分别选择合适的量程,才能正确地加以判断。如测 300μF 上的电容器可放在 $R\times10$ 或 $R\times1$ 挡;测 $10\sim300\mu F$ 的电容器可放在 $R\times100$ 挡;测 $0.47\sim10\mu F$ 的电容器可放在 $R\times1k$ 挡;测 $0.01\sim0.47\mu F$ 电容器可放在 $R\times10k$ 挡。具体的测量方法是:用万用表的两表笔分别接触电容器的两根引线(测量时,手不能同时碰触两根引线),如表针不动,将表笔对调后再测量,表针仍不动,说明电容器断路。

### 3. 电容器短路的测量

用万用表的 $R$ 挡,将两表笔分别接触电容器的两引线,如表针指示阻值很小或者为零,而表针不再退回,说明电容器已经击穿短路。当测量电解电容时,要根据电容器容量的大小,适当选择量程,电容量越小,量程越要放小,否则就会把电容器的充电误认为是击穿。

### 4. 电解电容器的极性的判断

用万用表测量电解电容器的漏电电阻,并记下这个阻值的大小,然后将红黑表笔对调再测电容的漏电电阻,将两次所测得的阻值对比,漏电电阻小的一次,黑表笔所接触的就是负极。铝电解电容器极性都在外壳标注"+"表示正极,"-"表示负极,对于一个新的、未做过任何操作的电容器,长引脚为正极,短引脚为负极。

### 5. 可变电容器的测量

对可变电容器主要是测量是否发生碰片短路现象。方法是用万用表的电阻挡($R\times1$)测量动片与定片之间的绝缘电阻,即用红黑表笔分别接触动片、定片,然后慢慢旋转动片,如转到某一位置时,阻值为零,表明有碰片现象,应予以排除,然后再用。如将动片全部旋进与旋出,阻值均为无穷大,表明可变电容器良好。

### 6. 电容器的选用常识

1) 在不同的电路中应选用不同种类的电容器

在电源滤波、退耦电路中应选用电解电容器;在高频、高压电路中应选用瓷介电容和云母电容器;在谐振电路中,可选用云母、陶瓷、有机薄膜等电容器;用作隔直流时可选用纸介、涤纶、云母、电解等电容器,用在调谐回路时,可选用空气介质或小型密封可变电容器。

在选用时还应注意电容器的引线形式。可根据实际需要选择焊片引出、接线引出、螺钉引出等,以适应线路的插孔要求。

电解电容器有极性,使用时要注意区分电解电容器引脚极性,应保证电解电容在长期工作中,正极电压高于负极电压。长期的反压,将会造成电解液起泡,并集聚压力而爆炸。

2) 电容器耐压的选择

电容器的工作电压不能长时间高于它的耐压值,否则电容器会发烫甚至爆裂。其额定电压应高于实际工作电压的 10%~20%,对工作电压稳定性较差的电路,可留有更大的余量,以确保电容器不被损坏和击穿。电解电容器的标称耐压值选择原则为:选择标称耐压值中,大于该电容可能承受的最大电压的 2 倍的最小值。一般标称耐压值为 16V、25V、50V 等。比如在一个电路中,某个电解电容可能承受的最大电压为 12V,则应选择大于 24V 的标称耐压值中的最小值,为 25V。过分提高耐压值,一方面会增加成本(耐压值越高的电容越贵),另一方面,也会造成电容实际容值小于标称值。

3) 容量误差的选择

对业余的小制作一般不考虑电容器的容量误差。对于振荡、延时电路,电容器容量误差应尽可能小,选择误差值应小于 5%。对用于低频耦合电路的电容器其误差可以大些,一般选 10%~20% 就能满足要求。

电容器在选用时不仅要注意以上几点,有时还要考虑其体积、价格、电容器所处的工作环境(温度、湿度)等情况。

4) 电容器的代用

选购电容器时可能买不到所需要的型号或所需容量的电容器,或在维修时手头有的与所需的不相符合时,便要考虑代用。代用的原则是:电容器的容量基本相同;电容器的耐压值不低于原电容器的耐压值;对于旁路电容、耦合电容,可选用比原电容量大的电容器代用;在高频电路中的电容,代换时一定要考虑频率特性应满足电路的频率要求。

## 8.3 E 系列标称方法

为了方便生产和使用,国标规定了一系列产品标准,我国电阻器、电容器标称值通常采用 E 系列。E 系列是一种由几何级数构成的数列。分别称为 E6 系列、E12 系列和 E24 系列。E6 系列适用于偏差 ±20% 的电阻和电容器数值,E12 系列适用于偏差 ±10% 的电阻、电容器数值,E24 系列适用于偏差 ±5% 的电阻和电容器数值。图 8-7 给出了 E 系列标称值选取的示意图。可以看出,E24 系列是在大于等于 1,小于 10 的范围内,按照几何级数,确定了 24 个值。E12 系列则是在相同的范围内,确定了 12 个值。E6 系列则是在相同的范围内,确定了 6 个值。这种选取方法,一方面保证了厂家在生产时,仅需要提供有限的种类,另一方面,也可以满足绝大多数用户的需求。比如,E24 系列中,电阻值允差为 ±5%,则 4.7 和 5.1 之间,如图 8-7 所示,不存在空白区域,也就是说,尽管仅提供 4.7Ω、5.1Ω、47Ω、51Ω、470Ω、510Ω 等阻值,用户仍然可以通过电阻筛选,选择出自己需要的阻值。

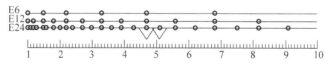

图 8-7 E 系列标称值选取示意图

表 8-6 给出了 E 系列标称值。

表 8-6 E 系列标称值

| 阻值系列 | 偏差等级 | 允许偏差 | 标 称 值 |
|---|---|---|---|
| E24 | Ⅰ | 5% | 1.0 1.1 1.2 1.3 1.5 1.6 1.8 2.0 2.2 2.4 2.7 3.0<br>3.3 3.6 3.9 4.3 4.7 5.1 5.6 6.2 6.8 7.5 8.2 9.1 |
| E12 | Ⅱ | 10% | 1.0 1.2 1.5 1.8 2.2 2.7 3.3 3.9 4.7 5.6 6.8 8.2 |
| E6 | Ⅲ | 20% | 1.0 1.5 2.2 3.3 4.7 6.8 |

电阻常用 E24 系列；电容常用 E6、E12 系列。

## 8.4 电感类元器件

### 8.4.1 电感类元器件的作用

电感器在电路中有阻交流通直流的作用。主要应用于低通滤波、高通滤波、谐振电路、阻抗匹配、延迟、陷波电路和高频补偿等电路中。

电感线圈在电路中用字母 L 表示。电感器的主要参数：电感量，电感的单位有亨利，简称亨，用 H 表示；毫亨用 mH 表示；微亨用 $\mu H$ 表示。

它们的换算关系为：1 亨(H)＝1000 毫亨(mH)＝1000000 微亨($\mu H$)

线圈的自感作用能阻碍电流的变化，线圈对交流电的这种抵抗作用称为"感抗"。线圈的电感量越大，感抗越大；通过线圈的交流电频率越高，感抗也越大。线圈除了对交流电有感抗外，线圈本身的导线也有电阻。线圈的感抗越大，自身的导线电阻和损耗越小，线圈的质量越好，或者说线圈"品质因数"(常用 Q 表示)越高。

### 8.4.2 常用电感器

电感器的种类很多，而且分类方法也不一样。空心电感器没有磁芯，也就没有磁滞和涡流损耗，品质因素 Q 高，分布电容小，在高频和甚高频电路中应用较多，可惜没有成品可购，需要自己绕制。磁芯电感器体积小结构牢固，可用于滤波、振荡、延迟和陷波等电路中，标称符合 E 系列。

各种电感线圈都具有不同的特点和用途，但它们都用漆包线、纱包线、镀银裸铜线，绕在绝缘骨架上、铁芯或磁芯上构成，而且每圈与每圈之间要彼此绝缘。为适应各种用途的需要，电感线圈做成各式各样的形状，如图 8-8 所示。常用电感器种类说明见表 8-7。

**1. 天线线圈**

晶体管收音机的输入回路采用绕在磁棒上的线圈(调谐线圈)和一只可变双联电容器组成调谐回路。这个绕在磁棒上的调谐线圈就是所指的磁性天线线圈。

天线输入调谐回路的调谐可变电容器，一般有 140pF、170pF、270pF 和 360pF 等，这些不同容量的电容器必须配用不同电感量的线圈(线圈圈数不同)。绕制磁性天线时，一定要根据所配用的可变电容器的电容量及选用磁棒规格来确定线圈的圈数。收音机中的电感线圈，特别是和可变电容器组成的调谐回路中的线圈的电感值数值较精确，修理或更换时需要特别当心，否则会破坏收音机的灵敏性及选择性。

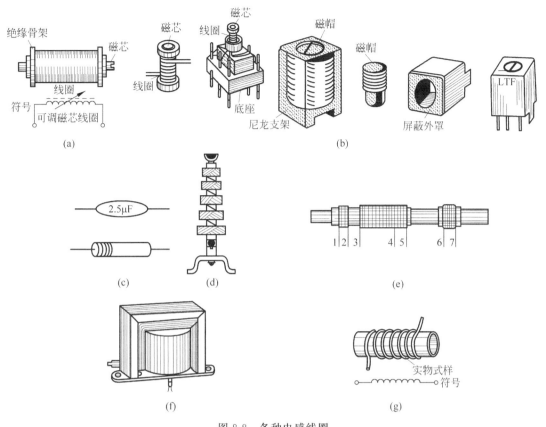

图 8-8 各种电感线圈

(a) 螺纹磁芯电感;(b) 调节磁帽来改变电感量的线圈;(c) 色码电感器;(d) 高频振流圈;
(e) 磁棒式天线线圈;(f) 低频扼流圈;(g) 空心线圈

表 8-7 常用电感器种类说明

| 划 分 方 法 | 种类及说明 |
|---|---|
| 按有无磁芯划分 | 空心电感器。电感器中没有铁芯或磁芯,是一个空心线圈 |
| | 有心电感器。电感器中有铁芯或磁芯 |
| 按安装形式划分 | 立式电感器。电感器垂直安装在电路板上 |
| | 卧式电感器。电感器水平安装在电路板上 |
| | 小型固定式电感器。像普通电阻器一样,两根固定引脚 |
| | 贴片式电感器。无引脚,直接装配在铜箔线路一面 |
| 按工作频率划分 | 高频电感器。匝数少,电感量较小,适合高频电路 |
| | 低频电感器。又称低频阻流圈,电感量较小,用于低频电路中 |
| 按封装形式划分 | 普通电感器。又叫线圈 |
| | 色环电感器。电感量的标称值采用色环方法标注 |
| | 环氧树脂电感器。外壳封装材料采用环氧树脂 |
| | 贴片电感器。贴片元件 |
| 按电感量是否可调划分 | 固定电感器。电感量固定不变 |
| | 可调电感器。又称微调电感器,旋转顶部的磁芯可以微调电感量的大小 |

### 2. 本机振荡线圈

本机振荡线圈也是超外差式收音机中不可或缺的元件之一。

从外形看,本机振荡线圈可分为两种形式,一种是无屏蔽蜂房式振荡线圈,一种是密封式振荡线圈,小型的密封式振荡线圈的外形和结构与中频变压器一样。一般便携式晶体管收音机都采用这种本振线圈,而且与小型中频变压器配套使用。如遇到本振线圈磁芯碎裂时,一定要配用本振振荡线圈用的磁芯,不要用中频变压器的磁芯代替。中波本振线圈的型号为 LF10-1,振荡线圈的磁帽涂有颜色。

### 3. 变压器

变压器是变换电压、电流和阻抗的元件,主要由铁芯或磁芯和线圈(线包)两部分组成。它的基本作用是变换电压、阻抗匹配及隔离两个电路(因为只有磁耦合)。

1) 输出变压器、输入变压器

输出变压器的用途是把晶体管收音机末级功率放大器的输出功率耦合到扬声器,我们可以利用变压器的阻抗变换特性使得功率放大管的最佳负载和扬声器的音圈抗匹配。

输入变压器通常是低频电路中末前级和末级之间的耦合变压器,是级间阻抗匹配用。

2) 中频变压器

中频变压器是超外差收音机中频放大级耦合、选频元件,常叫"中周"。它在很大程度上决定收音机的灵敏度、选择性和通频带等指标。收音机里的中频变压器多采用封闭磁芯型结构,使线圈的磁场限制在磁芯中,因而可采用较小的屏蔽罩,体积可以大大减小。晶体管收音机采用的中频变压器有单调谐回路和双调谐回路两种。

单调谐回路中频变压器只在初级线圈上并联一个电容组成调谐回路,另一个回路不调谐。在选用中频变压器时要注意:单调谐一套三只,每只特性不一样。如果换用中频变压器,最好配用原来型号和序号的,通常中频变压器的磁芯顶部都涂有颜色,以表示属于哪一级。

## 8.5 电声器件

扬声器(喇叭)、话筒(传声器)和耳机等都属于电声器件。如图 8-9 所示,扬声器俗称喇叭,是一种能将电能转换成声能,即把电信号转换成声音的器件。

双纸盒扬声器　　　电动式扬声器　　　号筒式扬声器　　　球顶式扬声器

图 8-9　几种常见扬声器

### 8.5.1 扬声器的结构和工作原理

扬声器由磁铁、软铁芯和软铁支架、音圈及和它相接的纸盒所组成。软铁芯和软铁支架用来将磁铁的 N 和 S 极吸向响圈,当扬声器音圈里通过音频电流时,音圈就在磁场中上下运动,使纸盒发生振动,从而发出声音。

### 8.5.2 扬声器的种类和规格

扬声器的分类方法很多。例如,按其磁路结构可分为内磁式和外磁式;按口径分有 200、165、130、100、90、80、65、57、50、40mm 口径等;按其形状可分为圆形及椭圆形;按其功率分有大功率、中功率、小功率等;按其放音频带可分为低频、中频、高频、全频带扬声器等;按其辐射器形状不同可分为纸盒直射式、号筒式等;按其工作原理分可分为动圈式、电容式、晶体式、动铁式(舌簧式)等;按其折环材料分又可分为橡皮圈、布圈、纸圈等。

一般来说,扬声器的口径越大,其功率也越大、低频特性越好。

### 8.5.3 扬声器的选用

扬声器的选择是一个比较复杂的问题,既要考虑到满足各种技术要求,又要考虑经济条件,选择是要根据使用目的、设置场所、音响范围以及音频放大器的配合等多种因素,来具体考虑扬声器的口径、功率、阻抗、频响、失真等技术指标。挑选扬声器可以参考外观和视听效果。

### 8.5.4 耳机

耳机是灵敏度比较高的一种电声器件。耳机由磁铁、线圈、膜片等组成。当高频电流通过耳机中的线圈时,磁铁的磁场随之变化,使膜片振动发声。耳机分头戴式和耳塞式两种。高阻耳机的阻抗有 $8000\Omega$、$2000\Omega$ 和 $40000\Omega$ 等几种,还有一种阻抗为 $10\Omega$(直流电阻 $8\Omega$)的耳机是专供晶体管收音机用的。可以直接接在输出端代替扬声器使用。

## 8.6 半导体分立器件

常用半导体分立元件外形及封装形式如图 8-10 所示,常用半导体分立元件符号如表 8-8 所示。

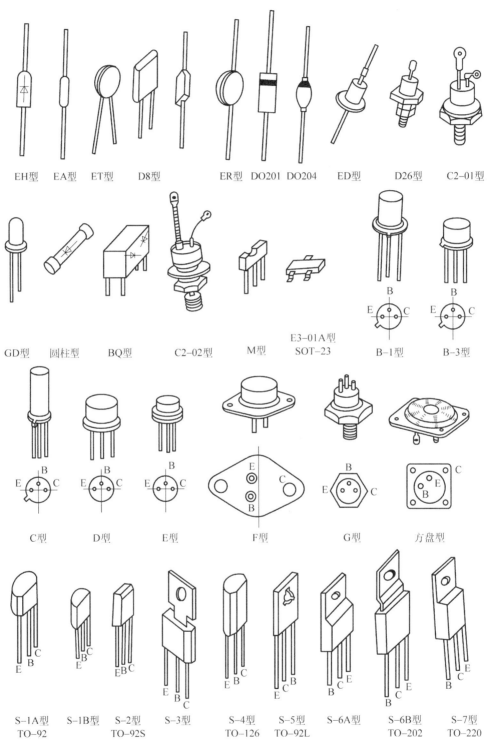

图 8-10 常用半导体分立元件外形及封装形式

## 表 8-8 半导体分立元件符号

| 图形符号 | 名称与说明 | 图形符号 | 名称与说明 |
| --- | --- | --- | --- |
| | 二极管的符号 | (1) <br> (2) | JFET 结型场效应管 <br> (1) N 沟道 <br> (2) P 沟道 |
| | 发光二极管 | | |
| | 光敏二极管 | | PNP 型晶体三极管 |
| | 稳压二极管 | | NPN 型晶体三极管 |
| | 变容二极管 | | 全波桥式整流器 |

### 8.6.1 二极管

晶体二极管也叫半导体二极管,是由一个 PN 结加上电极引线和管壳构成的半导体器件。它有两个电极:接 P 区的引线是正极,接 N 区的引线是负极。晶体二极管具有单向导电的特性,电源正极接二极管正极、电源负极接二极管负极时,二极管就导通,有电流通过;当加一定的反向电压时,二极管截止,不通过电流。这种电流只能沿一个方向流过的现象叫做单向导电。

事实上,二极管只有当所加的正向电压超过某一定值后才能导电,这个电压叫做启始导电电压。锗二极管启始导通电压约为 0.2V,而硅二极管约为 0.6V。

晶体二极管的种类很多,具体说明见表 8-9。从应用角度分,常见的有整流、检波、稳压及其他一些特殊用途的二极管;从结构上又可分为点接触二极管和面接触二极管两种。点接触二极管结的接触面积小,允许通过的电流较小,但它的结电容(PN 结相当于一个电容)很小,适合于高频下工作,如检波电路中常用点接触二极管。面接触二极管结的接触面积较大,允许通过较大的电流,而结电容很大,所以宜于低频工作用。一般面接触二极管用作整流元件。

## 表 8-9 常用二极管种类说明

| 划分方法 | 种类及说明 |
| --- | --- |
| 按材料划分 | 硅二极管。硅材料二极管 |
| | 锗二极管。锗材料二极管 |
| 按外壳封装材料划分 | 塑料封装二极管 |
| | 金属封装二极管。大功率整流二极管采用 |
| | 玻璃封装二极管。检波二极管采用 |

续表

| 划分方法 | 种类及说明 |
| --- | --- |
| 按功能划分 | 普通二极管 |
| | 整流二极管。专门用于整流的二极管 |
| | 发光二极管。专门用于指示信号的二极管,能发出可见光;此外还有红外发光二极管,能发出不可见光 |
| | 稳压二极管。专门用于直流稳压 |
| | 光敏二极管。对光有敏感作用的二极管 |
| | 变容二极管。结电容比较大,并可在较大范围内变化 |
| | 开关二极管。专门用于电子开关电路中 |
| | 瞬变电压抑制二极管。用于对电路进行快速过压保护,分双极型和单极型 |
| | 恒流二极管。它能在很宽的电压范围内输出恒定的电流,并具有很高的动态阻抗 |
| | 双基极二极管。它是两个基极一个发射极的三端负阻器件,用于张弛振荡等电路 |
| | 其他二极管。其他特性二极管 |
| 按击穿类型划分 | 齐纳击穿型二极管。如稳压二极管 |
| | 雪崩击穿型二极管。 |

晶体二极管的主要参数有最大反向工作电压、最大整流电流、反向电流、最高工作频率。最大反向工作电压是指二极管正常工作时所能承受的最大反向电压;如果外加的反向电压超过这个数值,电流就会猛增,造成管子击穿。最大整流电流指在长期正常工作条件下允许通过的最大正向电流值;如果超过这一数值,二极管也会由于过热而损坏,反向电流是指给二极管加上规定的反向偏置电压情况下,通过二极管的反向电流值,反映了二极管单向导电性能;在交流电路中,对二极管提出了工作频率的要求,信号频率高时要求二极管的工作频率也要高。

二极管的参数识别和使用注意事项如下。

二极管的型号直接标注在它的上面,选用二极管时要考虑二极管的功率和反向耐压值,使用时注意二极管的正、负极,正极加正电压,负极加负电压。对于发光二极管,引脚较长的为正极,加正电压,否则不发光。

对于识别标志模糊的二极管,可以借助万用表来判断正、负极,具体做法是:首先确定万用表的哪一只表笔和内部电池的正极相连(比如指针式万用表是黑色的表笔和内部电池正极相连),用万用表测一次二极管电阻后,反接二极管,再测一次它的电阻,找出阻值较小的一次,此时黑表笔接触的那端即为二极管的正极。

二极管一般只在表面上标注型号,因此,它的参数需要从厂家资料或者出版物上查找。

## 8.6.2 双极型半导体三极管

### 1. 双极型三极管的种类

双极型三极管因两种载流子要同时参与导电而得名,通常所说半导体三极管(简称三极管)就是指双极型。由于三极管的品种多,在每类当中又有若干具体型号,参数特性不一,因此在使用时务必分清,不能疏忽。常用三极管种类说明见表 8-10。

表 8-10 常用三极管种类说明

| 划 分 方 法 | 种类及说明 |
| --- | --- |
| 按极性划分 | NPN 三极管。电流从集电极流向发射极 |
|  | PNP 三极管。电流从发射极流向集电极 |
| 按结构划分 | 点接触型 |
|  | 面接触型 |
| 按材料划分 | 硅三极管。工作稳定性好 |
|  | 锗三极管。反向电流大,受温度影响大 |
| 按工作频率划分 | 低频三极管。工作频率较低,用于直流放大器、音频放大器电路 |
|  | 高频三极管。工作频率较高,用于高频放大器电路 |
| 按功率划分 | 小功率三极管。输出功率很小,用于前级放大器电路 |
|  | 中功率三极管。输出功率较大,用于功率放大器输出级或末级电路 |
|  | 大功率三极管。输出功率很大,用于功率放大器输出级 |
| 按封装材料划分 | 塑料封装三极管,小功率三极管常采用这种封装 |
|  | 金属封装三极管,一部分大功率三极管和高频三极管采用这种封装 |
| 按安装形式划分 | 普通方式三极管,大量的三极管采用这种形式,三根引脚 |
|  | 贴片三极管,三极管直接装在电路板铜箔电路一面 |
| 按用途划分 | 放大管、开关管、振荡管等,用来构成各种功能电路 |

三极管有两个 PN 结,三个电极(发射极、基极、集电极)。按 PN 结的不同构成,有 PNP 和 NPN 两种类型。塑封管是近年来发展较迅速的一种新型晶体管,应用越来越普遍。这种晶体管具有体积小、质量轻、绝缘性能好、成本低等优点。但塑封管的不足之处是耐高温性能差。一般用于 125℃ 以下的范围(管壳温度 $T_c$ 小于 75℃)。双极型三极管的参数可分为直流参数、交流参数、极限参数三大类。

**2. 双极型三极管的测试及性能判断**

要准确地了解三极管的参数,需用专门的测量仪器进行测试。当不具备这样的条件时,用万用表也可以粗略判断晶体管性能的好坏。

通过万用表可以分辨三极管的各个引脚和分辨 NPN,PNP 型三极管。

利用指针式万用表的电阻挡,将万用表置于 $R \times 1k$ 挡,黑表笔接一根引脚,红表笔分别接另两根引脚,测量两个电阻值,黑表笔接另一根引脚,红表笔接另两根引脚,又测量两个电阻值,黑表笔接第三根引脚,红表笔接另两根引脚,再次测量两个电阻值,将三组电阻值进行比较,当某一组中的两个阻值基本相等时,说明黑表笔所接的引脚为三极管基极,如果该组两个阻值为三组中最小值,说明是 NPN 型三极管;如果该组的两个阻值为最大值,说明是 PNP 型三极管。

1) 双极型三极管的引脚判别

三极管的引脚位置,可用万用表的欧姆挡测量其阻值加以判别。

基极的判别:将欧姆挡拨到 $R \times 1k$ 挡的位置,用黑表笔接三极管的某一极,用红表笔分别去接触另外两个电极,直到出现测得的两个电阻都很大(测量的过程中出现一个阻值大,另一个阻值小时,就需将黑表笔换接一个电极再测),这时黑表笔所接电极,就为三极管的基极而且是 PNP 型管子。如果测得的两个电阻都很小,这时黑表笔所接电极就为三极管的基极而且是 NPN 型管子。集电极、发射极的判别:如待测管子为 PNP 型锗管,仍然用万用表 $R \times 1k$ 挡,测量除基极以外的另两个电极,在基极与红表笔之间接一个 $100k\Omega$ 的电阻,得到一个阻值,再将红、黑表笔对调测一次,基极与红表笔之间同样接一个 $100k\Omega$ 的电阻又得到一个电阻值,在阻值较小的那一次中,红表笔所接电极就为集电极。黑表笔接的那个电极的为发射极,对于 NPN 型,可在基极与黑表笔之间接一个 $100k\Omega$ 的电阻,用上述同样方法,测量除基极以外的两个电极间的阻值,其中阻值较小的一次黑表笔所接的为集电极,红表笔所接的电极就为发射极。在测试中也可以用潮湿的手指代替 $100k\Omega$ 的电阻。注意测量时不要让集电极与基极碰在一起,以免损坏晶体管。

2)用万用表粗测三极管性能

(1)三极管极间电阻的测量

通过测量三极管极间电阻的大小,可判断管子质量的好坏,也可看出三极管内部是否有短路断路等损坏情况。在测量三极管极间电阻时,要注意量程的选择,否则将产生误判或损坏三极管。对于质量良好的中、小功率三极管,基极与集电极、基极与发射极正向电阻一般为几百欧姆到几千欧姆,其余的极间电阻都很高,约为几百千欧。硅材料的三极管要比锗材料的三极管的极间电阻高。

当测得的正向电阻近似于无穷大时,表明管子内部断路。如果测得的反向电阻很小或为零时,说明管子已击穿或短路。

(2)电流放大系数 $\beta$ 值的估测

将万用表拨到 $R \times 1k$ 或 $R \times 100k$ 挡。对于 PNP 型管,红表笔接集电极,黑表笔接发射极,先测集电极与发射极之间的电阻,记下阻值,然后将 100k 电阻接入基极与集电极之间,使基极得到一个偏流,这时表针所示的阻值比不接电阻时要小,即表针的摆动变大,摆动越大,说明放大能力越好。如果表针摆动与不接电阻时差不多,或根本不变,说明管子的放大能力很小或管子已损坏。有些型号的万用表具有测量三极管 hFE 的刻度线及其测试插座,可以很方便地测量三极管的放大倍数。先将万用表量程开关拨到 $R \times 10$ 挡位置,把红、黑表笔短接,调整调零旋钮,使万用表指针指示为零,然后将量程开关拨到 hFE 位置,并使两短接的表笔分开,把被测三极管插入测试插座,即可从 hFE 刻度线上读出管子的放大倍数,注意:在测量三极管放大倍数时,需要先判断三极管的基极和 NPN 型、PNP 型的极性,否则这种测量的结果是会出错的。

另外:有些型号的中、小功率三极管,生产厂家直接在其管壳顶部标示出不同色点来表明管子的放大倍数 $\beta$ 值,其颜色和 $\beta$ 值的对应关系查表可知,但要注意,各厂家所用色标并不一定完全相同。

对于 NPN 三极管的放大能力的测量与 PNP 管的方法完全一样,只是要把红、黑表笔对调就可以了。

(3)判别三极管是硅管还是锗管

根据硅管的正向压降比锗管正向压降大的特点来判断是硅管还是锗管。一般情况下锗管的正向压降为 $0.2 \sim 0.3V$,硅管的正向压降为 $0.5 \sim 0.8V$。属于哪个范围就可确定是哪种类型的管子。另外硅材料三极管的极间电阻要比锗材料三极管的极间电阻大得多。

(4) 在路电压检测判断法

在实际应用中,小功率三极管多直接焊接在印制电路板上,由于元件的安装密度大,拆卸比较麻烦,所以在检测时常常通过用万用表直流电压挡,去测量被测三极管各引脚的电压值,来推断其工作是否正常,进而判断其好坏。

**3. 晶体管使用注意事项**

1) 二极管

(1) 切勿使电压、电流超过手册中规定的极限值。并根据设计原理选取一定的余量,以免烧坏管子。

(2) 允许用 25~75W 的电烙铁进行焊接,时间应小于 3s,为保证焊接部分与管壳间有良好的散热可用尖嘴钳或镊子夹在被焊端附近,以利于散热。

(3) 管子应安装牢固,避免靠近电路中发热元件。

(4) 二极管应按极性接入电路,而稳压管的负极则要接电源的正极,其正极接电源的负极。

2) 三极管

三极管的使用注意事项基本上和二极管的相同,此外还应注意:

(1) 安装时要分清引脚位置,引脚要留得长些。

(2) 大功率管安装散热片时,散热器和管子底部接触应平整光滑,中间可用凡士林或有机硅酯,以减小腐蚀,并有利于导热。在散热器上用螺钉固定管子,要保证各螺钉的松紧一致,结合紧密。

(3) 对于大功率管,特别是外延型高频功率管在使用中的二次击穿往往使功率管损坏。为了防止二次击穿,就必须大大降低管子的使用功率和电压,其安全工作区应由制造厂提供,或由使用者作一些必要的检测。应当提出的是,大功率管的功耗能力并不服从于等功耗规律,而是随着工作电压的升高,耗散功率相应减小,对于相同功率的管子而言,低电压大电流的使用条件要比高电压小电流使用更为可靠。

(4) 在电路通电时,不能用万用表的欧姆挡测量三极管的极间电阻。因为万用表的欧姆挡的表笔间有电压存在,将改变电路的工作状态而使三极管损坏。再者,电路的电压也可能将万用表损坏。

(5) 在检修电子、电气产品更换三极管时,必须首先断开电路的电源,才能进行拆、装、焊接工作,不然的话就可能使三极管及其他元件被意外损坏,造成不应有的损失。

**4. 晶体三极管的更换与代用**

更换三极管时的注意事项:

(1) 确认损坏的三极管。对焊下的晶体管进行测试,以确切判断该晶体管是否损坏。

(2) 搞清晶体管损坏原因。确认是其本身不良而损坏时,再更换新的晶体管。

(3) 更换新的晶体管时,最好选用和原管型号相同、性能相同的晶体管。

(4) 更换新的晶体管后,要对照电路检查一下换管后的电压值和电流值等是否正常,晶体管的工作点是否正常,电路是否正常工作,有无过热等现象,一切正常才算换管完成。

代用的原则:

(1) 极限参数性能高的晶体管可以代替较低的晶体管。

(2) 性能好的晶体管可以代替性能差的晶体管。

(3) 高频、开关三极管可以代替普通低频三极管。当其他参数满足要求时,高频管可以代替低频三极管,高频管与开关管之间也可以互相代替,但对开关特性要求高的电路,高频三极管不能取代开关管。

(4) 硅管与锗管的互相代用。两种材料的晶体管互相代用时,首先要导电类型相同(PNP 代 PNP、NPN 代 NPN),其次,要注意参数是否相似,最后,更换后由于偏置不同,需重新调整偏置。

(5) 可以用复合管取代单管。但用复合管取代单管时一般要重新调整偏置。

## 8.7 元器件知识的学习方法

电子元器件有数百个大类,上千个品种,从电子元器件具体外形特征角度来讲更是千姿百态,新型元器件又层出不穷,所以电子元器件识别任务繁重。但是,主要识别几十种常用电子元器件即可入门,待确定了研究方向、领域后再进一步学习专业的元器件知识。

### 8.7.1 元器件识别

**1. 元器件外形识别**

外形识别就是实物与名称对应。

**2. 电路符号识别信息**

理解电路符号中的识别信息,有助于对电路符号的记忆,对电路工作原理分析也十分有益,识别电子元器件电路符号主要说明下列几点。

(1) 电子元器件的电路符号中含有不少电路分析中所需要的识图信息,最基本的识图信息是通过电路符号了解该元器件有几根引脚,如果引脚有正、负极性之分,在电路符号中也会有各种表达方式。

(2) 元器件电路符号具有形象化的特点,电路符号的每一个笔画或符号都表达了特定的识图信息。

(3) 电路符号中的字母是该元器件英语单词的第一个字母,如变压器用 T 表示,它是英文 transformer 的第一个字母。

(4) 一些元器件的电路符号还能表示该元器件的结构和特性。

**3. 引脚识别和引脚极性识别方法**

许多电子元器件的引脚有极性,各个引脚之间是不能相互代用的,这时就要通过电路符号或元器件实物进行引脚的识别和引脚极性的识别。引脚极性识别和引脚识别方法有两种情况：一是电路符号中的识别，二是电子元器件实物识别。

**4. 从电路板上识别元器件**

故障检修中，需要根据电路图建立的逻辑检修电路，在电路板上寻找所需检查的电子元器件，这时的电子元器件的识别是在修理过程中的识别，这一步的元器件识别最为困难，需要有较扎实的元器件知识和电路知识基础，还需要运用许多的技巧。

### 8.7.2 元器件主要特性掌握

**1. 了解元器件基本结构**

如果不能了解元器件的结构，就不知道元器件外壳内部装有什么，影响对元器件知识的全面掌握。了解元器件结构有助于理解该元器件的工作原理，进而可以学习元器件的主要特性，运用这些特性分析电路中元器件的工作原理。

**2. 了解元器件基本工作原理**

每种电子元器件的工作原理都需要了解，有些常用、重要元器件的工作原理则需要深入了解，为掌握元器件的主要特性打下基础。例如，掌握了电容器的工作原理才能深刻地理解电容器的隔直流作用和交流电流能够通过电容的机理。

**3. 掌握电子元器件主要特性**

从分析电路工作原理角度出发，掌握电子元器件的主要特性非常重要。

（1）在学习元器件特性时要注意每一种元器件可能有多个重要的特性，要全面掌握元器件的这些主要特性。如何灵活、正确运用元器件的这些特性是电路分析中的关键点和难点。

（2）学会灵活运用这些特性去解释、理解电路的工作原理。同一种元器件可以构成不同的应用电路，当该元器件与其他不同类型元器件组合使用时，需要运用不同的特性去理解电路的工作原理。电路分析中，熟练掌握电子元器件主要特性是关键因素，对电路工作原理分析无从下手的重要原因之一是没有真正掌握电子元器件的主要特性。

### 8.7.3 元器件检测及故障检修

掌握元器件检测技术是修理电器故障的关键要素之一。

（1）质量检测。通常运用万用表等简单测试仪表进行元器件的质量检测，分为在路检测和脱开检测两种方法，在路检测，即元器件装在线路板上进行直接测量，这种检测方法比较方便，不必拆下线路板上的元器件，测量结果有时不准确，易受线路板上其他元器件影响；二是脱开线路板后的测量，测量结果相对准确。使用万用表检测电子元器件主要是测量两根引脚之间的电阻值，通过测量阻值进行元器件的质量判断。由于万用表的测量功能有限，有时对电子元器件的检测是很粗略的。测量不同的元器件或测量同一种元器件的不同特性时效果会不同。

（2）故障修理。一部分元器件的某些故障是可以通过修理使之恢复正常功能的。有些元器件修理起来相当方便，而且修理后的使用效果良好。例如，音量电位器的转动噪声大这个故障，通过简单地使用纯酒精清洗可以恢复电位器的正常使用功能。一些价格贵的元器件，或是市面上难以配到的元器件，要通过修理恢复其功能。对于机械零部件，有许多故障可以通过修理恢复其功能，如卡座上的机芯。

（3）调整技术。电路故障中的元器件故障占据了大部分，但是也有一部分故障属于元器件调整不当所致，一些元器件或机械零部件通过必要的调整可以使之恢复正常工作，可调整的元器件主要是标称值可调节的元器件。例如，可变电阻器、微调电感器、微调电容器等，机械零部件可以通过相关项目调整，使之恢复正常功能。

（4）选配原则。元器件损坏后必须进行更换，更换最理想的方法是直接更换同型号、同规格元器件，但是在许多情况下因为没有原配件无法实现同型号、同规格更换时，则需要通过选配来完成。不同的元器件、用于不同场合的元器件其选配原则有所不同。总的选配原则是满足电路的主要使用要求。例如，对于整流二极管主要满足整流电流和反向耐压两项要求，对于滤波电容主要满足耐压和容量两项要求。

（5）更换操作方法。更换元器件的操作有的是相当方便的，有的则非常困难，例如四列集成电路更换起来就很不方便，需要专用拆卸工具。元器件更换过程中需要注意的是：大多数元器件并不"娇气"，拆卸和装配过程中不要"野蛮"操作即可，但是有一些元器件对拆卸和装配有特殊要求，有的还需要专用设备。如发光二极管怕烫，CMOS器件怕漏电，在更换中都要注意采取相应的防范措施。拆卸和装配过程中很容易损坏线路板上的铜箔线路，防止铜箔线路长时间受热、受力是重要环节。

## 思 考 题

1. 简述四环标注法的第一色环和第四色环分别表示什么意义。
2. 请用四环标记出电阻 $5.1\text{k}\Omega \pm 5\%$，$91\Omega \pm 5\%$。
3. 请用五环标记出电阻 $100\text{k}\Omega \pm 1\%$，$39\text{k}\Omega \pm 2\%$。
4. 怎样检测电解电容的好坏？
5. 简述如何用指针式万用表检测三极管的好坏。
6. 更换三极管时有哪些注意事项？

# 印制电路板的制作与安装 第9章

印制电路板(printed circuit board)也称印刷电路板或PCB板。自20世纪50年代问世以来，随着电子工业的迅速发展，从材料到工艺都在不断地发展，并日益显示出优越性。印制板的使用使电路的实现变得简单易行，这是由于它不仅对电子元器件起到机械固定作用；同时也使元器件按照设计要求实现电气连接；代替复杂的布线，减少传统方式下的接线工作量；简化电子产品的装配、焊接、调试工作；缩小整机体积，降低产品成本，提高电子设备的质量和可靠性；印制电路板具有良好的产品一致性，它可以采用标准化设计，有利于在生产过程中实现机械化和自动化，使整块经过装配调试的印制电路板作为一个备件，便于整机产品的互换与维修。由于具有以上优点，印制电路板已经极其广泛地应用在电子产品的生产制造中，为电子工业的发展开辟了广阔前景。掌握印制电路板的基本设计方法和制作工艺，了解生产过程是学习电子工艺技术的基本要求。

## 9.1 印制电路板概述

印制电路板是电子元器件的载体，它的作用是依照电路原理图上的元器件、集成电路、开关、连接器和其他相关元器件之间的相互关系和连接，将它们用导线的连接形式相互连接到一起。制造印制电路板的主要材料是敷铜板。所谓敷铜板就是把一定厚度的铜箔通过黏合剂热压在一定厚度的绝缘基板上。由于所用基板材料不同，厚度不同，铜箔与黏合剂也各有所异，因而生产的敷铜板在性能上有很大不同。板材通常按增强材料类别和黏合剂类别或板材特性分类。常用的增强材料有纸、玻璃布、玻璃毡等。黏合剂有酚醛、环氧树脂、聚四氟乙烯等。在设计选用时，应根据产品的电气特性、机械特性及使用环境，选用不同种类的敷铜板。

### 9.1.1 敷铜板的组成

**1. 基板**

由高分子合成树脂和增强材料组成的绝缘层压板可做敷铜板的基板，树脂材料的性能决定基板的物理性质，如介质损耗、表面电阻系数等。增强材料一般有纸质和布质两种，它们决定了基板的机械性能，如耐浸焊性、抗弯强度等。

**2. 箔铜**

它是敷铜板的关键材料,必须有较高的电导率及良好的焊接性。铜箔质量直接影响敷铜板的性能。要求铜箔表面不得有划痕、砂眼和皱折,纯度不低于 99.8%,厚度误差不大于 $25\mu m$,厚度标称系列为 $18\mu m$、$25\mu m$、$35\mu m$、$70\mu m$、$105\mu m$。铜箔的制造可采用压延法和电解法两种。

**3. 黏合剂**

铜箔能否牢固地敷在基板上,黏合剂是重要因素,敷铜板的抗剥强度主要取决于黏合剂的性能。

## 9.1.2 印制电路板的种类

**1. 单面印制电路板**

单层印制电路板是在厚度为 0.2~5mm 的绝缘基板上只有一面敷有铜箔,通过印制和腐蚀的方法,在铜箔上形成印制电路,无敷铜一面放置元器件,它具有不需要打过孔、成本低的优点,但因其只能单面布线,使实际的设计工作往往比双面板或多层板困难得多。它适用于对电性能要求不高的收音机、电视机、仪器仪表等。

**2. 双面印制电路板**

在绝缘基板的两面都有敷铜,中间为绝缘层。双面板两面都可以布线,一般需要由金属化孔连通。双面板可用于比较复杂的电路,是现在最常见的一种印制电路板。它适用于对电性能要求较强的通信设备、计算机和电子仪器等产品。由于双面印制电路的布线密度高,减小了设备的体积。

**3. 多层印制电路板**

多层板是指具有 3 层或 3 层以上导电图形和绝缘材料层压合而成的印制电路板,包含了多个工作层面。它在双面板的基础上增加了内部电源层、内部接地层及多个中间布线层。一般为 4~6 层板,为了把夹在绝缘基板中间的电路引出。多层印制电路板上安装元件的孔需要金属化,即在小孔内表面涂敷金属层,使之与夹在绝缘基板中间的印制电路接通。因此,随着电子技术的发展,电路的集成度越来越高,其引脚越来越多,在有限的板面上无法容纳所有的导线,多层板的应用也越来越广泛。

**4. 软印制电路板**

软印制电路板也称挠性印制电路板,基材是软的层状塑料或其他质软膜性材料,如聚酯或聚亚胺的绝缘材料,其厚度为 0.25~1mm。此类印制电路板除了质量轻、体积小、可靠性高以外,最突出的特点是具有挠性,能折叠、弯曲、卷绕。它也有中层、双层及多层之分,被广泛用于计算机、照相机、摄像机、通信、仪表等电子设备中。

**5. 平面印制电路板**

印制电路板的印制导线嵌入绝缘基板,与基层表面平齐。一般情况下在印制导线上都电镀一层耐磨金属层,通常用于转换开关、电子计算机的键盘等。

## 9.1.3 敷铜板的选用

敷铜板的选用主要是依据电子产品的技术要求,工作环境和工作频率,同时兼顾经济性来决定的。其基本原则大体如下。

**1. 根据产品的技术要求**

绝缘强度的要求是由电子产品的工作电压的高低决定的。机械强度的要求是由板材的材质和厚度决定的。不同的材质其性能差异较大。设计者选用敷铜板时在对产品技术分析的基础上,合理选用。一味选用档次较高的材质,不但不经济,也是一种资源的浪费。

**2. 根据产品的工作环境要求选用**

在特种环境条件下工作的电子产品,如高温、高湿、高寒条件下的产品,整机要求防潮处理等,这类产品的印制电路板就要选用环氧玻璃布层压板,或更高档次的板材,如宇航、遥控遥测、舰用设备、武器设备等。

**3. 根据产品的工作频率选用**

电子线路的工作频率不同,印制电路板的介质损耗也不同。工作在 30～100MHz 的设备,可选用环氧玻璃布层压板。工作在 100MHz 以上的电路,各种电气性能要求相对较高,可选用聚四氟乙烯铜箔板。

**4. 根据整机给定的结构尺寸选用**

电子产品进入印制电路板设计阶段,整机的结构尺寸已基本确定,安装及固定形式也应给定。设计人员应要明确印制电路板的结构形状、板面尺寸大小等一系列问题综合全面考虑。

板厚确定与板的尺寸及板上元器件的体积重量有关,如印制电路板尺寸较大,有大体积的电解电容、较重的变压器、高压包等器件装入,板材要选用厚一些的,以加强机械强度,以免翘曲。如果印制电路板是立式插入,且尺寸不大,又无太重的器件,板子可选薄些。如印制电路板对外通过插座连接时,必须注意插座槽的间隙,一般为 1.5mm,若板材过厚则插不进去,过薄则容易造成接触不良。印制电路板厚度的选择还应考虑电子产品进行例行实验时,在冲击、振动和运输实验时,能确保整机性能质量的稳定。

形状通常与整机外形有关,一般采用矩形。它可以大大简化成形加工,但在某些大批量的产品中,有时为了降低线路板的制作成本,提高线路板自动装焊率,常把二块或三块面积小的印制电路板与主印制电路板共同设计成一个整矩形,待装焊后沿工艺孔掰下,分别装在整机的不同部位上。

尺寸的确定要考虑到整机的内部结构及印制电路板上元器件的数量及尺寸。板上元器件的排列彼此间要留有一定间隔,特别是有高压的电路中更要注意留有足够的间距,在考虑元器件所在面积时,要注意发热元器件所需散热片的尺寸,在确定板的净面积后还应向外扩出 5~10mm(单边)便于印制电路板在整机中固定。当产品内部有多块印制电路板时,特别是当这些印制电路板通过导轨和插座固定时,应使各块板的尺寸整齐一致,便于固定与加工。

**5. 根据性能价格比选用**

印制电路板的选材是一个很重要的工作,选材恰当,既能保证整机质量,又不浪费成本;选材不当,要么白白增加成本,要么牺牲整机性能,因小失大,造成更大的浪费。特别在设计批量很大的印制电路板时,性能价格比是一个很实际而又很重要的问题。

### 9.1.4 印制电路板对外连接方式

印制电路板是整机的一个组成部分,因此必然存在印制电路板之间、印制电路板与板外元器件、印制电路板与设备面板之间的连接问题。当然,这些连接引线的总数要尽量少,总的原则应该使连接可靠,安装、调试、维修方便,成本低廉。连接的方式主要有焊接方式和插接件方式两种。

**1. 焊接方式**

焊接是一种操作简单,不需要任何接插件的连接方式,只要用导线将印制电路板上的对外连接点与板外的元器件或其他部件直接焊牢即可。这种方式的优点是成本低,可靠性高,可以避免因接触不良而造成的故障;缺点是维修不够方便,批量生产工艺性差。这种连接方式应注意提高导线连接的机械强度,避免因导线受到拉扯将焊盘或印制导线条拽掉,应该在印制电路板上焊点的附近钻孔,让导线从线路板的焊接面穿过通孔,再从元件面插入焊盘孔进行焊接,同时还应将导线排列或捆扎整齐,通过线卡或其他紧固件将线与板固定,避免导线因移动而折断。

**2. 插接件连接**

在比较复杂的电子仪器设备中,为了安装调试方便,经常采用插接件连接方式。有很多种插接件可以用于印制电路板的对外连接。常用的有插针式插接件、带状电缆插接件等,它们都已经得到广泛应用。这种连接方式的优点是可保证批量产品的质量,调试、维修方便。缺点是因为接触点多,所以可靠性比较差。为了提高性能,插头部分根据需要可进行敷涂金属处理。

## 9.2 印制电路板的设计

印制电路板在电子产品中是实现整机功能的主要部件之一。印制电路板的设计是指将电原理图转换成印制电路板图,并确定加工技术要求的过程。它是整机工艺设计中的重要一环,设计质量不仅关系到元器件在焊接装配、调试中是否方便而且直接影响整机的技术性能。设计时首先要考虑设计排版的主体原则,然后主要考虑的内容有:元器件的摆放位置、印制导线的宽度、印制导线间的距离大小、焊盘的直径和孔径,以及印制电路板的外形尺寸、形状、材料和外部连接等。印制电路板的设计通常有两种方法:人工设计和计算机辅助设计。

## 9.2.1 印制电路板设计原则

印制电路板的设计一般不像电路原理设计那样需要严谨的理论和计算,而只有一些基本设计原则和技巧。因此在设计中具有很大的灵活性和离散性,同一张电路原理图,几十人去设计便会出现几十种方案,这是因为每个人的设计思路不同,习惯不一,技巧各异,但这并不是说印制电路板的设计可以随心所欲,草率从事,因为在众多的方案中可以遵循一定原则选出最佳的设计方案。印制电路板设计的一般原则如下:

**1. 导线、焊盘及孔的设计原则**

印制导线用于连接各个焊点,是印制电路板最重要的部分。印制电路板设计都是围绕如何布置导线来进行的。焊盘也叫连接盘,在印制电路中起到固定元器件和连接印制导线的作用。特别是金属化的双面印制板,连接盘要使两面印制导线保持良好导通。

1) 印制导线的设计

(1) 选择合适的印制导线宽度

在印制电路板中,印制导线的主要作用是连接焊盘和承载电流,它的宽度主要由铜箔与绝缘基板之间的黏附强度和流过导线的电流决定,导线宽度应以能满足电气性能要求而又便于生产为宜,它的最小值以承受的电流大小而定,但最小不宜小于 0.2mm。在高密度、高精度的印制线路中,导线宽度和间距一般可取 0.3mm。由于印制导线具有一定的电阻,当电流通过时,要产生热量和一定的压降,单面板实验表明,当铜箔厚度为 $50\mu m$、导线宽度为 $1\sim1.5mm$,通过电流时,温度升高小于 3℃。因此,选用合适宽度的印制导线是很重要的,一般选用 $1\sim1.5mm$ 宽度导线就可能满足设计要求而不致引起温升过高。根据经验值,印制导线的载流量可按 $20A/mm^2$(电流导线截面积)计算,即当铜箔厚度为 0.05mm 时,1mm 宽的印制导线允许通过 1A 电流,因此可以确定,导线宽度的毫米数值等于负载电流的安培数。对于集成电路的信号线,导线宽度可以选 $0.2\sim1mm$,但是为了保证导线在板上的抗剥强度和工作可靠性,线不宜太细,只要印制电路板的面积及线条密度允许,应尽可能采取较宽的导线,特别是电源线、地线及大电流的信号线更要适当加宽,可能的话,线宽应大于 $2\sim3mm$。但一般超过 3mm 时应将导线中间开槽成两根并联线。以防止印制导线过宽,在焊接或温度变高时铜箔鼓起或剥落。大面积铜箔时,应做成栅格状。

(2) 印制导线的间距

印制导线之间的距离将直接影响电路的电气性能,导线之间间距的确定必须能满足电气安全要求,考虑导线之间的绝缘强度、相邻导线之间的峰值电压、电容耦合参数等。而且为了便于操作和生产,间距也应尽量宽些。最小间距至少要能适合承受的电压。这个电压一般包括工作电压、附加波动电压及其他原因引起的峰值电压。

当频率不同时,间距相同的印制导线,其绝缘强度也不同。频率越高时,相对绝缘强度就会下降。导线间距越小,分布电容就越大,电路稳定性就越差。

在布线密度较低时,信号线的间距可适当地加大,对高、低电平悬殊的信号线应尽可能地短且加大间距。印制导线间距最大允许工作电压参考值如表 9-1 所示,在一般设计中是安全的。

表 9-1 印制导线间距最大允许工作电压

| 印制导线间距/mm | 0.5 | 1 | 1.5 | 2 | 3 |
|---|---|---|---|---|---|
| 最大允许工作电压/V | 100 | 200 | 300 | 500 | 700 |

(3) 印制导线走向与形状

印制电路板布线是按照原理图要求的,将元器件通过印制导线连接成电路,在布线时,"走通"是最起码的要求,"走好"是经验和技巧的表现。由于印制导线本身可能承受附加的机械应力,以及局部高电压引起的放电作用,在实际设计中,要根据具体电路选择下列准则。优先选用的和避免采用的导线形状如图 9-1 所示。

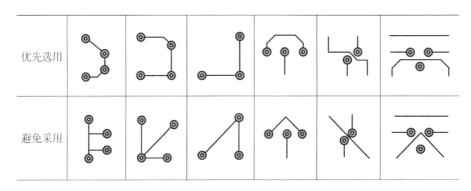

图 9-1 印制导线优先选用的和避免采用的导线形状

(4) 印制导线的屏蔽与接地

印制导线的公共地线应尽量布置在印制线路板的边缘。在高频电路中,印制线路板上应尽可能多地保留铜箔做地线,最好形成环路或网状,这样不但屏蔽效果好,还可减小分布电容。多层印制线路板可采取其中若干层做屏蔽层,电源层、地线层均可视为屏蔽层,一般地线层和电源层设计在多层印制线路板的内层,信号线设计在内层和外层。

(5) 跨接线的使用

在单面的印制线路板设计中,有些线路无法连接时,常会用到跨接线(也称飞线),跨接线常是随意的,有长有短,这会给生产带来不便。放置跨接线时,其种类越少越好,通常情况下只设 6mm、8mm、10mm 3 种。

2) 焊盘及孔的设计

元器件在印制电路板上固定,是靠引脚焊接在焊盘上实现的,焊盘是指元器件的穿线孔周围的金属部分,是为焊接元器件的引脚及跨接线而用。过孔的作用是连接不同层面的电气连接。

(1) 焊盘的尺寸

焊盘的尺寸与引脚孔、钻孔孔径、最小孔环宽度等因素有关。为了便于加工和保持焊盘与基板之间有一定的黏附强度,应尽可能增大焊盘的尺寸。但是对于布线密度高的印制电路板，若其焊盘的尺寸过大，就得减少印制导线宽度与间距。在实际电路设计时一般可根据设计者的需要，选择适当的焊盘，既要满足电路设计参数的需求，又要考虑印制电路板的设计尺寸、价格等。例如，当需要在两个焊盘之间通过一根导线或两根导线时，焊盘的大小是不一样的，表 9-2 给出了不同钻孔直径所对应的最小焊盘直径。在电路设计时可参照进行相应的选择。

表 9-2　钻孔直径所对应的最小焊盘直径　　　　　　　　　　　　mm

| 钻孔直径 | | 0.4 | 0.5 | 0.6 | 0.8 | 0.9 | 1.0 | 1.3 | 1.6 | 2.0 |
|---|---|---|---|---|---|---|---|---|---|---|
| 最小焊盘直径 | Ⅰ级 | 1.2 | 1.2 | 1.3 | 1.5 | 1.5 | 2.0 | 2.5 | 2.5 | 3.0 |
| | Ⅱ级 | 1.3 | 1.3 | 1.5 | 2.0 | 2.0 | 2.5 | 3.0 | 3.5 | 4.0 |

（2）焊盘的形状

在印制电路板的设计时，可根据不同的要求选择不同形状的焊盘。常见的焊盘形状可分为圆形焊盘、岛形焊盘、方形焊盘和椭圆形焊盘等，如图 9-2 所示。有时也要灵活设计焊盘。

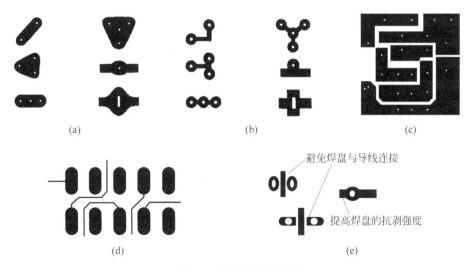

图 9-2　常见的焊盘形状
（a）岛形焊盘；（b）圆形焊盘；（c）方形焊盘；（d）椭圆形焊盘；（e）灵活设计焊盘

① 岛形焊盘：如图 9-2(a)所示。焊盘与焊盘之间的连线合为一体，犹如水上小岛，故称为岛形焊盘。岛形焊盘常用于元器件的不规则排列，特别是当元器件采用立式安装时更为普遍。这种焊盘适合于元器件密集安装，可大量减少印制导线的长度与数量，在一定程度上能抑制分布参数对电路造成的影响。此外，焊盘与印制导线合为一体后，铜箔的面积加大，可增加印制导线的抗剥强度。

② 圆形焊盘：由图 9-2(b)所示。焊盘与引脚孔是同心圆，其外径一般为 2～3 倍孔径。设计时，如板面允许，应尽可能增大连接盘的尺寸，以方便加工制造和增强抗剥能力。

③ 方形焊盘：如图 9-2(c)所示。当印制电路板上元器件体积大、数量少且印制线路简单时，多采用方形焊盘。这种形式的焊盘设计制作简单，精度要求低，容易制作。手工制作常采用这种方式。

④ 椭圆形焊盘：如图 9-2(d)所示。这种焊盘既有足够的面积以增强抗剥能力，又在一个方向上尺寸较小，利于中间走线。常用于双列直插式器件。

(3) 孔的设计

印制电路板上孔的种类主要有：引脚孔、过孔、安装孔和定位孔。

① 引脚孔：引脚孔即焊盘孔，有金属化和非金属化之分。引脚孔有电气连接和机械固定双重作用。引脚孔过小，元器件引脚安装困难，焊锡不能润湿金属孔；引脚孔过大，容易形成气泡等焊接缺陷。

② 过孔：也称连接孔。过孔均为金属化孔，主要用于不同层间的电气连接。一般电路过孔直径可取 0.6～0.8mm，高密度板可减少到 0.4mm，甚至用盲孔方式，即过孔完全用金属填充。孔的最小极限受制板技术和设备条件的制约。由于引入了多层结构，又使得零件的封装出现两种情况，一种是针式封装即焊点的导孔是贯穿整个电路板的，这种导孔叫做穿透式导孔，从顶层到内层或从内层到底层的导孔叫盲导孔，仅连通内层的导孔叫隐藏导孔。另一种是 STM 封装，其焊点只限于表面层，元器件的跨距指成形后的元器件的引脚之间的距离。一般规定最大跨距不大于元件本身长度的 2 倍或不超过本身直径的 5/4。

③ 安装孔：安装孔用于大型元器件和印制电路板的固定，安装孔的位置应便于装配。

④ 定位孔：定位孔主要用于印制电路板的加工和测试定位，可用安装孔代替，也常用于印制电路板的安装定位，一般采用三孔定位方式，孔径根据装配工艺确定。

**2. 元器件布局和布线原则**

元器件在印制电路板上布局时，要根据元器件确定印制电路板的尺寸。在确定 PCB 板尺寸后，再确定特殊元器件的位置。最后，根据电路的功能单元，对电路的全部元器件进行布局。在确定元器件的位置时要遵守以下原则。

1) 元器件的布局原则

(1) 按照电路的流程安排各个功能电路单元的位置，使布局便于信号流通，并使信号尽可能保持方向一致。以每个功能电路的核心元器件为中心，围绕它来进行布局。元器件的安装方式有：

① 立式安装

采用立式固定的元器件要求小型、轻巧的元器件。过大、过重的元器件不宜采用此种方式，否则机械强度变差，抗震能力弱，易倒伏造成元器件之间的碰接，降低整机可靠性。

② 卧式安装

在电子仪器中常用此法。和立式固定相比，它具有机械稳定性好、排列整齐等特点。卧式固定由于元件跨距大，两焊点间走线方便，这对印制导线的布设十分有利。

两种固定方式各有优点，在印制电路板设计中有时采用其一种，有时两种方式同时使用，选用原则可灵活掌握，但应确保抗震性能好、安装维修方便、排列疏密均匀，利于印制导线的布设。

③ 表面贴元器件的安装

小型表面安装器件，如表面贴装元件布局时，焊接面的贴装元件采用波峰焊接生产工艺时，阻、容件轴向要与波峰焊传送方向垂直，阻排及 SOP(PIN 间距大于等于 1.27mm)元器件轴向与传送方向平行；PIN 间距小于 1.27mm(50mil)的 IC、SOJ、PLCC、QFP 等有源元件避免用波峰焊焊接。

④ 大型元器件的安装

体积大、质量大的大型元器件一般最好不要安装固定在印制电路板上。这些大型元器件不仅占据了印制电路板的大量面积与空间,而且在固定这些元器件时往往使印制电路板弯曲变形,致使对外通过插接件连接时易造成接触不良,对于必须安装在印制电路板上的大型元件(如电解电容),装焊时应采取固定措施,不能像装焊小型元件那样,否则长期振动引脚极易折断。

(2) 元器件在印制电路板上的排列可选择:不规则排列、规则排列或坐标格排列。

① 不规则排列

元件轴线方向彼此不一致,在板上的排列顺序也无一定规则。这样排列方式一般在立式固定时采纳。用这种方式排列元件,看起来杂乱无章,但由于元件不受位置与方向的限制,因而印制导线布设方便,并且可以做到短而少,使板面印制导线大为减少。这对减小印制线路板的分布参数,抑制干扰,特别对高频电路极为有利。

② 规则排列

规则排列可使印制电路板上的元器件排列规范,元器件轴线方向排列一致,并与板的四边垂直平行。这种排列方式版面美观整齐,方便装焊、调试,易于生产和维修。但由于元器件排列要受一定方向或位置的限制,因而印制导线布设要复杂一些,印制导线也会相应增加。这种排列方式常用于板面宽松,元器件种类少数量多的低频电路中。元器件卧式安装时一般均以规则排列为主。

③ 焊盘孔位

元器件的每个引出线都要在印制电路板上占据一个孔位,通过焊锡固定在线路板上,此孔及周围的铜箔称为焊盘。焊盘位置随元器件的尺寸及固定方式而变。对于立式固定和不规则排列的版面,其焊盘位置可以不受尺寸与间距的限制。对于规则排列的版面要求每个焊盘的位置及彼此间的距离应遵守一定标准,在版面设计中焊盘位置应尽量做到使元器件整齐一致,尺寸相近的元件其焊盘间距应力求一致。这样不仅整齐美观而且便于元件弯脚及装配。当然所谓整齐也是相对而言,特殊情况要因地制宜。

(3) 布置要均匀,密度要一致,尽量做到横平竖直,不允许将元器件斜排和交叉重排。一般电路板的四周根据需要应留有一定的余量(5~10mm)。

(4) 元器件之间要保持一定的距离,应不小于 0.5mm。弯引脚时不要齐根弯折,应留出一定距离(至少 2mm),以免损坏元器件。元器件安装尽量矮,一般离板不要超过 5mm。过高则稳定性差,易倒伏或与相邻元件碰接。

(5) 在印制电路板上应留出定位孔及固定支架所占用的位置,确定元器件在印制电路板上的装配方式(立式、卧式、混合式),对于高度较大的器件,应尽量采用卧式安装。根据印制电路板在整机中的安装状态确定元件轴向位置。规则排列的元器件,应使元器件轴线方向在整机内处于竖立状态,从而提高元件在板上的稳定性。

(6) 高频元器件之间的连线应尽可能缩短,以减小它们的分布参数和相互间的电磁干扰,易受干扰的元器件之间不能距离太近。各元器件之间的导线不能相互交叉。

(7) 质量较大的元器件,安装时应加支架固定,或应装在整机的机箱底板上。如电源变压器就应考虑紧固,使印制电路板能经受冲击而不致损坏。对一些发热元器件要考虑发热元器件的散热及热量对周围元器件的影响,热敏元件应远离发热元件,布线时应尽量使焊点处在大面积铜箔中,或在元器件底部开孔,增大散热效果。

（8）测试点,为便于调试维修,在需要检测的部位应设置测试点。电流测量点,通常在线条某一点上设计切口焊盘,测量电流时只需焊开切口,极为方便。波形测量设计安装探测挂钩。

（9）安排磁性元件时要慎重,如音频变压器应远离电源变压器,两个音频变压器靠近安排时应互相垂直,中周、天线磁棒应远离外磁扬声器磁钢,CMOS电路避开强磁场等。

（10）对收音机中的输入、输出变压器应相互垂直放置。

（11）对可调节性元器件要根据是机外调整或机内调整的需要安排在相应位置上。

（12）对某些电位差较高的元器件或导线,应加大它们之间的距离,以免放电引出意外短路。带高压的元器件应尽量布置在调试时手不易触及的地方。

（13）印制电路板有特定要求时需做加固,焊上元器件后因冷却收缩,长宽比及面积较大的印制电路板容易扭曲,应加围框或金属弯角件加固。

2) 布线的原则

（1）印制导线的宽度要满足电流的要求且布设应尽可能短,在高频电路中更应如此。

（2）印制导线的走线要平滑自然,导线转弯要缓慢,避免出现尖角,印制导线的拐弯应成圆角。直角或尖角在高频电路和布线密度高的情况下会影响电气性能。

（3）高频电路的印制导线应尽可能地短、避免相互平行,一般应尽量采用岛形焊盘,并采用大面积接地布线。各单元电路的地线应采用一点接地法。

（4）当双面板布线时,两面的导线宜相互垂直、斜交或弯曲走线,避免相互平行,以减小寄生耦合。

（5）电路中的输入及输出印制导线应尽量避免相邻平行,以免发生干扰,应尽量地使它们远离并用地线将其隔开。

（6）充分考虑可能产生的干扰,并同时采取相应的抑制措施。良好的布线方案是电子产品可靠工作的重要保证。

**3. 印制电路板的抗干扰设计原则**

干扰现象在电子产品的调试和使用中经常出现,其原因是多方面的,除外界因素造成干扰外,印制电路板电路布线不合理、元器件安装位置不当、屏蔽设计不完备等都可能产生干扰。如果这些干扰在排版设计时不加以解决的话,将会使设计失败,电子产品不能正常工作。因此,在印制电路板排版设计时,就应对可能出现的干扰及抑制方法加以讨论。

1) 电源干扰及抑制

任何电子产品都需电源供电,并且绝大多数直流电源是由交流电通过变压、整流、稳压后供电的。供电电源的整流、滤波效果会直接影响整机的技术指标。如果电源电路的工艺布线和印制电路板设计不合理都会产生干扰,这里主要包含交流电源的干扰和直流电源电路产生的电场对其他电路造成的干扰。所以印制电路板电路布线时,交直流回路不能彼此相连;电源线不要平行大环形走线;电源线与信号线不要靠得太近,并避免平行。必要时,可以在供电电源的输出端和用电器之间加滤波器。

2) 地线干扰的产生及抑制

一般原理图中电路的接地点在电位的概念中表示零电位,其他电位均相对这一点而言,在整个印制电路板电路中的各接地点相对电位差也应为零。但是印制电路板上的地线并不能保证绝对零电位,而往往存在一定数值,虽然电位可能很小,但是由于电路的放大作用,这小小的电位就可能产生影响电路正常工作的干扰信号。

为克服地线干扰,应尽量避免不同回路电流同时流经某一段公用地线,特别是在高频电路和大电流电路中,更要注意地线的接法。在印制电路板电路的地线设计中,首先要处理好各级的内部接地,同级电路的几个接地点要尽量集中(称一点接地),以避免其他回路的交流信号窜入本级,或本级中的交流信号串到其他回路中。解决的方法一般有以下几种。

(1) 各单元电路采用并联接地

在高增益、高灵敏度电路中,可采用一点接地法来消除地线干扰,各单元电路分别通过各自的地线汇集到电路板的总接地点上,以减少分支电流的交叉乱流,避免不应有的电信号在地线上叠加形成干扰。在实际设计时,印制电路板电路的地线一般设计在印制电路板的边缘,并较一般印制导线宽,各级电路采取就近并联接地。

(2) 大面积覆盖接地

在高频电路中,设计时应尽量扩大印制电路板上的地线面积,以减小地线中的感抗,从而削弱在地线上产生的高频信号,同时,大面积接地还可对电场干扰起到屏蔽作用。除此以外,实际设计时还应注意将数字电路和模拟电路的地线分开,尽量加粗接地线的宽度等,都能较好地抑制地线干扰。

(3) 电磁场的干扰与抑制

印制电路板的特点是使元器件安装紧凑,连接密集,但是如果设计不当,这一特点也会给整机带来麻烦,如分布参数造成干扰、元器件的磁场干扰等。电磁干扰除了外界因素(如空间电磁波)造成以外、印制电路板布线不合理、元器件安装位置不恰当等,都可能引起干扰。电磁场干扰的产生主要有以下几种。

① 印制导线间的寄生耦合

两条相距很近的平行导线,它们之间的分布参数可以等效为相互耦合的电感和电容,当其中一条导线中流过信号时,另一条导线内也会产生感应信号,感应信号的大小与原始信号的频率及功率有关,感应信号就是干扰源。为了抑制这种干扰,排版时要分析原理图,区别强弱信号线,使弱信号线尽量短,并避免与其他信号线平行靠近,不同回路的信号线要尽量避免相互平行,布设双面板上的两面印制导线要相互垂直,尽量做到不平行布设。这些措施可以减小分布参数造成的干扰。对某些信号线密集平行,无法摆脱较强信号干扰的情况下,可采用屏蔽线将弱信号屏蔽以抑制干扰。使用高频电缆直接输送信号时,电缆的屏蔽层应一端接地。为了减小印制导线之间寄生电容所造成的干扰,可通过对印制线屏蔽进行抑制。

② 磁性元器件相互间干扰与抑制

电子元件中扬声器、电磁铁、永磁性仪表等产生的恒定磁场,高频变压器、继电器等产生的交变磁场。这些磁场不仅对周围元器件产生干扰,同时对周围印制导线也会产生影响。在印制板设计时可分别对待。有的可加大空间距离,远离强磁场减小干扰;有的可调整器件间相互位置改变磁力线的方向;有的可对干扰源进行屏蔽;也可以增加地线、加装屏蔽罩等措施。

(4) 热干扰及其抑制

电子产品,特别是长期连续工作的产品,热干扰是不可避免的问题。电子设备如大功率电源、发射机、计算机、交换机等都配有排风降温设备,对其环境温度要求较严格,要求温度和湿度有一定的范围,这是为保护机器中的温度敏感器件能正常工作。

在印制电路板的设计中,印制电路板上的温度敏感性器件如锗材料的半导体器件要给以特殊考虑,避免温升造成工作点的漂移影响机器的正常工作。对热源器件如大功率管,大功率电阻,设置在通风好,易散热的位置。散热器的选用留有余地,热敏感器件远离发热器等。印制电路板设计师应对整机结构中的热传导、热辐射及散热设施的布局及走向都要加以考虑,使印制电路板设计与整机构思相吻合。

## 9.2.2 印制电路板设计方式

**1. 手工印制电路板的设计**

手工印制电路板图设计就是在坐标图纸上绘制印制电路板图,一般用铅笔绘制,便于绘制过程中随时调节和涂改。通常先绘制草图,在图中将具有一定直径的焊盘和一定宽度的直线分别用一个点和一根单线条表示。当把单线图画完基本不交叉,即可绘制正式的排版图,此图要求印制电路板的外形尺寸、焊盘的尺寸与位置、印制导线走向与宽度、连接与布设、安装结构及板上各孔的尺寸位置均按实际的尺寸绘制并明确标注出来。

1) 手工绘制印制电路板图步骤

(1) 熟悉电原理图,分析电路的工作原理与组成,了解信号的来龙去脉、组成单元,并贯彻到布线过程中去,以确保良好的电气性能。

(2) 选取网格纸或坐标纸,在纸上按草图尺寸画出印制电路板的外形尺寸,并在边框尺寸下面留出一定空间,用于标注技术要求的说明,如图9-3(a)所示。

(3) 在印制电路板边框内整齐地排列元器件,并四周留有间隙。用铅笔画出各元器件的外形轮廓,元器件的外形轮廓应与实物相对应,将电原理图中所有元器件、配件相应排列在合适的位置上。原则是前后分明,元器件不相互干扰,不影响装入壳体,入壳后元器件不互碰和互挤,如图9-3(b)所示。

(4) 确定并标出各焊盘位置,一般根据元器件布设原则及大小形状确定,保证元器件在装配后分布均匀,排列整齐,疏密适中,如图9-3(c)所示。

(5) 为简便起见,先用单线勾画印制导线,能够用细线标明导线走向及路径即可,不需按导线的实际宽度画出,但应考虑导线间距离,不允许两个焊点公用一个焊盘。布线时难免出现走线交叉的情况,为防止走线兜圈,可采用加装跨线或 $0\Omega$ 电阻的方法来解决,如图9-3(d)所示。

(6) 将铅笔绘制的单线不交叉图反复核对无误后,再用铅笔重描焊点和印制导线,元器件用细实线表示,如图9-3(e)所示。

(7) 标注焊盘尺寸及线宽,注明印制电路板的技术要求,如图9-3(f)所示。

2) 双面印制电路板图的设计与绘制

双面板的绘制与单面板大同小异,绘制时注意标清楚元器件面,便于印制图形符号和产品标记。导线焊盘分布在正反两面,绘制时应注意以下几点:

(1) 元器件应布设在板的一面(TOP面),主要印制导线布设在元件面的另一面(BOT

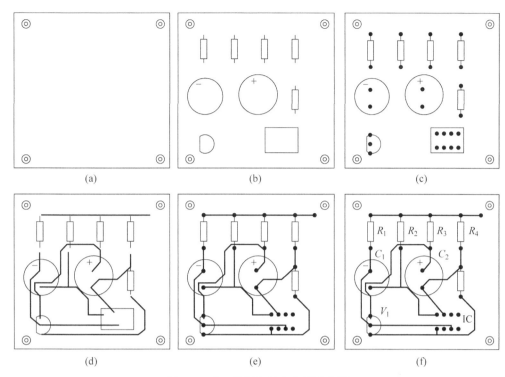

图 9-3 手工绘制印制电路板图步骤
(a) 板面外形尺寸及固定孔;(b) 布设元器件封装图;(c) 确定焊盘位置;
(d) 勾画印制导线;(e) 用实际宽度整理印制导线;(f) 标注尺寸和技术要求

面),两面印制导线避免平行布设,应尽量相互垂直,以减小干扰。

(2) 两面印制导线最好分别画在两面,如在一面绘制,应用两种颜色以示区别,并注明在哪一面。

(3) 印制电路板两面的对应焊盘和需要连接印制导线的通孔要严格地一一对应。可采用扎针穿孔法将一面的焊盘中心引到另一面。

(4) 在绘制元器件面的导线时,注意避免元器件外壳和屏蔽罩可能产生短路的地方。

**2. 电子 CAD 印制电路板的设计**

随着科学技术日新月异的发展,现代电子工业取得了长足的进步,大规模、超大规模集成电路的使用使印制电路板日趋精密和复杂。传统的手工设计和制作印制电路板的方法已越来越难以适应生产的需要。为了解决这个问题,各类电子线路 CAD(计算机辅助设计)软件应运而生。这些软件有一些共同的特征:它们都能够协助用户完成电子产品印制电路板的设计工作,比较完善的电子线路 CAD 软件至少具有自动布线的功能,更完善的还应有自动布局、逻辑检测、逻辑模拟等功能。Protel 软件是 Protel Technology 公司开发的、功能强大的电路 CAD 系列软件。下面就以 Protel 99 SE 为例,简单介绍电子 CAD 设计和制作印制电路板。其他软件的使用可以在这基础上拓展功能并提升应用。

1) 印制电路板设计的一般步骤

一般来说,设计电路板最基本的过程可以分为电路原理图的设计、产生网络表和印制电路板的设计三个主要步骤。

(1) 电路原理图的设计

电路原理图设计是整个电路设计的基础,主要是利用 Protel 99 SE 的原理图设计系统(Advanced Schematic)来绘制一张电路原理图。电路原理图的设计在这一过程中,要充分利用 Protel 99 SE 所提供的各种绘图工具及各种编辑功能。通常设计一个电路原理图的工作包括:设置电路图图纸大小、规划电路图的总体布局、在图纸上放置元器件、进行布局和布线、然后对各元器件以及布线进行调整、最后保存并打印输出。

电路原理图设计的一般流程如下:

① 起动 Protel 99 SE 电路原理图编辑器。

② 设置电路图图纸尺寸以及版面。进行设计绘制原理图前必须根据实际电路的复杂程度来设置图纸的尺寸,设置图纸的过程实际是一个建立工作平面的过程,用户可以设置图纸的尺寸、方向、网格大小以及标题栏等。

③ 在图纸上放置需要设计的元器件。用户根据实际电路的需要,从元件库里取出所需元器件放置到工作平面上,特殊元器件也可自制添加到元件库。用户也可以根据元器件之间走线等联系对元器件在工作平面上的位置进行调整、修改,并对元件的编号、封装进行定义和设定,为下一步工作打好基础。

④ 对所放置的元器件进行布局布线。用户利用 Protel 99 SE 提供的各种工具、指令进行布线,将工作平面上的器件用有电气意义的导线、符号连接起来,构成一个完整的电路原理图。

⑤ 对布局布线后的元器件进行调整。用户利用 Protel 99 SE 所提供的各种强大功能对所绘制的原理图进行进一步的调整和修改,以保证原理图的美观和正确。这就需要对元件位置的重新调整,导线位置的删除、移动,更改图形尺寸、属性及排列。

⑥ 保存文档并打印输出。可对设计完的原理图进行存盘、输出打印操作。

(2) 产生网络表

网络表是电路原理图设计(SCH)与印制电路板设计(PCB)之间的一座桥梁。网络表可以从电路原理图中获得,也可从印制电路板中提取。

① 电气规则检查

Protel 99 SE 在产生网络表之前,可以利用软件来测试用户设计的电路原理图,执行电气法则的测试工作,以便能够找出人为的疏忽。执行完测试后,能生成错误报告并且在原理图中有错误的地方做好标记,以便用户分析和修改错误。Advanced Schematic 提供了一个最基本的测试功能,即电气规则检查(electrical rule check,ERC)。

电气规则检查可检查电路图中是否有电气特性不一致的情况。例如,某个输出引脚连接到另一个输出引脚就会造成信号冲突,未连接完整的网络标签会造成信号断线,重复的流水序号会使 Advanced Schematic 无法区分出不同的元件等。以上这些都是不合理的电气冲突现象,ERC 会按照用户的设置以及问题的严重性分别以错误(error)或警告(warning)信息来提醒用户注意。

② 网络表

在 Advanced Schematic 所产生的各种报告中,以网络表(netlist)最为重要。绘制电路图的主要的目的就是为了将设计电路转换出一个有效的网络表,以供其他后续处理程序(如

PCB 程序或仿真程序)使用。由于 Protel 系统的高度集成性,用户可以在不离开绘图页编辑程序的情况下,直接下命令产生当前绘图页或整个项目的网络表。

在由绘图页产生网络表时,使用的是逻辑的连通性原则,而非物理的连通性。也就是说,只要是通过网络标签所连接的网络就被视为有效的连接,而并不需要真正地由连线(wire)将网络各端点实际地连接在一起。网络表有很多种格式,通常为 ASCII 码文本文件。网络表的内容主要为电路绘图页中各元件的数据(流水序号、元件类型与封装信息)以及元件间网络连接的数据。

由于网络表是纯文本文件,所以用户可以利用一般的文本编辑程序自行建立或是修改已存在的网络表。当用手工方式编辑网络表时,在保存文件时必须以纯文本格式来保存。

(3) 印制电路板布线流程

① 绘制电路图

绘制电路图是电路板设计的先期工作,主要是完成电路原理图的绘制,包括生成网络表。当然,有时候也可以不进行原理图的绘制,而直接进入 PCB 设计系统。

② 规划电路板

在绘制印制电路板之前,用户要对电路板有一个初步的规划,比如说电路板采用多大的物理尺寸,采用几层电路板,是单面板还是双面板,各元件采用何种封装形式及其安装位置等。这是一项极其重要的工作,是确定电路板设计的框架。

③ 设置参数

参数的设置是电路板设计的非常重要的步骤。设置参数主要是设置元件的布置参数、板层参数、布线参数等。一般来说,有些参数用默认值即可,有些参数在使用过 Protel 99SE 以后,即第一次设置后,以后几乎无须修改。

④ 装入网络表及元件封装

网络表是印制电路板自动布线的灵魂,也是电路原理图设计系统与印制电路板设计系统的接口。因此这一步也是非常重要的环节。只有将网络表装入之后,才可能完成对印制电路板的自动布线。元件的封装就是元件的外形尺寸及焊盘位置,对于每个装入的元件必须有相应的外形封装,才能保证印制电路板布线的顺利进行。

⑤ 元件的布局

元件的布局可以让 Protel 99 SE 自动布局。规划好印制电路板并装入网络表后,用户可以让程序自动装入元件,并自动将元件布置在电路板边框内。Protel 99 SE 也可以让用户手工布局。元件的布局合理,才能进行下一步的布线工作。

⑥ 自动布线

Protel 99 SE 采用世界最先进的无网格、基于形状的对角线自动布线技术。只要将有关的参数设置得当,元件的布局合理,自动布线的成功率几乎是 100%。

⑦ 手工调整

自动布线结束后,往往存在令人不满意的地方,需要手工调整。

⑧ 文件保存及输出

完成电路板的布线后,保存完成的 PCB 文件。然后利用各种图形输出设备,如打印机或绘图仪输出印制电路板的布线图。

上述只简单介绍了 Protel 99 SE 的基本概念和设计思路,有兴趣的同学可查阅 Protel 99 SE 使用指南等书籍。

## 9.3 印制电路板的制作

由于电子工业的发展,特别是微电子技术和集成电路的飞速发展,对印制电路板的制作工艺和精度也不断提出新要求。印制电路板种类从单面板、双面板发展到多层板、挠性板,印制板的线条越来越细,密度越来越高。目前印制导线可做到 0.2~0.3mm 以下宽度的高密度印制电路板,但应用最广泛的还是单面印制电路板和双面印制电路板。

印制电路板的制作工艺技术发展很快,不同类型和不同要求的印制电路板采取不同工艺,制作工艺基本上可以分为减成法和加成法两种。减成法工艺,就是在敷满铜箔的基板上按照设计要求,采用机械的或化学的方法除去不需要的铜箔部分来获得导电图形的方法。如丝网漏印法、光化学法、胶印法、图形电镀法和雕刻法等。加成法工艺,就是在没有敷铜箔的层压板基材上采用某种方法敷设所需的导电图形,如丝网电镀法、粘贴法等。在生产工艺中用得较多的方法是减成法。下面介绍的是几种在教学和科研方面常用的简易制作方法。

### 9.3.1 漆图法制作印制电路板

在产品尚未定型的实验阶段,经常需使用简易方法手工制作印制电路板,前面提到过印制电路板的结构有单面板、双面板和多层板之分,手工制作时,较多采用单面板或双面板。简易方法有手工描图和贴胶带蚀刻法,其工艺过程如下:

**1. 选取板材**

根据电路的电气功能和使用的环境条件选取合适的敷铜板材质。

**2. 下料**

按实际设计尺寸剪裁敷铜板,并用平板锉刀或砂布将四周打磨平整、光滑,去除毛刺。然后清洁板面,用三氯化铁稀溶液清洗或用细砂纸打磨。最后用水清洗干净擦干。

**3. 拓图**

手工绘制或用计算机绘制的印制电路板布线图用复写纸拓在敷铜板的铜箔面上。

**4. 涂敷防腐蚀层**

为了使敷铜板上需要保留的部分不被腐蚀,需要涂敷防腐层进行保护。主要有以下方法可以根据条件选择使用:

(1) 使用调和漆描绘图形和焊盘。首先用毛笔蘸稀稠合适的带有颜色的调和漆描绘焊盘,再仔细描绘线条,尽量做到横平竖直,不要造成线间短路。描好后,放置数小时,待到调和漆半干时用直尺和小刀修图,同时再修补断线和缺损图形。

(2) 贴敷不干胶带保护线条和焊盘。采用黏度大的不干胶带,裁成1∶1的图形和焊盘粘贴在铜箔上,保护图形。此方法是用胶带代替涂漆,比涂漆的方法快速、整洁。

**5. 腐蚀**

采用搪瓷盘或塑料盘作容器,将前面处理好的敷铜板放进浓度为30%～40%的三氯化铁溶液中进行腐蚀,并来回晃动。为了加快腐蚀速度可提高腐蚀液的浓度并加温,但温度不应超过50℃,否则会破坏覆盖膜使其脱落。待板面上没用的铜箔全部腐蚀掉后,立即将电路板用竹镊子从腐蚀液中取出。用清水冲洗干净。要注意废液的回收和处理,使之不要污染环境。

**6. 去除保护层**

用较稀的稀料将油漆洗掉,注意不要用刀刮,以免刮掉铜皮。用胶带粘贴的印制电路板,用小刀直接将胶带揭掉。将腐蚀好的电路板再一次与印制电路板布线图对照,用刻刀修整导电条的边缘和焊盘,使导电条边缘平滑无毛刺,焊点圆润。

**7. 打孔**

按图纸所标元器件引脚位置用小台钻打出焊盘孔,孔的位置要在焊盘中心,一般使用0.8～1mm的钻头,钻头要锋利,下钻要慢且垂直板面,以免将铜箔挤出毛刺或使钻头折断。若钻出的孔有毛刺用砂纸打掉。

**8. 涂助焊剂**

将钻好孔的电路板放入酒精溶液中浸洗印制电路板,洗净晾干后用配好的助焊剂(松香加酒精溶液)涂在印制电路板有敷铜的面上,待助焊剂晾干后,就可完成所需要的印制电路板制作。涂助焊剂的目的是:容易焊接,保护铜箔,防止被氧化产生铜锈。

## 9.3.2 热转印法制作印制电路板

热转印法制作印制电路板的过程如下:
(1) 用计算机电子线路CAD软件绘制印制电路板的图形。
(2) 用激光打印机将印制电路板图形打印到热转印纸上。
(3) 用热转印机将印制电路板图形转印到处理过的敷铜板上,形成由石墨组成的抗腐蚀图形。热转印机的外形结构图如图9-4所示。
(4) 印制电路板图转印好后,就可以直接放入三氯化铁溶液中腐蚀,省去了描图、贴不干胶带等工序,提高了制板的速度和质量。印制电路板腐蚀完后还有打孔和涂助焊剂加工工序,它和简易制作过程中的步骤相同,不再重复介绍。

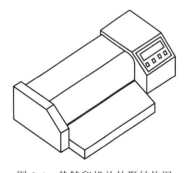

图9-4 热转印机的外形结构图

### 9.3.3 雕刻机法制作印制电路板

印制电路板雕刻机可快速制作印制电路板样品,缩短研发时间,节省开发成本。设备体积小不占空间,软硬件安装快速简单,电路板钻孔、线路雕刻,外形切割一机多功能,用电路板雕刻机制作电路板也是一种较好的选择。常见雕刻机的外形结构图如图 9-5 所示。采用雕刻机制作 PCB 板先用电子线路 CAD 应用软件绘制印制电路板图,然后把印制电路板雕刻机的串口与 PC 机连接,就可以通过电脑控制自动完成印制电路板的雕刻工作了。其优点是:

图 9-5　常见雕刻机的外形结构图

**1. 技术先进**

印制电路板雕刻机是一种物理制作方式,免腐蚀,无污染。可满足钻孔、印制导线和焊盘雕刻、裁边于一机。

**2. 高效率**

一张普通 100mm×100mm 线路板几分钟即可完成,雕刻过程可以将多余的敷铜全部祛除,也可以采用勾边雕刻,将线路部分镂空,其余部分不雕刻,节约时间,提高效率。

**3. 高精确**

最小线径几个至十几个 mil(1mil=0.025mm),数控钻孔误差精度小于 1mil。

**4. 方便**

软硬件安装简便,制作就是点击操作系统功能键就可以,生产过程刀具也可以自动切换。

**5. 配置隔音防尘外罩**

配置标准的安全防护装置,可完全避免机器高速运转时因为不规范的操作而伤人。

**6. 保密**

不需要外协加工,实验室即可完成全过程,确保研发技术保密。

### 9.3.4 多层印制电路板制作简介

由于集成电路的互连布线密度空前提高,用单面、双面电路板都难以实现,而用多层电路板则可以把电源线、地线以及部分互连线放置在内层板上。多层印制电路板是由交替的导电图形层及绝缘材料层热压黏合而成的一块印制电路板。导电图形的层数在两层以上,层间电气互连是通过金属化孔实现的。多层印制电路板一般用环氧玻璃布层压板,是印制电路板中的高科技产品,其生产技术是印制电路板工业中最有影响和最具生命力的技术,它广泛使用于军用电子设备中。

多层板的制造工艺是在双面板的工艺基础上发展起来的。它的一般工艺流程都是先将内层板的图形蚀刻好,为了使内层板上的铜和半固化片有足够的结合强度,必须对铜进行氧化处理。由于处理后大多生成黑色的氧化铜,所以也称黑化处理。经黑化处理后,按预定的设计加入半固化片进行叠层,上下表面各放一张铜箔,也可用薄敷铜板,但成本较高。送进热压机经加热加压后,即可得到已制备好内层图形的一块"双面敷铜板"。层压时必须保证各层钻孔位置均对准。其定位方法有销钉定位和无销钉定位两种。无销钉层压定位是现在较普遍采用的定位方法,特别是四层板的生产几乎都采用它。该方法中的层压模板不必有定位孔,工艺简单、设备投资少、材料利用率较高、成本低。然后按预先设计的定位系统,进行数控钻孔。数控钻孔可自动控制钻头与板间的恒定距离和钻孔深度,因而可钻盲孔。此方法不但可做四层板,亦可做 6~10 层板。

## 思 考 题

1. 印制电路板的作用是什么?
2. 印制电路板的种类有哪些?
3. 敷铜板的选用主要依据是什么?
4. 印制电路板的设计中元器件的布局原则有哪些?印制导线布线需要注意什么?
5. 使用雕刻机制作电路板有什么优点?
6. 印制电路板制作的常用方法有哪些?

# 表面安装技术

电子系统的微型化和集成化是当代技术革命的重要标志,也是未来发展的重要方向。日新月异的各种高性能、高可靠、高集成、微型化、轻型化的电子产品,正在改变我们的世界,影响人类文明的进程。

安装技术是实现电子系统微型化和集成化的关键。由于发展的差异和惯性,传统的以长引脚元器件穿过印制电路板上通孔的安装方式,一般称为通孔安装技术(through hole mounting technology,THT),通孔安装技术还将在相当长时期继续发挥作用,但新一代安装技术以毋庸置疑的优势将逐步取代传统方式。20 世纪 70 年代问世,80 年代成熟的表面安装技术(surface mounting technology,SMT)在发生着根本性变革,从元器件到安装方式,从 PCB 设计到连接方法都以全新面貌出现,它使电子产品体积缩小,质量变轻,功能增强,可靠性提高,推动着信息产业高速发展。SMT 技术已经在很多领域取代了 THT 技术,并且这种趋势还在发展,预计未来 90% 以上产品将采用 SMT 技术。SMT 主要特点如下:

### 1. 高密集

采用表面安装技术的产品结构紧凑、安装密度高,在电路板上双面贴装时,组装密度可以达到 5.5~20 个焊点/$cm^2$,SMC、SMD 的体积只有传统元器件的 1/10~1/3,可以装在 PCB 板的两面,有效利用了印制电路板的面积,减轻了电路板的质量。一般采用了 SMT 后可使电子产品的体积缩小 40%~60%,质量减轻 60%~80%。

### 2. 高可靠

SMC 和 SMD 无引脚或引脚很短,质量轻,因而抗震能力强,焊点失效率比 THT 至少降低一个数量级,大大提高产品可靠性。

### 3. 高性能

SMT 密集安装减小了电磁干扰和射频干扰,尤其高频电路中减小了分布参数的影响,改善了高频特性,使整个电子产品性能提高。

### 4. 信号传输速度高

由于连线短、传输延迟小,可实现高速度的信号传输。同时更加耐振动、抗冲击。这对于电子设备超高速运行具有重大的意义。

### 5. 高效率

SMT更适合自动化大规模生产。采用计算机集成制造系统(CIMS)可使整个生产过程高度自动化,将生产效率提高到新的水平。

### 6. 低成本

SMT使PCB面积减小,成本降低;无引脚和短引脚使SMD、SMC成本降低,安装中省去引脚成形、打弯、剪线的工序;高频特性提高,减少调试费用;焊点可靠性提高,减小调试和维修成本。一般情况下采用SMT后可使电子产品总成本下降30%以上。

## 10.1 表面安装元器件

### 10.1.1 SMT与THT的区别

我国目前还在广泛使用的通孔安装技术(THT),其主要特点是在印制电路板上设计好电路连接导线和安装孔,将传统元器件的引脚穿过电路板上的通孔以后,在印制电路板的另一面进行焊接,装配成所需要的电子产品。采用这种方法,由于元器件有引脚,当电路密集到一定程度以后,就无法解决缩小体积的问题了。同时,引脚间相互接近导致的故障、引脚长度引起的干扰也难以排除。例如,在射频电路中,一个直立安装的电阻引脚,就可能成为发射天线而影响电路的其他部分。

为了提高电子整机产品内单位体积的利用率,出现了贴片式元器件。所谓的表面安装技术,是指把片状结构的元器件或适合于表面安装的小型化元器件,按照电路的要求放置在印制电路板的表面上,用再流焊或波峰焊等焊接工艺装配起来,构成具有一定功能的电子部件的装配技术。SMT和THT的区别如表10-1所示。

表10-1 SMT和THT的区别

| 类别 | 年代 | 代表性元器件 | 安装基板 | 元器件焊接方式 | 安装方法 | 焊接技术 |
| --- | --- | --- | --- | --- | --- | --- |
| 通孔安装(THT) | 20世纪50—70年代 | 晶体管,轴向引脚元器件 | 单、双面PCB板 | | 手工/半自动插装 | 手工焊、浸焊 |
| 通孔安装(THT) | 20世纪70—80年代 | 单、双列直插IC,轴向引脚元器件编带 | 单、双面及多层PCB板 | | 自动插装 | 波峰焊、浸焊、手工焊 |
| 表面安装(SMT) | 20世纪80年代初 | SMC、SMD片式封装VSI、VLSI | 高质量SMB | | 自动贴片机 | 波峰焊、再流焊 |

表面安装技术总的发展趋势是:元器件越来越小,安装密度越来越高,安装难度也越来越大。最近几年,SMT又进入了一个新的发展高潮。为适应电子整机产品向短、小、轻、薄方向发展,出现了多种新型封装的SMT元器件,并引发了生产设备、焊接材料、贴装和焊接工艺的变化,推动电子产品制造技术走向更高更新的阶段。

## 10.1.2 表面安装元器件的特点、种类和规格

**1. SMT 元器件的特点**

电子产品制造工艺技术的进步,取决于电子元器件的发展;与此相同,SMT 技术的发展,是由于表面安装元器件的出现。表面安装元器件也称作贴片式元器件或片状元器件,它有两个显著的特点。

(1) 在 SMT 元器件的电极上,有些焊端完全没有引脚,有些只有非常短小的引脚;相邻电极之间的距离比传统的双列直插式集成电路的引脚间距(2.54mm)小很多,目前引脚中心间距最小的已经达到 0.3mm。在集成度相同的情况下,SMT 元器件的体积比传统的元器件小很多;或者说,与同样体积的传统电路芯片比较,SMT 元器件的集成度提高了很多倍。

(2) SMT 元器件直接贴装在印制电路板的表面,将电极焊接在与元器件同一面的焊盘上。这样,印制电路板上的通孔只起电路连通导线的作用,孔的直径仅由制作印制电路板时金属化孔的工艺水平决定,通孔的周围没有焊盘,使印制电路板的布线密度大大提高。

**2. SMT 元器件的种类和规格**

表面安装元器件基本上都是片状结构。这里所说的片状是个广义的概念,从结构形状说,包括薄片矩形、圆柱形、扁平异形等;表面安装元器件同传统元器件一样,也可以从功能上分类为无源元件(surface mounting component,SMC)、有源器件(surface mounting device,SMD)和机电元件三大类。

表面安装元器件的详细分类见表 10-2。

表 10-2 表面安装元器件的分类

| 类 别 | 封装形式 | 种 类 |
| --- | --- | --- |
| 无源表面安装元件 SMC | 矩形片式 | 厚膜和薄膜电阻器、热敏电阻、压敏电阻、单层或多层陶瓷电容器、钽电解电容器、片式电感器、磁珠等 |
| | 圆柱形 | 碳膜电阻器、金属膜电阻器、陶瓷电容器、热敏电容器、陶瓷晶体等 |
| | 异形 | 电位器、微调电位器、铝电解电容器、微调电容器、线绕电感器、晶体振荡器、变压器等 |
| | 复合片式 | 电阻网络、电容网络、滤波器等 |
| 有源表面安装器件 SMD | 圆柱形 | 二极管 |
| | 陶瓷组件(扁平) | 无引脚陶瓷芯片载体 ICCC、有引脚陶瓷芯片载体 CBGA |
| | 塑料组件(扁平) | SOT、SOP、SOJ、PLCC、QFP、BGA、CSP 等 |
| 机电元件 | 异形 | 继电器、开关、连接器、延迟器、薄型微电机等 |

表面安装元器件按照使用环境分类,可分为非气密性封装元器件和气密性封装元器件。非气密性封装元器件对工作温度的要求一般为 0~70℃;气密性封装元器件的工作温度范围可达到 −55~+125℃。气密性元器件价格昂贵,一般使用在高可靠性电子产品中。

1) 无源表面安装元件 SMC

SMC 包括片状电阻器、电容器、电感器、滤波器和陶瓷振荡器等。SMC 的典型形状是一个矩形六面体(长方体),也有一部分 SMC 采用圆柱体的形状,这对于利用传统元件的制造设备、减少固定资产投入很有利。还有一些元件由于矩形化比较困难,是异形 SMC。SMC 的基本外形如图 10-1 所示。

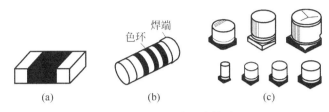

图 10-1　SMC 的基本外形
(a) 长方体;(b) 圆柱体;(c) 异形

从电子元件的功能特性来说,SMC 特性参数的数值系列与传统元器件的差别不大,标准的标称数值参照第 8 章常用电子元器件的详细介绍。长方体 SMC 是根据其外形尺寸的大小划分成几个系列型号的,现有两种表示方法,欧美产品大多采用英制系列,日本产品大多采用公制系列,我国还没有统一标准,两种系列都可以使用。无论哪种系列,系列型号的前两位数字表示元件的长度,后两位数字表示元件的宽度。例如,公制系列 3216(英制 1206)的矩形贴片元件,长 $L=3.2\text{mm}(0.12\text{in})$,宽 $W=1.6\text{mm}(0.06\text{in})$。

SMC 的元件种类用型号加后缀的方法表示,例如,3216C 表示 3216 系列的电容器,2012R 表示 2012 系列的电阻器。

1608、1005、0603 系列 SMC 元件的表面积太小,难以用手工装配焊接,所以元件表面不印刷它的标称数值(参数印在纸编带的盘上)。3216、2012 系列片状 SMC 的标称数值一般用印在元件表面上的三位数字表示:前两位数字是有效数字,第三位是倍率乘数(精密电阻的标称数值用四位数字表示)。例如,电阻器上印有 114,表示阻值 110kΩ;阻值小于 10Ω 用 R 代替小数点,例如表面印有 5R6,表示阻值 5.6Ω;表面印有 R39,表示阻值 0.39Ω。0R 为跨接片,电流容量不超过 2A。电容器上的 103,表示容量为 10000pF,即 $0.01\mu\text{F}$(大多数小容量电容器的表面不印参数)。圆柱形电阻器用三位或四位色环表示阻值的大小。

片状元器件可以用三种包装形式提供给用户:散装、管状料斗和盘状纸编带。SMC 的阻容元件一般用盘状纸编带包装,便于采用自动化装配设备。

(1) 表面安装电阻器

表面安装电阻器按封装外形,可分为片状和圆柱状两种。表面安装电阻器按制造工艺可分为厚膜型和薄膜型两大类。片状表面安装电阻器一般是用厚膜工艺制作的:在一个高纯度氧化铝($Al_2O_3$,96%)的基底平面上网印 $RuO_2$ 电阻浆来制作电阻膜;改变电阻浆料的成分或配比,就能得到不同的电阻值,也可以用激光在电阻膜上刻槽微调电阻值;然后再印刷玻璃浆覆盖电阻膜并烧结成釉保护层,最后把基片两端做成焊端。圆柱形表面安装电阻器可以用薄膜工艺来制作:在高铝陶瓷基柱表面溅射镍铬合金膜或碳膜,在膜上刻槽调整电阻值,两端压上金属焊端,再涂覆耐热漆形成保护层并印上色环标志。虽然 SMC 的体积很小,但它的数值范围和精度并不差。片状电阻厚度为 0.4～0.6mm。常用片状电阻主要参数如表 10-3 所示。

表 10-3　常用片状电阻主要参数

| 公制/英制型号 | 1005/0402 | 1608/0603 | 2012/0805 | 3216/1206 | 5025/2010 |
|---|---|---|---|---|---|
| 外形的长 | 1.0/0.04 | 1.6/0.06 | 2.0/0.08 | 3.2/0.12 | 5.0/0.20 |
| 外形的宽 | 0.5/0.02 | 0.8/0.03 | 1.2/0.05 | 1.6/0.06 | 2.5/0.10 |
| 阻值范围 | 10Ω～10MΩ | 1Ω～10MΩ | 2.2Ω～10MΩ | 0.39Ω～10MΩ | — |
| 允许偏差/% | ±2、±5 | ±2、±5 | ±1、±2、±5 | ±1、±2、±5、±10 | — |
| 额定功率/W | 1/16 | 1/16 | 1/10 | 1/4、1/8 | 1/2、3/4 |
| 最大工作电压/V | 50 | 50 | 150 | 200 | 200 |
| 工作温度范围/额定温度/℃ | −55～+125/70 | −55～+125/70 | −55～+125/70 | −55～+125/70 | −55～+125/70 |

(2) 表面安装电容器

① 表面安装多层陶瓷电容器

表面安装陶瓷电容器以陶瓷材料为电容介质,多层陶瓷电容器是在单层盘状电容器的基础上制成的,电极伸入电容器内部,并与陶瓷介质相互交错。电极的两端露在外面,并与两端的焊端相连。其外形代码与片状电阻含义相同,片状电容元件厚度为 0.9～4.0mm。表面安装多层陶瓷电容器所用的介质有三种: COG、X7R 和 Z5U。其电容量与尺寸、介质的关系如表 10-4 所示。

表 10-4　不同介质材料的电容量范围

| 介质材料<br>封装型号 | COG | X7R | Z5U |
|---|---|---|---|
| 0805C | 10～560pF | 120pF～0.012μF | — |
| 1206C | 680～1500pF | 0.016～0.033μF | 0.033～0.10μF |
| 1812C | 1800～5600pF | 0.039～0.12μF | 0.12～0.47μF |

片状陶瓷电容的电容值也采用数码法表示,但不印在元件上。其他参数如偏差、耐压值等表示方法与普通电容相同。

表面安装多层陶瓷电容器的可靠性很高,已经大量用于汽车工业、军事和航天产品。

② 表面安装钽电容器

表面安装钽电容器以金属钽作为电容器介质。除具有可靠性很高的特点外,与陶瓷电容器相比,其体积效率高。表面安装钽电容器的外形都是矩形,按两头的焊端不同,分为非模压式和塑模式两种,目前尚无统一的标注标准。以非模压式钽电容器为例,其尺寸范围为: 宽度 1.27～3.81mm,长度 2.54～7.239mm,高度 1.27～2.794mm。电容量范围是 0.1～100μF。直流电压范围为 4～25V。

(3) 表面安装电感器

矩形片状形式的表面安装电感器的电感量较小,其型号一般是 4532 或 3216(公制),电感量在 1μH 以下,额定电流是 10～20mA;其他封装形式的可以达到较大的电感量或更大的额定电流,图 10-2 所示为一种方形扁平封装的互感元件。

电子整机产品制造企业在编制设计文件和生产工艺文件、指导采购订货及元器件进厂检验、通过权威部门对产品的安全性认证时，都需要用到元器件的这些规格型号。

2）有源表面安装器件SMD

表面安装器件SMD包括表面安装各种分立半导体器件（二极管、三极管、场效应管及由两三只三极管、二极管组成的简单复合电路）和集成电路。

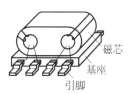

图10-2　方形扁平封装电感器

（1）二极管

① 无引脚柱形玻璃封装二极管

无引脚柱形玻璃封装二极管是将管芯封装在细玻璃管内，两端以金属帽为电极。通常用于稳压、开关和通用二极管，功耗一般为 0.5~1W。

② 塑封二极管

塑封二极管用塑料封装管芯，有两根翼形短引脚，一般做成矩形片状，额定电流150mA~1A，耐压50V~400V。

（2）三极管

三极管采用带有翼形短引脚的塑料封装（short out-line translstor, SOT），可分为 SOT 23、SOT 89、SOT 143 等几种尺寸结构。其产品有小功率管、大功率管、场效应管和高频管几个系列。小功率管额定功率为 100~300mW，电流为 10~700mA；大功率管额定功率为 300mW~2W，两条连在一起的引脚是集电极。

各厂商产品的电极引出方式不同，在选用时必须查阅相关手册资料。典型 SMD 分立器件的外形图如图 10-3 所示，电极引脚数为 2~6 个。二极管类器件一般采用二端或三端 SMD 封装，小功率三极管类器件一般采用三端或四端 SMD 封装，四端至六端 SMD 器件内大多封装了两只三极管或场效应管。

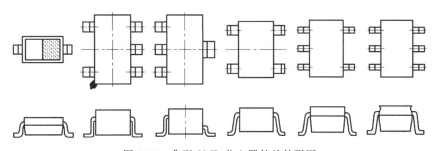

图10-3　典型SMD分立器件的外形图

SMD分立器件的包装方式要便于自动化安装设备拾取，电极引脚数目较少的SMD分立器件一般采用盘状纸编带包装。

（3）SMD集成电路

SMD集成电路包括各种数字电路和模拟电路的集成器件。由于工艺技术的进步，SMD集成电路的电气性能指标比THT集成电路更好一些。常见SMD集成电路封装的外形图如图10-4所示。与传统的双列直插（DIP）、单列直插（SIP）式集成电路不同，商品化的SMD集成电路按照它们的封装方式，可以分成下列几类。

① SO（short out-line）封装。引线比较少的小规模集成电路大多采用这种小型封装。

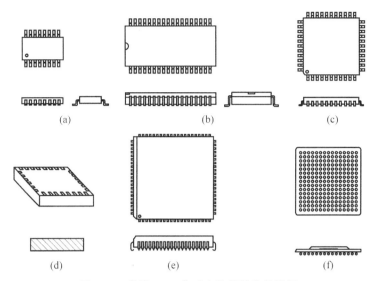

图 10-4 常见 SMD 集成电路封装的外形图

(a) SOP 型封装；(b) SOL 型封装；(c) QFP 型封装；(d) LCCC 型封装；(e) PLCC 型封装；(f) BGA 型封装

SO 封装又分为几种，芯片宽度小于 0.15in、电极引脚数目少于 18 脚的，叫做 SOP(short out-line package)封装，见图 10-4(a)所示；0.25in 宽的、电极引脚数目在 20～44 个以上的，叫做 SOL 封装，如图 10-4(b)所示。SO 封装的引脚采用翼形电极，引脚间距有 1.27、1.0、0.8、0.65mm 和 0.5mm。

② QFP(quad flat package)封装。矩形四边都有电极引脚的 SMD 集成电路叫做 QFP 封装，其中 PQFP(plastic QFP)封装的芯片四角有突出（角耳），薄形 TQFP 封装的厚度已经降到 1.0mm 或 0.5mm。QFP 封装也采用翼形的电极引脚形状，见图 10-4(c)所示。QFP 封装的芯片一般都是大规模集成电路，在商品化的 QFP 芯片中，电极引脚数目最少的有 20 脚，最多能达到 300 脚以上，引脚间距最小的是 0.4mm，最大的是 1.27mm。

③ LCCC(leadless ceramic chip carrier)封装。这是 SMD 集成电路中没有引脚的一种封装，芯片被封装在陶瓷载体上，无引脚的电极焊端排列在封装底面上的四边，电极数目为 18～156 个，间距 1.27mm，其外形如图 10-4(d)所示。

④ PLCC(plastic leaded chip carrier)封装。这也是一种集成电路的矩形封装，它的引脚向内钩回，叫做钩形(J形)电极，电极引脚数目为 16～84 个，间距为 1.27mm，其外形如图 10-4(e)所示。PLCC 封装的集成电路大多是可编程的存储器，芯片可以安装在专用的插座上，容易取下来对它改写其中的数据。为了减少插座的成本，PLCC 芯片也可以直接焊接在电路板上，但用手工焊接比较困难。

⑤ 大规模集成电路的 BGA 封装。球形引脚栅格阵列(ball grid array，BGA)是大规模集成电路的一种极富生命力的封装方法。对于大规模集成电路的封装来说，20 世纪 90 年代前期主要采用 QFP 方式，而 90 年代后期，BGA 方式已经大量应用。应该说，导致这种封装方式改变的根本原因是：集成电路的集成度迅速提高，芯片的封装尺寸必须缩小。BGA 封装的最大优点是 I/O 电极引脚间距大，典型间距为 1.0、1.27mm 和 1.5mm(英制为 40、50mil 和 60mil)，贴装公差为 0.3mm。用普通多功能贴装机和再流焊设备就能基本满足

BGA 的组装要求。BGA 的尺寸比相同功能的 QFP 要小得多,有利于 PCB 组装密度的提高。采用 BGA 使电子产品的平均线路长度缩短,改善了组件的电气性能和热性能。另外,焊料球脚的高度表面张力导致再流焊时器件的自校准效应,这使贴装操作简单易行,降低了精度要求,贴装失误率大幅度下降,显著提高了组装的可靠性。显然,BGA 封装方式是大规模集成电路提高 I/O 端子数量、提高装配密度、改善电气性能的最佳选择。近年来,1.5mm 和 1.27mm 引脚间距的 BGA 正在取代 0.5mm 和 0.4mm 间距的 PLCC/QFP。

从图 10-4 可以看出 SMD 集成电路和传统的 DIP 集成电路在内部引脚结构上的差别。显然,SMD 内部的引脚结构比较均匀,引脚总长度更短,这对于器件的小型化和提高集成度来说,是更加合理的方案。

引脚数目少的集成电路一般采用塑料管包装,引脚数目多的集成电路通常用防静电的塑料托盘包装。

## 10.2 SMT 印制电路板设计

随着 SMT 技术的进步,出现了一些新型的基板材料。表面安装用的印制电路板,由于 SMC 和 SMD 安装方式的特点,与普通 PCB 在基板要求、设计规范和检测方法上都有很大差异,为叙述简单,我们用 SMB(surface mounting printed circuit board)作为它的简称,以区别于普通 PCB。在设计采用 SMT 工艺的印制电路板时,除了部分沿用通孔插装式电路板的设计规范以外,还要遵循一些根据 SMT 工艺特点制定的要求。

### 10.2.1 SMB 印制电路板的特点

由于元器件采用贴装在 PCB 板上的安装形式,所以 SMB 电路板与通孔插装式 THT PCB 电路板相比有很多不同之处,其主要特点有:

(1) SMB 电路板上的焊盘小,布线区域加大,元器件的焊区无通孔,通孔只起连接电路作用。

(2) 布线网格缩小,目前能达到 0.15mm(6mil)以下。由于板上的通孔只起连接作用,故通孔的直径也可缩小(但不得小于板厚的 2/5)。

(3) 由于元器件在板的表面贴装,SMB 电路板对焊区尺寸的要求比较严格,在焊盘、焊点的设计上与 THT PCB 板有较大区别。

(4) 制造 THT PCB 电路板时,是在锡铅合金层上套印阻焊膜;而 SMB 电路板要将锡铅合金层去掉以后再印阻焊膜,这样就不会在再流焊时发生起泡现象。

### 10.2.2 SMB 印制电路板的设计

**1. 对 SMB 电路板的要求**

(1) 基板尺寸的稳定性要高、高温特性要好,机械特性和绝缘特性必须能满足要求。

(2) 为能提高 SMT 安装密度，SMB 的层数不断增加。在大型电子计算机中用的 SMB 高达 68 层。

(3) 电路板一定要平整，不能有微小的翘曲现象及凸凹不平的情况。

(4) 线路板本身的膨胀系数一定要小。

(5) 由于 SMT 用于高频、高速信号传输电路，电路工作频率由 100MHz 向 1GHz 甚至更高频段发展，对 SMB 的阻抗特性、表面绝缘、介电常数、介电损耗等高频特性提出更高要求。

**2. SMB 电路板的种类**

(1) 陶瓷电路基板：特点是表面光洁度好、化学稳定性好、耐腐蚀、耐高温，且热膨胀系数较小。主要用于厚膜、薄膜集成电路和多芯片微组装电路中。不足之处是介电常数高。

(2) 环氧玻璃纤维板：特点是有良好的韧性、良好的强度和良好的延展性。而且还有单块电路基板的尺寸一般不受限制的优点。它可以用作单面、双面、多层印制电路板。不足之处是热膨胀系数比较高。

(3) 高质量基板：一般 PCB 板常用的环氧玻璃布板仅能适应普通单、双面板上安装密度不高的 SMB。高密度多层板应采用聚四氟乙烯、聚酰亚胺、氧化铝陶瓷等高性能基板。

**3. SMB 电路板的设计**

SMB 的设计除了遵循普通 PCB 设计原则和规范外，还有其特殊的要求，主要有以下几点：

(1) 元器件排列的基本原则是同类元器件尽可能同方向排列，以利于贴装、焊接和检测。如图 10-5 所示，是一种典型 SMB 排列。焊接方向与元器件排向一致，当采用波峰焊

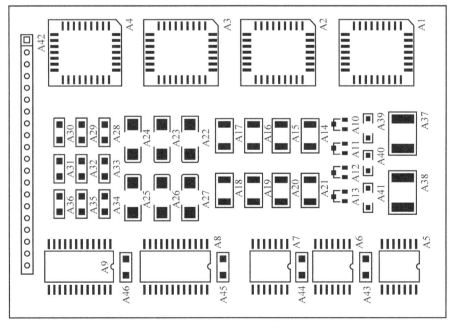

图 10-5　SMB 元器件排列

时,尽可能使片状元器件两焊点同时焊接,否则会造成两端焊点不均匀,甚至由于焊接应力使片状元器件受损。在波峰焊时如果元器件排列不当还会造成遮蔽效应,大元器件遮蔽小元器件和前面的遮蔽后面的。

(2) SMB 上元器件之间应保持一定距离,否则会增加安装、焊接和测试的难度,降低成品率。

(3) 过孔布局

① 过孔应离开焊盘 0.635mm 以上,如无法远离应用阻焊剂掩盖。

② 过孔一般不应设计到元器件下面。

③ 若过孔兼作测试点,则此孔与周边元器件至少有 1.061mm 间距。

(4) 印制导线与焊盘连接

SMB 中印制导线与焊盘连接部宽度一般不大于 0.3mm,以防止铜导体热效应使焊点受热及冷却不均影响焊接质量。元器件布设间距如图 10-6 所示。

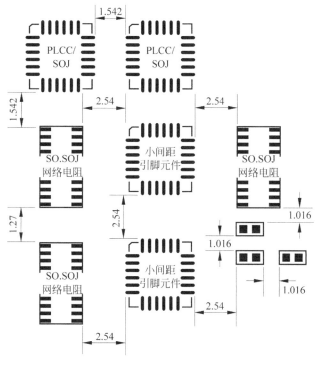

图 10-6　SMB 元器件布设间距

(5) 焊盘设计

SMB 上焊盘的设计要求很严格,它不仅影响焊点强度和可靠性而且对焊后清洗、测试及维修都产生影响。设计时参照元器件手册提供的焊盘图。

(6) 过孔设计

在位置允许条件下尽可能使铜箔面积大一些,最小尺寸不小于 0.18mm。

(7) 阻焊图形及焊膏图形

阻焊图形尺寸比焊盘尺寸放大 0.10~0.254mm。焊膏图形尺寸比焊盘尺寸缩小 0.10~0.254mm。

## 10.3　SMT装配工艺

### 10.3.1　SMT装配焊接材料

**1. 黏合剂**

1）黏合剂分类：常用的黏合剂有三类。
（1）按材料分：环氧树脂、丙烯酸树脂及其他聚合物。
（2）按固化方式分：热固化、光固化、光热双固化及超声波固化。
（3）按使用方法分：丝网漏印、压力注射、针式转移。
2）黏合剂特性要求

除具有一般黏合剂要求外，SMT使用黏合剂要求如下：
（1）快速固化，固化温度≤150℃，时间≤20min。
（2）触变特性好，触变性是胶体物质的黏度随外力作用而改变的特性。特性好，指受外力时黏度降低，有利于通过丝网网眼，外力去除后黏度升高，保持形状不漫流。
（3）耐高温，能承受焊接时240～270℃的温度。
（4）化学性质稳定，与助焊剂和清洗剂不会发生反应。
（5）无腐蚀，不会腐蚀基板或元器件。
（6）绝缘性好，不会造成短路。
（7）可修正，在固化以后，用电烙铁加热能再次软化，容易取下元器件。
（8）从环境保护的角度出发，黏合剂还要具有阻燃性、无毒性、无气味、不挥发等特性。

**2. 焊锡膏**

由焊料合金粉末和助焊剂组成，简称焊膏。焊膏由专业工厂生产成品，使用者应掌握选用方法。
（1）焊膏的活性，根据SMB的表面清洁度及SMC/SMD保鲜度确定，一般可选中等活性，必要时选高活性或无活性级，超活性级。
（2）焊膏的黏度根据涂敷法选择，一般液料分配器用100～200Pa，丝印用100～300Pa，漏模板印刷用200～600Pa。
（3）焊料粒度选择，图形越精细，焊料粒度越高。
（4）双面焊时，两面所用焊膏熔点应相差30～40℃。
（5）含有热敏感元件时用低熔点焊膏。

**3. 助焊剂和清洗剂**

SMT对助焊剂的要求和选用原则，基本上与THT相同，只是更严格，更有针对性。SMT的高密度安装使清洗剂作用大为增加，至少在免清洗技术尚未完全成熟时，还离不开清洗剂。目前常用的有两类：CFC-113（三氟三氯乙烷）和甲基氯仿。实际使用时，还需加入乙醇酯、丙烯酸酯等稳定剂,以改善清洗剂性能。

清洗方式则除了浸注清洗、喷淋清洗外,还可用超声段清洗,气相清洗等方法。

## 10.3.2 SMT表面安装基本结构

表面安装技术发展迅速,但由于电子产品的多样性和复杂性,目前和未来相当时期内还不能完全取代通孔安装。实际电子产品中相当大部分是两种方式混合,常见的有三种基本结构形式。

**1. 全部采用表面安装**

印制电路板上没有通孔插装元器件,各种 SMC 和 SMD 被贴装在电路板的一面或两侧。此结构适用于小型,薄型化的电路组装,工艺简单。安装结构如图 10-7(a)所示。

**2. 双面混合安装**

在印制电路板的 A 面(也称"元件面")和 B 面(也称"焊接面")上,既有通孔插装元器件,又有各种 SMT 元器件。如图 10-7(b)所示。

**3. 单面混合安装**

在印制电路板的 A 面上,既有通孔插装元器件,又有各种 SMT 元器件。如图 10-7(c)所示。

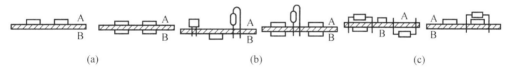

图 10-7 SMT 表面安装基本结构
(a)全部采用表面安装;(b)双面混合安装;(c)单面混合安装

全部采用表面安装的结构能够充分体现出 SMT 的技术优势,这种印制电路板最终将会价格最便宜、体积最小。但许多专家仍然认为,后两种混合装配的印制板也有很好的发展前景,因为它们不仅发挥了 SMT 贴装的优点,同时还可以解决某些元器件至今不能采用表面装配形式的问题。

从印制电路板的装配焊接工艺来看,混合装配结构除了要使用贴片胶把 SMT 元器件粘贴在印制电路板上以外,其余和传统的通孔插装方式的区别不大,特别是可以利用现在已经比较普及的波峰焊设备进行焊接,工艺技术上也比较成熟,有的装配结构还可以用再流焊设备。

## 10.3.3 SMT表面安装基本工艺流程

SMT 工业应用有两种基本方式,主要取决于焊接方式。

**1. 采用波峰焊工艺流程**

如图 10-8 所示:

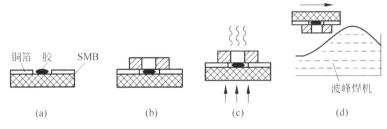

图 10-8 波峰焊工艺流程图

(a) 点胶(手动/自动点胶机); (b) 贴片(手动/自动贴片机); (c) 固化(加热使贴片固化); (d) 焊接(波峰焊机焊接)

(1) 点胶,将胶水点到 SMB 上元器件中心位置。方法:手动/半自动/自动点胶机。
(2) 贴片,将 SMC/SMD 放到 SMB 上。方法:手动/半自动/自动贴片机。
(3) 固化,使用相应固化装置将 SMD/SMC 固定在 SMB 上。
(4) 焊接,将 SMB 经过波峰焊机。
(5) 清洗、检测。

此种方式适合大批量生产。对贴片精度要求高,生产过程自动化程度要求也很高。

**2. 采用再流焊工艺流程**

如图 10-9 所示:
(1) 涂焊膏,将焊膏涂到焊盘上。方法:丝印/涂膏机。
(2) 贴片,将 SMC/SMD 放到 SMB 上。方法:手动/半自动/自动贴片机。
(3) 再流焊。使用再流焊炉。
(4) 清洗、检测。

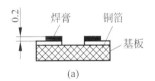  

图 10-9 再流焊工艺流程图

(a) 涂锡膏; (b) 贴片; (c) 再流焊

这种方法较为灵活,视配置设备的自动化程度,既可用于中小批量生产,又可用于大批量生产。混合安装方法,则需根据产品实际将上述两种方法交替使用。

**3. 小型 SMT 再流焊设备工艺流程**

1) 焊膏印制

焊膏印刷机(如图 10-10 所示)。
操作方式:手动;
最大印制尺寸:320mm×280mm;
技术关键:①定位精度;②模板制造。

图 10-10 焊膏印刷机

2) 手工贴片(如图 10-11 所示)。

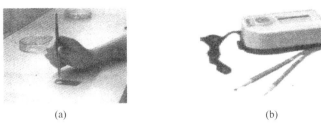

图 10-11　手工贴片示意图

(a) 镊子拾取安放；(b) 真空笔吸取

(1) 镊子拾取安放
(2) 真空笔吸取
3) 再流焊设备
台式自动再流焊机(如图 10-12 所示)。

图 10-12　台式自动再流焊机

电源电压：220V/50Hz；
额定功率：2.2kW；
有效焊区尺寸：240mm×180mm；
加热方式：远红外＋强制热风；
工作模式：加热工艺曲线(如图 10-13 所示)灵活设置，工作过程自动完成；
标准工艺周期：约 5min。

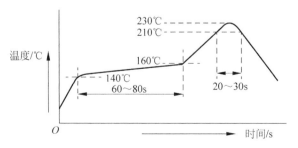

图 10-13　再流焊加热工艺曲线

## 思 考 题

1. SMT 表面贴装工艺的主要特点是什么？
2. SMT 元器件的特点是什么？其种类有哪些？
3. SMT 元器件与 THT 元器件有什么区别？
4. SMT 装配焊接材料用到哪些？
5. SMT 表面安装有几种基本结构形式？
6. SMB 印制电路板的特点有哪些，在设计中有什么特殊性？
7. SMT 再流焊焊接工艺分几步？常见焊接缺陷是什么？如何补救？

# 实习产品的安装和调试 第11章

## 11.1 调幅收音机

### 11.1.1 收音机的原理

**1. 收音机的三大基本任务**

收音机是接收无线电广播的设备,为了收听到广播电台播出的节目,收音机必须完成以下三项主要任务。

1) 选台——"捕捉"特定的无线电波

广播电台发送出来的载有声音信息的无线电波遇到收音机的"触须"——接收天线时,根据电磁感应原理,便会在天线中产生与无线电波变化相同的高频电流。但是,不同的广播电台频率(所用载波频率)不同,收音机的天线基本上是来者不拒地"捕捉",各个电台发送的无线电波同时产生许多频率不同的高频电流,收音机必须具备将它们分开的本领,像一个"筛子"一样,选出欲收听电台的高频信号,而将其他频率的无线电波尽可能"筛掉",这一"选频任务"靠收音机中的输入回路(也称调谐回路)来完成。

2) 检波——取出音频信号

过了"筛子"以后,因为高频信号无法使扬声器发出声音,所以,下一步要把音频信号从"运载"它的高频信号上"卸"下来,这就如同飞机把货物运到目的地以后,要卸下货物一样,这一过程称为"检波"(或称"解调")。

3) 还音——电声转换

检波后得到的微弱的音频信号,经过放大后送到扬声器(或耳机中)还原成声音,我们就可以听到广播电台播出的丰富多彩的节目了。

**2. 超外差式收音机的工作原理**

超外差式收音机能够克服直接放大式收音机的缺点。

这类收音机的特点是:被调谐接收的信号,在检波之前,不管其电台频率(即载波频率)如何,都换成固定的中频频率(我国是 465kHz)再由放大器对这个固定的中频信号进行放大,这样就解决了对不同频率的电台信号放大不一致的问题,使收音机在整个频率接收范围内灵敏度均匀。同时,由于中频信号既便于放大又便于谐调,所以,超外差式收音机还具有灵敏度高、选择性好的特点。图 11-1 表示超外差式收音机工作过程。

超外差式收音机原理图：参看图 11-2。

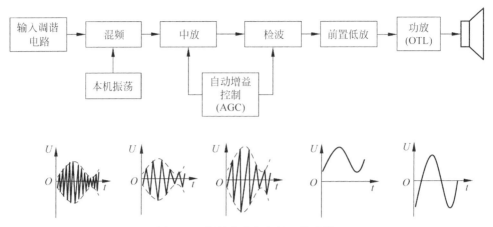

图 11-1　超外差式收音机工作过程

(1) 变频级：变频级是以变频管为中心组成的电路，它的作用是把输入信号的载波频率变换成固定的 465kHz 中频。变频级包括：本机振荡电路、混频电路、选频电路三个部分。本机振荡电路的任务是产生一个高于输入信号载波频率 465kHz 的高频等幅信号。混频电路的任务是将输入信号 $f_1$ 与本机振荡电路产生的高频等幅信号 $f_2$ 一起送入变频管 $V_1$ 内混合，利用晶体三极管的某些特性获得一个新的频率信号。新信号的频率恰好等于 $f_2$ 与 $f_1$ 两个信号频率之差，即 $f_2-f_1=465kHz$，而新信号的包络线仍然保持输入信号的样子不变。事实上混频后产生的新信号不只 465kHz 的中频一种，选频的任务就是将我们需要的 465kHz 的中频信号选择出来，耦合给下一级。而将不必要的信号成分滤掉。选频的主要元件是中频变压器。

(2) 中放级：中放级是以中放管 $V_2$ 为中心组成的电路。它的主要任务是把变频级输送来的中频信号放大。被放大了的中频信号还要经过一次选频，滤掉不必要的信号成分，然后输送给检波级检波。

(3) 检波级：输入信号变换为 465kHz 的中频信号，只是载波频率发生了变化，加在载波上的音频信号并没有改变。这种中频信号人耳是听不见的，还要经过检波，将音频信号取下来。担任检波任务的是以晶体三极管 $V_3$ 为中心组成的检波电路。

(4) 低放级：这一级实际上又分为两部分：以 $V_4$ 为中心组成的前置低放和 $V_5$、$V_6$ 为中心组成的推挽功率放大。

收音机涉及的电路面比较广，装配并调试好收音机可以掌握下列知识。

(1) 可以掌握基本的电子元器件知识，包括外形识别、电路符号识别、重要特性、检测方法等。

(2) 可以掌握常用电子元器件的典型应用实用电路。常用的串联电路、并联电路、分压电路等电路的工作原理。

(3) 可以掌握 LC 谐振电路、放大器电路、振荡器电路、检波电路工作原理。

在掌握了收音机整机电路工作原理之后，学习其他整机电路工作原理就会简单得多，为日后学习其他电子电器整机电路的工作原理打下了扎实的基础。我们以六管中波段袖珍式半导体收音机作为实例来讲解怎样安装、调试超外差收音机。原理图如图 11-2 所示。

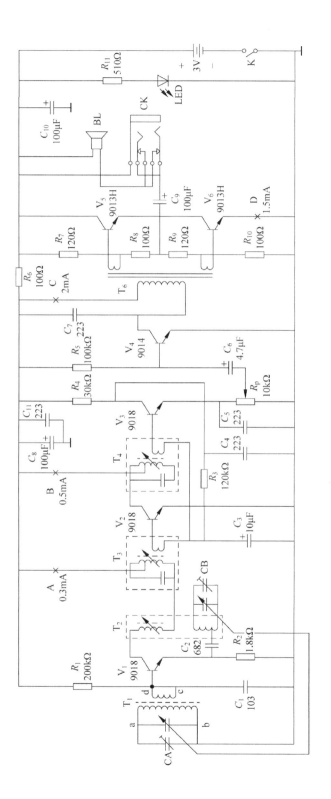

图 11-2 超外差式收音机原理图

## 11.1.2 收音机的安装

**1. 主要元器件的选择**

3V 低压全硅六管超外差收音机具有安装调试方便、工性稳定、声音洪亮、耗电省等优点。它由输入回路、混频级、一级中放、二级中放兼检波、低放级和功放级等部分组成。接收频率范围为 535~1605kHz 中波段。

(1) 可变电容器使用的是差容双联 CBM-223PF，在双联电容上标有"A"的一端为天线联，标有"O"的一端为振荡联，中间标有"G"的为接地端。

(2) 磁性天线，磁性天线的磁棒尺寸为 4mm×8mm×80mm，绕圈由高强度漆包线绕制。

(3) 中频变压器(以下简称中周)及中波振荡线圈(简称中振)三只一套，$T_2$ 是振荡线圈型号为 LF10-1(红色)、$T_3$ 是第一级、中周型号为 TF10-1(白色)，$T_4$ 是第二级，中周型号为 TF10-2(黑色或绿色)。

(4) 三极管全部为 NPN 型硅材料塑封管，其中 $V_1$、$V_2$、$V_3$ 可用 3DG201 或 9018；$V_4$ 选用 9014，$V_5$ 和 $V_6$ 选用 9013。

(5) 发光二极管选用 $\phi 3$ LED 灯。

(6) 电阻全部为金属膜电阻。

(7) 电容 $C_3$、$C_6$、$C_8$、$C_9$、$C_{10}$ 是电解电容器；其余均为瓷片电容器。

**2. 装焊收音机**

1) 目的

通过一台产品收音机的安装、焊接、总装、了解电子产品的装配过程；掌握元器件的识别及质量检验；学习整机的装配工艺；培养动手能力及严谨的科学作风。

2) 要求

(1) 对照电原理图看懂接线图。接线图如图 11-3 所示。

(2) 了解图上的符号，并与实物相对照。

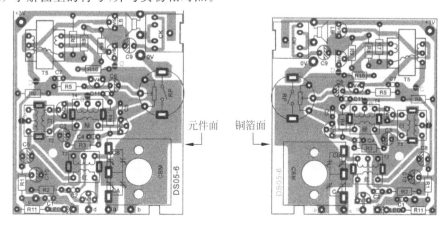

图 11-3 收音机接线图

(3) 根据技术指标测试各元器件的主要参数。
(4) 认真细心地安装焊接。

3) 步骤

(1) 按零件表11-1点清全套零件,并注意保管。

表 11-1 六管收音机材料清单

| 名　　称 | 规格/型号 | 代号 | 数　　量 |
| --- | --- | --- | --- |
| 带开关电位器 | 10kΩ | $R_P$ | 1 |
| 电阻 | 100Ω/RJ⅛W | $R_6$、$R_8$、$R_{10}$ | 3 |
| 电阻 | 120Ω/RJ⅛W | $R_7$、$R_9$ | 2 |
| 电阻 | 510Ω/RJ⅛W | $R_{11}$ | 1 |
| 电阻 | 1.8kΩ/RJ⅛W | $R_2$ | 1 |
| 电阻 | 30kΩ/RJ⅛W | $R_4$ | 1 |
| 电阻 | 100kΩ/RJ⅛W | $R_5$ | 1 |
| 电阻 | 120kΩ/RJ⅛W | $R_3$ | 1 |
| 电阻 | 200kΩ/RJ⅛W | $R_1$ | 1 |
| 电容 | 682/瓷介 | $C_2$ | 1 |
| 电容 | 103/瓷介 | $C_1$ | 1 |
| 电容 | 223/瓷介 | $C_4$、$C_5$、$C_7$、$C_{11}$ | 4 |
| 电解电容 | 4.7μF/16V | $C_6$ | 1 |
| 电解电容 | 10μF/16V | $C_3$ | 1 |
| 电解电容 | 100μF/16V | $C_8$、$C_9$、$C_{10}$ | 3 |
| 双联电容 | 223pF | CBM | 1 |
| 三极管 | 9018(NPN) | $V_1$、$V_2$、$V_3$ | 3 |
| 三极管 | 9014(NPN) | $V_4$ | 1 |
| 三极管 | 9013(NPN) | $V_5$、$V_6$ | 2 |
| 发光二极管 | φ3 红色 | LED | 1 |
| 振荡线圈(中振) | LF10-1/红色 | $T_2$ | 1 |
| 中频变压器(中周) | TF10-1/白色 | $T_3$ | 1 |
| 中频变压器(中周) | TF10-2/黑色 | $T_4$ | 1 |
| 输入变压器 | 蓝色 | $T_5$ | 1 |
| 磁棒及线圈 | 4mm×8mm×80mm | $T_1$ | 1 |
| 扬声器 | 0.5W、8Ω、φ57mm | BL | 1 |
| 耳机插座 | φ3.5mm | CK | 1 |
| 刻度面板 |  |  | 1 |
| 调谐拨盘 |  |  | 1 |
| 电位器拨盘 |  |  | 1 |
| 磁棒支架 |  |  | 1 |
| 前盖、后盖 |  |  | 2(各1) |
| 导线 | 三种颜色 |  | 4 |
| 螺钉 | PM2.5×4 |  | 3 |
| 螺钉 | PM1.7×4 |  | 1 |
| 螺钉 | PA2×6 自攻 |  | 1 |
| 电池片(3件) | 正、负、连接片 |  | 3(各1) |
| 印制板 |  |  | 1 |

(2) 用万用表检测元器件。

参照元器件清单清点元器件的种类和数目并用万用表检查各元器件的参数是否正确及是否损坏。

① 检测电阻:依据电阻的色环读出各电阻阻值并用万用表进行验证。要求电阻的阻值误差在色环标注的误差范围之内,检查数量与参数是否与清单一致。

② 检测开关电位器:要求电位器的开关良好,阻值在 0~10kΩ 范围内连续可调。

③ 检测三极管:选用万用表 hEF 挡测量三极管的放大倍数、注意三极管引脚极性。

要求:$V_1$、$V_2$、$V_3$ 的 $\beta$ 值为 100 左右;

$V_4$ 的 $\beta$ 值为大于 100;

$V_5$、$V_6$ 的 $\beta$ 值不小于 100 且它们的 $\beta$ 值相差不大于 20%(可互相交换配对)。

④ 检测二极管:用万用表 R×100 挡测量二极管的正反向电阻,可测得:正向电阻:500~800Ω,反向电阻:无穷大∞。短脚为二极管负极。

⑤ 检测电容:用万用表的欧姆挡检查电容有无短路、断路。使用万用表的合适挡位来观察电解电容的充放电过程。

⑥ 检测变压器类元件:测量变压器类元件的内阻,检查是否存在断路。注意:为了防止变压器原副边之间短路,请测量变压器原、副边之间的电阻,如发现短路,及时更换。

⑦ 检查扬声器:用万用表检查扬声器的电阻,阻值为 8Ω。

(3) 仔细检查印制电路板的铜箔线条是否完好,有无断路及短路。接线有无错误,有无相邻铜箔的非法粘连,特别要注意线路板的边缘部分。

(4) 对元器件引脚或引线要进行镀锡处理,镀锡层未氧化时可以不用处理。

(5) 安装、焊接元器件。

在安装过程中,我们需要注意:各种有极性的元器件不要插错,振荡线圈和中频变压器要找准位置,注意色标,音频输入变压器要辨认清楚,$T_5$ 为输入变压器,线圈骨架上有凸点标记的为初级,印制电路板上也有圆孔作为标记,其线圈绕组在印制电路板上可以很明显地看出,安装时不要装反。电阻全部为卧式安装,所有电容器和三极管等的安装高度以中频变压器为准,不能过高。振荡线圈 $T_2$ 和中频变压器 $T_3$、$T_4$ 的外壳也要焊在电路板上,同时注意第一中频变压器 $T_3$ 外壳的两个脚都必须焊好,因为它还有导电作用。

元器件安装质量及顺序直接影响整机质量及成功率,合理的安装需要思考及经验。下面介绍的安装顺序及要点是实践证明较好的一种安装方法。

① 安装并焊接电阻 R。注意要点:请将电阻的阻值(参照材料清单)选择好后可采用卧式紧贴电路板安装。

② 安装并焊接全部电容 C。注意要点:先安装并焊接瓷介电容,然后是电解电容。注意电容的正负极性。安装高度以中频高变压器为准,不能过高。

③ 安装并焊接中振、中周 $T_2$、$T_3$、$T_4$。注意要点:外壳固定支脚要内弯 90°,并且焊接在电路板上。

④ 安装并焊接输入变压器 $T_5$。注意要点:线圈骨架上有凸点标记与印制板上圆孔方向一致,不要装反。

⑤ 安装并焊接晶体管 $V_1$~$V_6$。注意要点:辨认清楚各三极管的引脚位置,注意型号、安装高度;特别注意三极管的引脚,互相认真检查以后才可进行焊接工作。

⑥ 安装并焊接双联电容、电位器及磁棒架。注意要点：磁棒架要安装在双联电容和印制板之间。

⑦ 安装并焊接发光管，LED灯在印制电路板焊接面（铜箔面）安装焊接。注意要点：高度应刚好达到机壳上盖发光二极管安装孔的表面。

⑧ 修整引线、引脚，检查有无漏焊点、虚焊点、短接点。注意要点：剪断引脚，引线的多余部分。

⑨ 安装磁棒；焊接天线线圈、电池引线；安装＋、－极片，拨盘、频率盘等。注意要点：焊接天线线圈时注意看接线图，不要弄错，磁棒线圈的四个引线头应对应的焊在线路板的铜箔面，电源正负极不要弄错。

⑩ 安装、焊接耳机插口，扬声器。注意要点：喇叭安装落位后，再用电烙铁（垫上云母片）将周围的两个塑料柱子按喇叭边缘方向烫压，使喇叭固定好。

## 11.1.3 收音机的调试

**1. 目的**

通过对收音机的通电检测调试，了解一般电子产品的生产调试过程，初步学习调试电子产品的方法，培养检测能力及一丝不苟的科学作风。

**2. 步骤**

1）检测

（1）通电前的准备

收音机安装完毕后，应对照电路图复查一遍。

① 检查各晶体管型号、安装位置、引脚接线是否正确。

② 检查中周和振荡线圈位置是否正确。

③ 检查电解电容正、负极性焊接是否正确。

④ 逐个检查其他元件型号、数值、种类、安装位置是否正确。

⑤ 检查焊接是否牢固，有无漏焊、虚焊或搭锡联焊等现象。

⑥ 清除残留在板上的线头、焊锡等杂物，以防短路。

⑦ 检查电源引出线位置是否正确。

（2）晶体管静态工作点测试

① 测量电源电压。

② 打开电源开关，发光二极管是否正常点亮。

③ 测量电流，将电位器开关打开（音量旋至最小即测量静态电流）用万用表分别依次测量 D、C、B、A 四个电流缺口，测量的数值要求在规定（请参考电原理图）的参考值左右。

④ 用焊锡将这四个缺口依次连通，把音量开到最大，调双联拨盘即可收到电台。

当测量不在规定电流值左右请仔细检查偏置电阻及三极管极性有无装错，中周是否混装以及虚、假、错焊等问题。若测量哪一级电流不正常则说明那一级有问题，分部检测。

（3）如果各元器件完好，安装正确，经检测正确可试听。慢慢转动调谐盘，应能听到广播声。否则应重新检查(注意在此过程中不要调中周及微调电容)。

2) 调试

经过通电检查并正常发声后,可进行调试工作。

(1) 中频频率调整

将各中频变压器(中周)的调谐频率都调到规定的 465kHz 的中频上,从而使收音机达到较高的灵敏度和较好的选择性。

先转动双联可变电容器收听一个声音,转动磁性天线的方向,使收到的电台尽量的弱,这样可避免自动增益控制电路的影响,使中频的谐振点反映得更加尖锐明显,容易调准。同时调节音量电位器,使扬声器中的广播声音不太大,因为人耳对大音量的声音变化难以分辨(注意:中频变压器做微小调整即可)。

用无感起子(胶木、塑料等材料制成的起子)微微调节中频变压器中的磁芯,使声音最大。先调 $T_4$,然后调 $T_3$,由后往前,依次调节,都调到声音最大为止。如此反复细调 2~3 次,中频调整就调好了。

如果中周是自制的,或者是旧的频率已经调乱,调整比较困难,可找一个已经调好的标准收音机,用它作为中频信号源。

先用标准收音机收到一个电台的广播,从它的最后一个中周的次级,通过一个几十微法电容引出中频信号,加到被调收音机的输入端(即变频管 $V_1$ 基极),同时将两架收音机的地线接通;将被调收音机的双联全部旋入并断开标准收音机的检波级;这时标准收音机应不发音,而待调收音机喇叭应能放出声音;然后从后往前逐个调整中周,反复细调几遍,到声音最响、音质好为止。

如果中周已被调得很乱,连一点播音声都听不到,那么还应回过头来检查一下各级工作点是否合适。

(2) 校准频率范围(对刻度)

目的是要在双联从全部旋入的最低频率到全部旋出的最高频率之间,恰好能包括整个波段(中波段国家标准为 535~1605kHz,频率高低端还各应留出 1%~3% 的余量)。这个目的可以通过调整中波的振荡线圈 $T_2$ 的磁芯和振荡回路的补偿电容 $C_{1b}$ 来达到。

在调整中要配好刻度盘,先在 550~700kHz 范围内选一个电台,如选中双联旋在刻度为 639kHz 的这个位置,调中波振荡线圈 $T_2$(红色)的磁芯,收到这个电台,并调到声音较大(一般说来,如果在指针偏小于 639kHz 处收到了这个台,说明振荡线圈的电感量不足,可将振荡线圈的磁帽旋进一些,如果在指针偏大于 639kHz 处收到了,说明振荡线圈的电感量太大,可将振荡线圈的磁帽旋出一些)。然后在 1400~1600kHz 范围内选一个已知频率的电台,参考刻度盘将双联旋在这个频率的刻度上,调节振荡回路中微调电容 $C_{1b}$ 收到这个电台并将声音调大。由于高、低端的频率在调整中会互相影响,所以低端调电感磁芯,高端调电容的工作要反复做几次才能最后调准。

(3) 跟踪统调

统调的目的,是使本机振荡频率能始终比接收信号高一个固定中频 465kHz,也就是它们的差频是固定的 465kHz。中频能顺利地通过中频放大器,所以调好本机振荡频率是提高选台效率的主要因素。但是要达到本机振荡频率处处比接收信号高出一个固定的 465kHz,是比较困难的。目前只能做到本机振荡回路在高端、中间、低端三点上比接收信号高出一个中频 465kHz，我们通过调节输入回路的磁性天线和微调电容，使输入回路在三点上（一般取 600kHz、1000kHz、1500kHz）准确低于本振频率 465kHz，实现三点跟踪，达到收音机灵敏度最高。中间一点的跟踪是设计电路时予以保证的，因此实际上只需调整低、高端两点即可。

利用调整频率范围时收听到的低端电台，调整磁性天线线圈在磁棒上的位置，使声音最响，达到低端统调。利用调整频率范围时收听到的高端电台，调节输入回路中的微调电容 $C_{1a}$。使声音最响，以达到高端统调。也和校准频率范围时一样，跟踪统调时，低、高端之间互相牵制和影响，也要反复细调几次才能完成。

跟踪可进一步检查。准备一截磁棒（或磁芯）和一小块铜块（或铜皮、粗钢丝）将收音机调谐到跟踪统调点，用磁棒和铜块分别靠近磁性天线时声音应有所减弱，说明跟踪统调良好。否则应重新统调，调整好后可用蜡将天线线圈固定在磁棒。

使用信号发生器，我们用以下方法进行调试。

(1) 中频频率调整

将信号发生器的频率选在 MW（中波）位置，频率指针放在 465kHz 位置上。打开收音机开关，频率盘放在 535kHz 的位置上。将收音机靠近信号发生器。用起子按顺序微微调整 $T_4$、$T_3$、使收音机信号强。这样反复调 $T_4$、$T_3$ 2~3 次，使信号最强。（中频变压器做微小调整即可）。

(2) 校准频率范围

低端调整：信号发生器调至 530kHz，收音机调至 530kHz 位置上，此时调整 $T_2$ 使收音机信号声出现并最强。

高端调整：再将信号发生器调到 1600kHz，收音机调到高端 1600kHz 位置上，调 $C_{1b}$ 微调电容，使信号声出现并最强。

反复上述二项调整，使信号最强。

(3) 跟踪统调

低端调整：信号发生器调至 530kHz，收音机低端调至 530kHz，调整天线线圈在磁棒上的位置使信号最强。

高端调整：信号发生器调至 1600kHz，收音机高端调至 1600kHz，调 $C_{1a}$ 微调电容，使高端信号最强。

高、低端反复调 2~3 次，调好后，可用蜡将天线线圈固定在磁棒上。

**注意**：如果信号过强，调整作用不明显时，可逐渐增加收音机与信号发生器之间的距离，使调整作用明显。

## 11.1.4 实习内容与基本要求

### 1. 了解

了解超外差式收机的原理和各级的作用。

## 2. 安装

安装并调试好一台超外差六管收音机并通过验收。

(1) 外观:机壳及频率盘清洁完整,不得有划伤、烫伤及缺损。
(2) 印制电路板安装整修美观,焊接质量好,无损伤。
(3) 整机安装合格:转动部分灵活,固定部分可靠,后盖松紧合适。
(4) 性能指标要求:①频率范围 530kHz～1600kHz;②灵敏度较高(相对);③音质清晰、洪亮,噪声低。

以下我们另外为大家提供一个收音机故障检测方法供大家参考:

1) 完全无声

完全无声不可怕,电压电流先检查。有压无流是断路,短路击穿电流大。10mA 左右为正常,相差过大按级查。一级一级往前碰,先 c 后 b 听喇叭。也可先碰电位声,低放良好响"喀喀"。越往前碰应越响,声小、无声问题大。发现问题测电压,c 高、e 低有压差,压差太小是饱和,压差为零击穿了,基极比 e 高一点,硅管锗管差别大。be、ce 电压对,工作状态是放大。电压若是不正常,查管查偏查稳压。直流正常查交流,电感电容仔细查,中周断线中和短,信号通路中断了,排除虚焊和断线,按图索骥收获大(上述所说 b、e、c 分别为三极管的基极、发射极、集电极)。

2) 有声无台

有声无台容易办,起振与否是关键,振碰双联同样响,短路振联射压变。不振变频查电流,振荡线圈断没断,交连电容坏没坏,双联是否跟着转,再查天线和微调,电台广播准出现。高端有台低无台,增大交连试试看,低端有台高没有,变频截止应该换。

3) 啸叫

啸叫故障较复杂,最好使用短路法。用线短路 b 和地,从前往后按级查,哪级叫声一停止,啸叫原因就是它。低放啸叫查电容,滤波不良叫声大,反馈电阻阻值变,低放倍数别过大。中放自激叫声尖,电流过大中和开,细查中放两只管,穿透太大应该换。细调中周别过敏,AGC 电容也别断,若是变频电流大,振荡过强乱叫唤。

4) 音小

音小故障查几样、喇叭、电容和低放。各级电流细核好,中周失谐把路挡,天线断股声必小,线圈受潮也一样。耦合电容别漏电,旁路漏电音损伤,并上电容声变大,赶忙代换除故障。

5) 失真杂音

失真故障在低放,功放对管不一样,输入输出变压器,半边断线半边响。偏置电流不合适,交越失真接不上。杂音要查虚焊点,手碰元件听和看,时有时无有断路,弯板查找测通断。

6) 灵敏度低

台少要查灵敏度,中周失谐 465kHz,统调破坏频率变,重新调整不用愁。粗调中周听喇叭,细调监测检波出,频率统调一起干,低端高端分清楚,低电感来高微调,反复调整告结束。低端台少查垫整,可能击穿或短路,高端台少查微调,断路高端电台少。

## 11.2 SMT 实训产品——FM 微型(电调谐)收音机

### 11.2.1 收音机的原理

电路的核心是单片收音机集成电路 SC1088。它采用特殊的低中频(70kHz)技术,外围电路省去了中频变压器和陶瓷滤波器,使电路简单可靠,调试方便。SC1088 采用 SOT16 脚封装。原理图如图 11-4 所示。

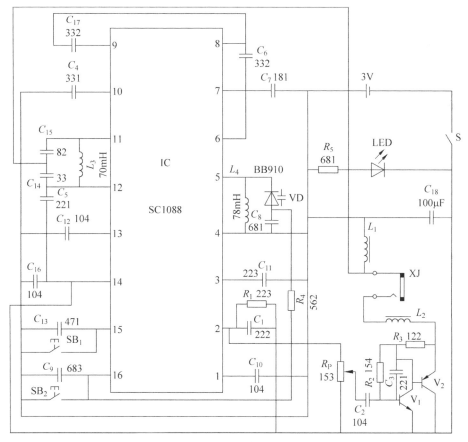

图 11-4 FM 收音机原理图

**1. FM 信号输入**

如图 11-4 所示调频信号由耳机线馈入经 $C_{14}$、$C_{13}$、$C_{15}$ 和 $L_1$ 的输入电路进入 IC 的 11、12 脚混频电路。此处的 FM 信号没有经过调谐的调频信号,即所有调频电台信号均可进入。

**2. 本振调谐电路**

本振电路中关键元器件是变容二极管,它是利用 PN 结的结电容与偏压有关的特性制成的"可变电容"。

变容二极管加反向电压 $U_d$，其结电容 $C_d$ 与 $U_d$ 的特性如图 11-5 所示，是非线性关系。这种电压控制的可变电容广泛用于电调谐、扫频等电路。

本电路中，控制变容二极管 VD 的电压由 IC 第 16 脚给出。当按下 Scan 开关 $SB_1$ 时，IC 内部的 RS 触发器打开恒流源，由 16 脚向电容 $C_9$ 充电，$C_9$ 两端电压不断上升，VD 电容量不断变化，由 VD、$C_8$、$L_1$ 构成的本振电路的频率不断变化而进行调谐。当收到电台信号后，信号检测电路使 IC 内的 RS 触发器翻转，恒流源停止对其充电，同时在 AFC(automatic freguency control)电路作用下，锁住所接收的广播节目频率，从而可以稳定接收电台广播，直到再次按下 $SB_1$，开始新的搜索。当按下 Reset 开关 $SB_2$ 时，电容 $C_9$ 放电，本振频率回到最低端。

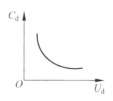

图 11-5 变容二极管结电容 $C_d$ 与反向电压 $U_d$ 的特性曲线

**3. 中频放大、限幅与鉴频**

电路的中频放大、限幅及鉴频电路的有源器件及电阻均在 IC 内。FM 广播信号和本振电路信号在 IC 内混频器中混频产生 70kHz 的中频信号，经内部 1dB 放大器，中频限幅器，送到鉴频器检出音频信号，经内部环路滤波后由 2 脚输出音频信号。电路中 1 脚的 $C_{10}$ 为静噪电容，3 脚的 $C_{11}$ 为 AF(音频)环路滤波电容，6 脚的 $C_6$ 为中频反馈电容，7 脚的 $C_7$ 为低通电容，8 脚与 9 脚之间的电容 $C_{17}$ 为中频耦合电容，10 脚的 $C_4$ 为限幅器的低通电容，13 脚 $C_{13}$ 为中频限幅器失调电压电容，$C_{13}$ 为滤波电容。

**4. 耳机放大电路**

由于用耳机收听，所需功率很小，本机采用了简单的晶体管放大电路，2 脚输出的音频信号经电位器 $R_p$ 调节电量后，由 $V_3$、$V_4$ 组成复合管甲类放大。$R_1$ 和 $C_1$ 组成音频输出负载，线圈 $L_1$ 和 $L_2$ 为射频与音频隔离线圈。这种电路耗电大小与有无广播信号以及音量大小有关，因此不收听时要关断电源。

## 11.2.2 收音机的安装

**1. 技术准备**

（1）了解 SMT 基本知识：SMC 及 SMD 特点及安装要求；SMT 工艺过程；SMB 设计及检验；再流焊工艺及设备。

（2）实习产品简单原理。

（3）实习产品结构及安装要求。包括：SMB-表面安装印制电路板，THT-通孔安装，SMC-表面安装元件，SMD-表面安装器件。

**2. 安装流程**

SMT 实习产品装配工艺流程如图 11-6 所示。

# 第 11 章 实习产品的安装和调试

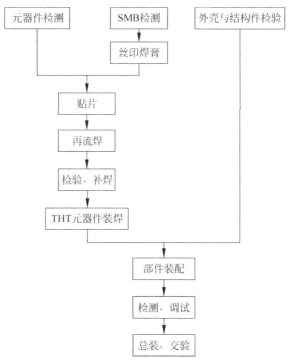

图 11-6　SMT 实习产品装配工艺流程如图

## 3．安装前检查

1）SMB 检查

对照图 11-7 检查：

（1）图形完整,有无短路、断路缺陷；

（2）孔位及尺寸准确；

（3）表面涂敷的阻焊层不应有滴漏和气泡,刷涂应平整,印制导线不能有裸露的部分,丝印层清晰。

2）外壳及结构件检查

（1）按照表 11-2 材料清单清查零件品种、规格及数量（表贴元器件除外）；

（2）检查外壳有无缺陷及外观损伤；

（3）耳机与耳机座是否相匹配。

表 11-2　FM 微型收音机材料清单

| SMT 元器件 | | | | THT 元器件 | | | |
|---|---|---|---|---|---|---|---|
| 名称 | 规格/型号/封装 | 代号 | 数量 | 名称 | 规格/型号/封装 | 代号 | 数量 |
| 电阻 | 153/RJ⅛W/2012(2125) | $R_1$ | 1 | 电阻 | 681/RJ1/16W/— | $R_5$ | 1 |
| 电阻 | 154/RJ⅛W/2012(2125) | $R_2$ | 1 | 电阻 | 103/RJ1/16W/— | $R_6$ | 1 |
| 电阻 | 122/RJ⅛W/2012(2125) | $R_3$ | 1 | 电感 | —/—/磁环 | $L_1$ | 1 |
| 电阻 | 562/RJ⅛W/2012(2125) | $R_4$ | 1 | 电感 | 4.7uH/—/色环 | $L_2$ | 1 |
| 电容 | 222(或 202)/—/2012(2125) | $C_1$ | 1 | 电感 | 70nH/—/8 匝 | $L_3$ | 1 |
| 电容 | 104/—/2012(2125) | $C_2$ | 1 | 电感 | 78nH/—/5 匝 | $L_4$ | 1 |
| 电容 | 221/—/2012(2125) | $C_3$ | 1 | 变容二极管 | BB910/—/— | $V_1$ | 1 |

续表

| SMT 元器件 | | | | THT 元器件 | | | |
|---|---|---|---|---|---|---|---|
| 名称 | 规格/型号/封装 | 代号 | 数量 | 名称 | 规格/型号/封装 | 代号 | 数量 |
| 电容 | 331/—/2012(2125) | $C_4$ | 1 | 发光二极管 | —/LED/异形 | $V_2$ | 1 |
| 电容 | 221/—/2012(2125) | $C_5$ | 1 | 电容 | 332/—/瓷介 | $C_{17}$ | 1 |
| 电容 | 332/—/2012(2125) | $C_6$ | 1 | 电容 | 100μF/—/电解 | $C_{18}$ | 1 |
| 电容 | 181/—/2012(2125) | $C_7$ | 1 | 电容 | 223/—/瓷介 | $C_{19}$ | 1 |
| 电容 | 681/—/2012(2125) | $C_8$ | 1 | 前盖 | — | — | 1 |
| 电容 | 683/—/2012(2125) | $C_9$ | 1 | 后盖 | — | — | 2 |
| 电容 | 104/—/2012(2125) | $C_{10}$ | 1 | 电位器钮(内、外) | — | — | 各1 |
| 电容 | 223/—/2012(2125) | $C_{11}$ | 1 | 开关钮(有缺口) | Scan 键 | — | 1 |
| 电容 | 104/—/2012(2125) | $C_{12}$ | 1 | 开关钮(有缺口) | Reset 键 | — | 1 |
| 电容 | 471/—/2012(2125) | $C_{13}$ | 1 | 电池片(3件) | 正、负、连接片 | — | 各1 |
| 电容 | 330/—/2012(2125) | $C_{14}$ | 1 | 自攻螺钉 | — | — | 3 |
| 电容 | 820/—/2012(2125) | $C_{15}$ | 1 | 电位器螺钉 | — | — | 1 |
| 电容 | 104/—/2012(2125) | $C_{16}$ | 1 | 耳机 32Ω×2 | — | — | 1 |
| 三极管 | —/9014/SOT-23 | $V_3$ | 1 | 带开关电位器 | 51kΩ | $R_P$ | 1 |
| 三极管 | —/9012/SOT-23 | $V_4$ | 1 | 轻触开关 | — | $S_1$、$S_2$ | 2 |
| IC | —/SC1088/— | — | 1 | 耳机插座 | — | XS | 1 |
| — | — | — | — | 印制板 | — | — | 1 |

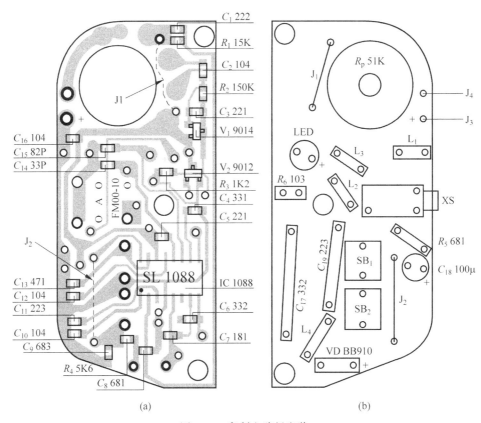

图 11-7 印制电路板安装
(a) SMT 贴片安装；(b) THT 安装

3) THT 元件检测

(1) 电位器阻值调节特性;

(2) LED、线圈、电解电容、插座、开关的好坏;

(3) 判断变容二极管的好坏及极性。

**4. SMT 再流焊工艺**

(1) 丝印焊膏,并检查印刷情况。

(2) 按工序流程贴片,顺序为:$C_1/R_1$,$C_2/R_2$,$C_3/V_3$,$C_4/V_4$,$C_5/R_3$,$C_6$/SC1088,$C_7$,$C_8/R_4$,$C_9$,$C_{10}$,$C_{11}$,$C_{12}$,$C_{13}$,$C_{14}$,$C_{15}$,$C_{16}$。

(3) 检查贴片数量及位置。

(4) 再流焊机焊接。

(5) 检查 SMT 焊接质量及修补。

① SMT 典型焊点

SMT 焊接质量要求与 THT 基本相同,要求焊点的焊料连接面呈半弓形凹面,焊料与焊件交界处平滑,接触角尽可能小,无裂纹、针孔、夹渣,表面有光泽且平滑。

由于 SMT 元器件尺寸小,安装精确度和密度高,焊接质量要求更高。另外还有一些特有缺陷,如立片(又称"墓碑现象"或"曼哈顿现象")和焊锡球喷溅。

② 常见 SMT 焊接缺陷

几种常见 SMT 焊接缺陷见图 11-8 所示,采用再流焊工艺时,焊盘设计和焊膏印制对控制焊接质量起关键作用。例如立片主要是两个焊盘上焊膏不均,一边焊膏太少甚至漏印而造成的。

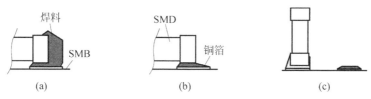

图 11-8 常见 SMT 焊接缺陷
(a) 焊料过多;(b) 漏焊(未润湿);(c) 立片

**5. 安装 THT 元器件**

(1) 焊跨接线 $J_1$、$J_2$。安装并焊接电位器 $R_P$,注意电位器与印制电路板平齐并注意电位器的安装方向。

(2) 耳机插座 XS。

(3) 轻触开关 $SB_1$、$SB_2$ 跨接线 $J_1$、$J_2$(可用剪下的元器件引脚)。

(4) 变容二极管 VD(注意,极性方向标记)$R_5$,$R_6$,$C_{17}$,$C_{19}$。

(5) 电感线圈 $L_1 \sim L_4$(磁环 $L_1$,红色 $L_2$,8 匝线 $L_3$,5 匝线圈 $L_4$)安装位置要正确。

(6) 电解电容 $C_{18}$(100u)贴板装。

(7) 发光二极管 LED,注意高度,极性如图 11-9 所示。

(8) 焊接电源连接线 $J_3$、$J_4$,注意正负连线颜色。

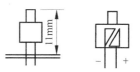

图 11-9 发光二极管的高度和极性

### 11.2.3 收音机的调试及总装

**1. 调试**

1) 所有元器件焊接完成后目视检查

（1）元器件：型号、规格、数量及安装位置，方向是否与图纸符合。

（2）焊点检查：有无虚焊、漏焊、桥接、飞溅等缺陷。

2) 测量总电流

（1）检查无误后将电源线焊到电池片上。

（2）在电位器开关断开的状态下装入电池。

（3）插入耳机。

（4）用万用表 200mA（数字表）或 50mA（指针表）跨接在开关两端测电流用指针表时注意表笔极性。

正常电流应为 7～30mA（与电源电压有关）并且 LED 正常点亮。以下是样机测试结果，可供参考。

（1）工作电压(V)：1.8,2,2.5,3,3.2；

（2）工作电流(mA)：8,11,17,24,28。

**注意**：如果电流为零或超过 35mA 应检查电路。

3) 搜索电台广播

如果电流在正常范围，可按 $S_1$ 搜索电台广播。只要元器件质量完好，安装正确，焊接可靠，不用调任何部分即可收到电台广播。

如果收不到广播应仔细检查电路，特别要检查有无错装、虚焊、漏焊等缺陷。

4) 调接收频段（俗称调覆盖）

我国调频广播的频率范围为 87～108MHz，调试时可找一个当地频率最低的 FM 电台（如在北京，北京文艺台为 87.6MHz）适当改变 $L_4$ 的匝间距，使按过 Reset 键后第一次按 Scan 键可收到这个电台。由于 SC1088 集成度高，如果元器件一致性较好，一般收到低端电台后均可覆盖 FM 频段，故可不调高端而仅做检查（可用一个成品 FM 收音机对照检查）。

5) 调灵敏度

本机灵敏度由电路及元器件决定，一般不用调整，调好覆盖后即可正常收听。无线电爱好者可在收听频段中间电台（如 97.4MHz 音乐台）时适当调整 $L_4$ 匝距，使灵敏度最高（耳机监听音量最大）。不过，实际效果并不明显。

**2. 总装**

1) 蜡封线圈

调试完成后将适量泡沫塑料填入线圈 $L_4$（注意不要改变线圈形状及匝距），滴入适量蜡使线圈固定。

2) 固定 SMB/装外壳

（1）将外壳面板平放到桌面上（注意不要划伤面板）。

(2) 将两个按键帽放入孔内。注意:Scan 键帽上有缺口,放按键帽时要对准机壳上的凸起,Reset 键帽上无缺口。

(3) 将 SMB 对准位置放入壳内。①注意对准 LED 位置,若有偏差可轻轻掰动,偏差过大必须重焊;②注意三个孔与外壳螺柱的配合;③注意电源线,不妨碍机壳装配。

(4) 装上中间螺钉,注意螺钉旋入手法。

(5) 装电位器旋钮,注意旋钮上凹点位置。

(6) 装后盖,上两边的两个螺钉。

### 11.2.4  实习内容与基本要求

(1) 了解电路的原理和各部分的作用。

(2) 了解 SMT 工艺过程。

(3) 应用表面安装技术(SMT)组装 FM 电调谐微型收音机,要求如下:①表面无划痕和烫伤、电源开关手感良好;②音量正常,连续可调;③收听正常。

## 11.3  SMT 实训产品二——JQ11AT 多功能台式钟

### 11.3.1  产品介绍

电子数字钟的应用十分广泛,JQ11AT 多功能台式钟具有走时准确,显示直观,无机械传动,无需经常调整等优点,同时具有闹铃、温度计功能,它广泛用于人们的生活起居中。电子数字钟的特性功能如下:

(1) 温度,测量范围:0～50℃。

(2) 摄氏度和华氏度温度按键切换功能。

(3) 12/24 小时制式按键切换功能。

(4) 时间显示为小时和分钟(如 12:59)。

(5) 99 年万年历及星期功能(2001 年 1 月 1 日—2099 年 12 月 31 日)。

(6) 响闹报警功能。

(7) 5min 贪睡功能。

(8) 背光功能。

### 11.3.2  工作原理

电路的核心是单片机 SH67N19 经典应用电路,包含输入端信号采集电路(按键信号采集,温度模拟信号采集),信号输出电路(液晶显示,蜂鸣器驱动,背光驱动),这些都是常用的数字电路,图 11-10 是 JQ11AT 多功能台式钟电原理图。

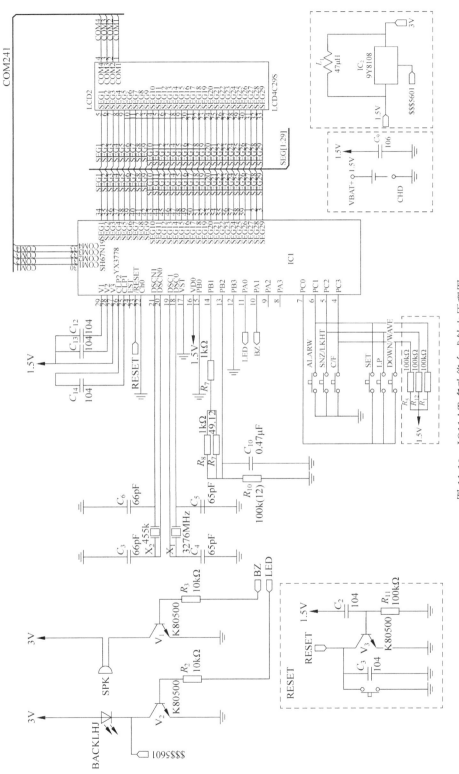

图 11-10 JQ11AT 多功能台式钟电原理图

(1) 振荡电路：由 $X_1$、$C_4$、$C_5$、$X_2$、$C_1$、$C_6$ 组成。晶振与相匹配的两个电容组成振荡电路，为整个系统提供基本的时钟信号。

(2) 温度检测电路：由 $R_4$、$R_9$、$R_{13}$、$R_{10}$、$C_{10}$ 组成。$R_{13}$ 为热敏电阻，$R_{10}$ 为基准电阻，调节整体温度的大小。$R_7$ 可以调节高温时温度误差，$R_9$ 可以调节低温误差。

(3) 蜂鸣器电路：由 $R_8$、$V_1$、蜂鸣器组成。在此电路中三极管起开关作用，当基极为高电平时三极管饱和导通，蜂鸣器开始工作发声。当基极为低电平时三极管闭合，蜂鸣器停止工作。基极电阻 $R_8$ 可以调节三极管饱和电流，从而调节蜂鸣器声音大小。

(4) LED 驱动电路：由 $R_2$、$V_2$、$IC_2$、LED、$L_1$ 组成。基本工作原理与蜂鸣器电路一致。只是多了 $IC_2$ 与电感 $L_1$ 组成的升压电路，将 1.5V 升到 3V。

(5) 复位电路：由 $C_2$、$R_{11}$、$C_3$、$V_3$ 组成。在此电路中三极管起开关作用，上电后电容 $C_2$、$C_3$ 充电完毕，$C_2$ 和 $C_3$ 所在电路状态变成断路，三极管基极变为低电平截止。当电源中断电容放出存储的能量，三极管基极变为高电平导通。Reset 接地变成低电平完成复位。

## 11.3.3　结构概况及功能按键说明

JQ11AT 多功能台式钟外形结构如图 11-11 所示。

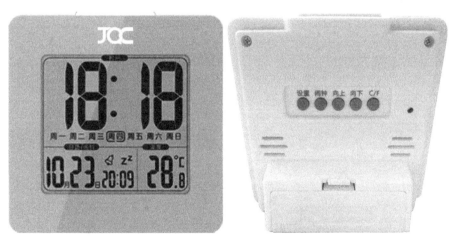

图 11-11　JQ11AT 多功能台式钟外形结构图

六个功能按键说明

【设置】按键

时间模式，长按 3s 进入设置模式，对应的设置项会闪动。

在设置模式下，单按切换设置项。设置顺序：12/24 Hr、小时、分钟、年份、月份、日期、退出。

【闹钟】按键

单按开启/关闭闹钟功能（闹铃符号显示说明闹钟是开启状态，不显示说明闹钟是关闭状态）。长按 3s 进入闹钟时间设置，对应的设置项会闪动。设置顺序：小时、分钟、退出。

【向上】按键

在设置模式时，单按调整一步（递增），长按进入快速调整模式，每一秒调整 8 步。

【向下】按键

在设置模式时,单按调整一步(递减),长按进入快速调整模式,每一秒调整 8 步。

【C/F】按键

在标准模式下,单按此键切换摄氏度和华氏度温度。

【贪睡/背光】按键

在响闹时,按此键,响闹停止,并进入贪睡功能 5min 背光亮起 10s。在标准模式下,单按背光亮起 10s。

### 11.3.4　JQ11AT 多功能台式钟的安装

**1. 技术准备**

了解 SMT 基本知识及 SMT 电子产品安装流程及再流焊工艺过程和设备使用方法,安装流程见图 11-6。

**2. 安装前检查**

1) SMB 检查

对照图 11-12 所示检查:

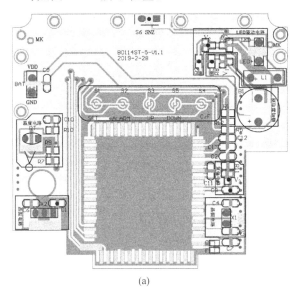
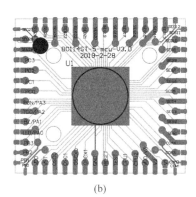

(a)　　　　　　　　　　　　　　(b)

图 11-12　JQ11AT 多功能台式钟印制电路板图

(a) 主板的印制电路板图;(b) MCU 的印制电路板图

(1) 图形完整,有无短路、断路缺陷;

(2) 孔位及尺寸准确;

(3) 表面涂敷的阻焊层不应有滴漏和气泡,刷涂应平整,印制导线不能有裸露的部分,丝印层清晰。

2) 外壳及结构件检查

(1) 按表 11-3 JQ11AT 多功能台式钟装配材料清单清查组装件和通孔安装元器件的

品种规格、数量(表贴元器件除外)和质量;

(2) 检查外壳有无缺陷及外观损伤;

(3) 显示屏和背光板有无破损。

**表 11-3　JQ11AT 多功能台式钟装配材料清单**

| 安装分类 | 元件名称 | 元件规格 | 代号 | 数量 |
|---|---|---|---|---|
| 贴片焊接 | 主印制板 | 双面纤维板 77.8mm×77mm |  | 1 |
|  | MCU 印制板 | 双面纤维板 34mm×30mm |  | 1 |
|  | IC | SY8108 | $IC_2$ | 1 |
|  | 三极管 | 8050NPN | $V_1 V_2 V_3$ | 3 |
|  | 贴片电阻 | 1kΩ 0805±5% | $R_7$ | 1 |
|  | 贴片电阻 | 100kΩ 0805±1% | $R_{10}$ | 1 |
|  | 贴片电阻 | 100kΩ 0805±5% | $R_1 R_5 R_{11} R_{12}$ | 4 |
|  | 贴片电阻 | 1MΩ 0805±5% | $R_9$ | 1 |
|  | 贴片电阻 | 10kΩ 0805±5% | $R_2 R_8$ | 2 |
|  | 贴片电容 | 15pF 0805 25V | $C_4 C_5$ | 2 |
|  | 贴片电容 | 68pF 0805 25V | $C_1 C_6$ | 2 |
|  | 贴片电容 | 104pF 0805±20% 25V | $C_2 C_3 C_{11} C_{12} C_{13}$ | 5 |
|  | 贴片电容 | 106pF 0805±10% 6.3V | $C_9$ | 1 |
|  | 贴片电容 | 474pF 0805±10% 25V | $C_{10}$ | 1 |
| 插件焊接 | 热敏电阻 | 49.12kΩ+3% | $R_T$ | 1 |
|  | 石英晶体 | 32768Hz −10～−20ppm | $X_1$ | 1 |
|  | 陶瓷振荡器 | 455K | $X_2$ | 1 |
|  | 蜂鸣器 | 12065 | BZ | 1 |
|  | 插件电感 | 47μH | $L_1$ | 1 |
|  | 色线 | 黑色 120mm | GND | 1 |
|  | 色线 | 红色 120mm | VCC | 1 |
|  | 轻触开关 | 6mm×6mm×6mm | SNZ | 1 |
| 组装件 | LCD | 全透正显 YHH25521A(M0114ST 有背光) |  | 1 |
|  | 导光板 | E01141 白色背光,带有反光纸和扩散纸,正极红色线、负极黑色线 | 注意导光板有正反,同时需要黑色负极在上方 | 1 |
|  | 灰色 5 联橡胶按键 | 型号 EM1808 |  | 1 |
|  | 导电条 | 69mm×5.6mm×2.0mm |  | 1 |
|  | 5 号电池极片 | 正极、负极 |  | 2 |
|  | 塑料件 | 贪睡/背光按键、面壳、后壳各一 |  | 3 |
|  | 自攻螺钉 | 银色镀镍 1.7mm×6mm | 将 PCB 板固定在前壳 | 7 |
|  | 自攻螺钉 | 银色镀镍 2.0mm×6mm | 固定前后壳 | 4 |

**3. 贴片及焊接**

(1) 丝印焊膏,并检查印刷质量。

(2) 按工序流程贴片,顺序为:$C_9$,$C_1$,$R_{10}$,$R_9$,$R_7$,$C_6$,$C_1$,$Q_2$,$Q_4$,$R_2$,$R_8$,$Q_1$,$R_1$,$R_{12}$,$R_5$,$C_{12}$,$C_{13}$,$C_2$,$C_{11}$,$R_{11}$,$Q_3$,$C_3$,$C_4$,$C_5$。

(3) 检查贴片数量及位置。

(4) 再流焊机焊接,由于 SMT 元器件尺寸小,安装精确度和密度高,焊接质量要求更高。采用再流焊工艺时,焊盘设计和焊膏印制对控制焊接质量起关键作用。

(5) 检查焊接质量及修补。要求焊点的焊料的连接面呈半弓形凹面,焊料与焊件交界处平滑,接触角尽可能小,无裂纹、针孔、夹渣,表面有光泽且平滑。若出现图 11-8 所示常见的 SMT 焊接缺陷一定要进行修补。

### 4. 贴片及 MCU 检测

SMC 表贴元器件焊接完成后,可以通过测试工装进行检测焊接效果,图 11-13 所示是检测焊接效果测试工装图。将印制电路板有元件的一面朝上放置在检测台上,注意板子的定位孔要对准检测台的定位杆,对准后,拉下手柄,这时如果右面显示屏显示正常说明焊接完好,如不能正常显示需要拿下来做手工对照检测是否有常见焊接缺陷,如漏焊或错焊。

MCU 板的检测方法与大板检测方法一致,注意 MCU 板白点对应检测台的圆孔即可。

图 11-13 检测焊接效果测试工装图

### 5. MCU 焊接及安装 THT 元器件

1) MCU 焊接

将 MCU 的白点对应大板上的白点对齐码放,注意四周金手指与焊盘对应整齐,这时可以先焊接一个引脚,再检查一次对应是否依然整齐,焊接对角第二个引脚,完成后再检查确保所有点都对应准确,这时方可全部引脚进行焊接。

2) THT 元器件安装

根据安装图 11-14 所示安装下列元器件。

(1) $R_T$ 热敏电阻,位置控制在丝印图示范围内;

(2) $X_2$455K 晶振,采用字面朝上,平贴法焊接;

(3) BZ 蜂鸣器,注意需要完全与 PCB 板面接触;

(4) $L_1$ 电感,注意高度不能超过蜂鸣器高度;

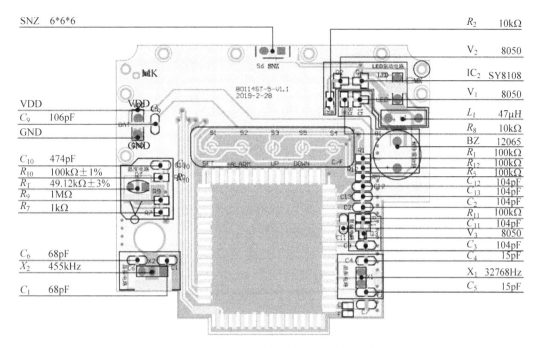

图 11-14 印制电路板上的元器件安装图

(5) $X_1$ 32768Hz 晶振，注意需平贴；

(6) $S_6$ 按键开关，注意需要与 PCB 板面保持垂直，方便后续安装外壳。

### 6. 总装及调试

1) 总装

(1) 如图 11-15 所示，将玻璃面板正反两面保护膜撕掉，放入前面板中间方形卡槽内，注意从正面看所有字符都是正的，正确后玻璃背面会露出导电胶条的卡槽。

(2) 将背光板装入前面板卡槽内，注意背光板是有正反面的，侧面电源黑线接触点朝上即是正确的。

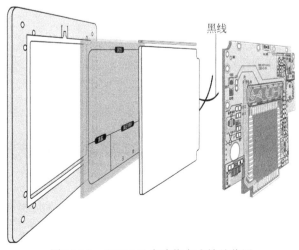

图 11-15 JQ11AT 多功能台式钟总装图

（3）将导电胶条放入背光板和液晶面板上方的卡槽内。

（4）将焊接好的印制电路板有元器件的一面朝上，安装在背光板上方，这时印制电路板背面的金手指会与导电胶条相接触，装上7个螺钉，注意螺钉的安装需要紧贴印制电路板且把印制电路板装平，然后焊接电源线（VDD,GND），背光灯线（LED＋,LED－），注意导线正负极。

（5）盖上后盖板前装好贪睡/背光按键，然后从后盖板固定四个螺钉，贴上前面板不干胶装饰贴纸即全部完成安装。

2）调试

（1）时间、日期设置

在显示时间状态，按住"设置"键3秒进入时间设置，数字将闪烁。

设置顺序：12/24小时制式切换、小时、分钟、年份、月份、日期、退出，调整时间秒自动清零。

按"向上"或"向下"逐1变化，长按则快速变化。

按"设置"键进行确认进入下一设置，最后退出显示正常时间。

在设定状态时，若超过15s无任何键按下，则确认设置并返回正常时间界面。

（2）闹铃功能设置

① 设置闹铃时间

a. 长按3s进入闹钟时间设置，对应的设置项会闪动。

b. 设置顺序：小时、分钟、退出。

c. 按"向上"或"向下"逐1变化，长按则快速变化。

d. 按"闹钟"键进行确认进入下一设置，最后退出。

e. 在设定状态时，若超过15s无任何键按下，则确认设置并退出设置。

② 闹铃的开关

单按"闹钟"键开启/关闭闹钟功能（闹铃"🔔"符号显示说明闹钟是开启状态，不显示说明闹钟是关闭状态）。

③ 闹铃响闹

a. 响闹时间：闹铃时间到达后响闹提示开始同时背光灯亮起10s，响闹的时间为120s渐进音。

b. 响闹的时间完后，会自动关闭声音。

c. 响闹铃声音时，按任何键停止闹铃响闹。

d. 闹铃响时按"贪睡/背光"键终止本次闹铃，开启贪睡功能同时背光灯亮起10s。

e. 贪睡功能：闹铃响闹时，按【贪睡/背光】键开启5min的贪睡功能。贪睡打开后将闪烁显示"$Z^z$"图示。

f. 贪睡中，按任意键取消贪睡功能。

### 11.3.5 实习内容与基本要求

（1）了解电路的原理和各部分的作用。

（2）熟悉掌握SMT工艺过程。

（3）多功能台式钟要求如下：①表面无损伤、外观完整美观；②六个功能按键调整正常；③显示屏时间显示清晰完整。

## 11.4 印制电路板实训产品介绍——稳压电源与充电器的制作

### 11.4.1 稳压电源与充电器的原理

由图 11-16 稳压电源与充电器电原理图可见,变压器 T 及二极管 $VD_1 \sim VD_4$,电容 $C_1$ 构成典型全波整流电容滤波电路,后面电路若去掉 $R_1$ 及 $LED_1$,则是典型的串联稳压电路。

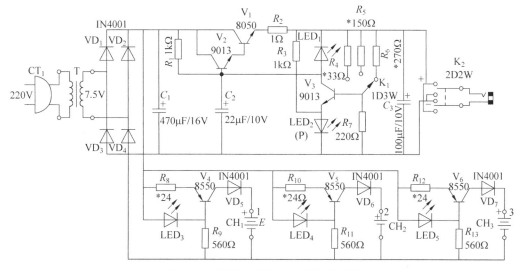

图 11-16　稳压电源与充电器电原理图

其中 $LED_2$ 兼电源指示及稳压管作用,当流经该发光二极管的电流变化不大时其正向压降较为稳定(为 1.9V 左右,但也会因发光管规格的不同而有所不同,对同一种 LED 则变化不大),因此可作为低电压稳压管来使用。$R_2$ 及 $LED_1$ 组成简单过载及短路保护电路,$LED_1$ 兼作过载指示。输出过载(输出电流增大)时 $R_2$ 上压降增大,当增大到一定数值后 $LED_1$ 导通,使调整管 $V_1$、$V_2$ 的基级电流不再增大,限制了输出电流的增加,起到限流保护作用。

$K_1$ 为输出电压选择开关,$K_2$ 为输出电压极性变换开关。

$V_4$、$V_5$、$V_6$ 及其相应元器件组成三路完全相同的恒流源电路,以 $V_4$ 单元为例,如前所述 $LED_3$ 在该处兼做稳压及充电指示双重作用,$VD_5$ 可防止电池极性接错。如图可知,通过电 $R_8$ 的电流(即输出整流)可近似地表示为

$$I_o = \frac{U_z - U_{be}}{R_8}$$

式中,$I_o$ 为输出电流;$U_{be}$ 为 $V_4$ 的基极和发射极间的压降,一定条件下是常数(约 0.7V);$U_z$ 为 $LED_3$ 上的正向压降,取 1.9V。

由公式可见 $I_o$ 主要取决于 $U_z$ 的稳定性,而与负载无关,实现恒流特性。改变 $R_8$ 即可调节输出电流,因此本产品也可改为大电流快速充电(但大电流充电影响电池寿命),或减小电流即可对 7 号电池充电。当增大输出电流时可在 $V_4$ 的 C—E 极之间并接一电阻(电阻值数十欧)以减小 $V_4$ 的功耗。

## 11.4.2 稳压电源与充电器的制作与安装

**1. 制作印制板**

本产品有 A、B 两块印制电路板,参见图 11-17 所示,B 板为成品板,A 板作为实习自制板。

1) 设计

图 11-17 为印制电路板设计参考图,也可根据电原理图自行设计,设计原则及方法可参考第 9 章。

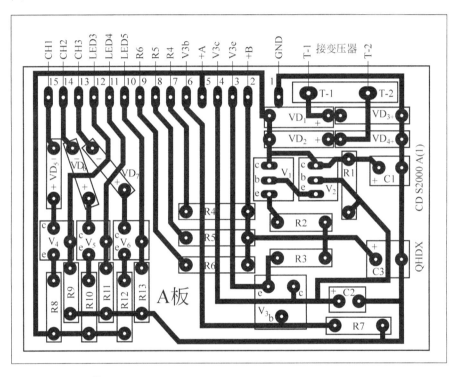

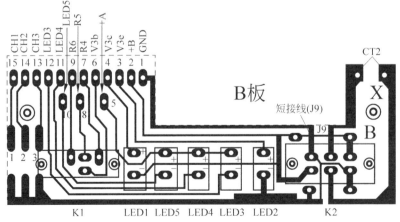

图 11-17 印制线路板 A、B 板装配焊接图

2）制作

印制电路板 A 板设计→清洗敷铜板→图形转移→转印→打孔→清洗→涂助焊剂。

**2．印制电路板的安装**

1）元器件测试

根据表 11-4 稳压电源与充电器材料清单将全部元器件在安装前进行筛查测试。

表 11-4　稳压电源与充电器的材料清单

| 名　　称 | 规格/型号 | 代　号 | 数量 |
|---|---|---|---|
| 电阻 | 1K/RJ⅛W | $R_1$、$R_3$ | 2 |
| 电阻 | 1Ω/RJ⅛W | $R_2$ | 1 |
| 电阻 | 33Ω/RJ⅛W | $R_4$ | 1 |
| 电阻 | 150Ω/RJ⅛W | $R_5$ | 1 |
| 电阻 | 270Ω/RJ⅛W | $R_6$ | 1 |
| 电阻 | 220Ω/RJ⅛W | $R_7$ | 1 |
| 电阻 | 24Ω/RJ⅛W | $R_8$、$R_{10}$、$R_{12}$ | 3 |
| 电阻 | 560Ω/RJ⅛W | $R_9$、$R_{11}$、$R_{13}$ | 3 |
| 电解电容 | 470μF/16V | $C_1$ | 1 |
| 电解电容 | 22μF/10V | $C_2$ | 1 |
| 电解电容 | 100μF/10V | $C_3$ | 1 |
| 二极管 | 1N4001 | $VD_1 \sim VD_7$ | 1 |
| 发光二极管 | φ3 红色 | $LED_{1,3,4,5}$ | 4 |
| 发光二极管 | φ3 绿色 | $LED_2$ | 1 |
| 三极管 | 8050（NPN） | $V_1$ | 1 |
| 三极管 | 9013（NPN） | $V_2$、$V_3$ | 2 |
| 三极管 | 8550（PNP） | $V_4$、$V_5$、$V_6$ | 3 |
| 拨动开关 | 1D3W | $K_1$ | 1 |
| 拨动开关 | 2D2W | $K_2$ | 1 |
| 电源插头线 | 2A220V | CT1 | 1 |
| 十字插头线 |  | CT2 | 1 |
| 电源变压器 | 3W7.5V | T | 1 |
| 印制线路板 A | 大板 | A | 1 |
| 印制线路板 B | 小板 | B | 1 |
| 机壳后盖上盖 |  |  | 1 |
| 电池负极片 | 塔簧 |  | 5 |
| 电池正极片 |  |  | 5 |
| 自攻螺钉 | M2.5 |  | 2 |
| 自攻螺钉 | M3 |  | 5 |
| 排线（15P） | 75cm | PX | 1 |
| JX 接线 | 160mm | $J_1$ | 1 |
| JX 接线 | 125mm | $J_2$ | 1 |
| JX 接线 | 80mm | $J_3$、$J_4$、$J_5$ | 3 |
| JX 接线 | 35mm | $J_6$ | 1 |
| JX 接线 | 55mm | $J_7$ | 1 |
| JX 接线 | 75mm | $J_8$ | 1 |
| JX 接线 | 15mm 硬裸线 | $J_9$ | 1 |
| 热缩套管 | 30mm |  | 2 |

2) 印制电路板 A 板的焊接

按图 11-17 所示元器件位置,并按图 11-18 将全部元器件卧式焊接、注意二极管、三极管及电解电容的极性和高度。

3) 印制电路板 B 板的焊接

(1) 按图 11-17 所示位置,将 $K_1$、$K_2$ 从元件面插入,且必须装到底。

(2) $LED_1 \sim LED_5$ 的焊接高度如图 11-19 所示,要求发光管顶部距离印制电路板高度为 13.5~14mm。让 5 个发光管露出机壳 1.5mm 左右,且排列整齐。注意颜色和极性。也可先不焊 LED,待 LED 插入 B 板后装入机壳调好位置再焊接。

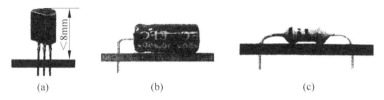

图 11-18　三极管、二极管及电解电容的安装

(a) 三极管；(b) 电解电容；(c) 二极管、电阻

(3) 如图 11-17 所示将 15 线排线 B 端(连接 B 板)与印制电路板 1~15 焊盘依次顺序焊接。排线两端必须镀锡处理后方可焊接,A 端(连接 A 板)左右两边各 5 根线(即 1~5、11~15)分别依次剪成均匀递减的形状,裁剪长度如图 11-19 所示。再按图 11-19 所示将排线中的所有线段分开至两条水平虚线处,并将 15 根线的两头剥去线绝缘皮 2~3mm,然后把每个线头的多股线芯绞合后镀锡(不能有毛刺)。

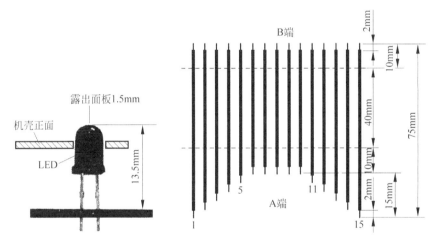

图 11-19　$LED_1 \sim LED_5$ 的焊接高度和 15 线排线焊接图

(4) 焊接十字插头线 $CT_2$ 须注意将十字插头有白色标记的线焊在有"×"标记的焊盘上。

(5) 可用硬裸铜线焊接开关 $K_2$ 旁边的短接线 $J_9$。

以上全部焊接完成后,按图 11-17 检查正确无误,将整机装配。

## 3. 整机装配工艺

1) 装接电池正极片和负极塔簧

(1) 正极片凸面向下如图11-20(a)所示。将$J_1$、$J_2$、$J_3$、$J_4$、$J_5$五根导线分别焊在正极片凹面焊接点上(正极片焊点应先镀锡)。

(2) 安装负极塔簧,在距塔簧第一圈起始点5mm处镀锡如见图11-20(b)所示。分别将$J_6$、$J_7$、$J_8$三根导线与塔簧焊接。

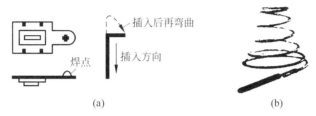

图 11-20 电池夹正极片和负极弹簧装配位置图
(a) 插入后再弯曲;(b) 塔簧焊线位置

2) 电源线连接

把电源线焊接至变压器交流220V输入端如图11-21所示。

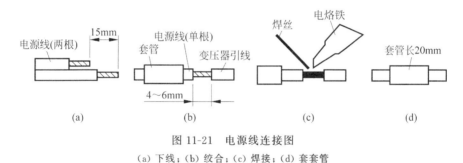

图 11-21 电源线连接图
(a) 下线;(b) 绞合;(c) 焊接;(d) 套套管

**注意**:两接点用热缩套管绝缘,热缩套管套上后须加热两端,使其收缩固定。

3) 焊接A板与B板以及变压器的所有连线

(1) 变压器副边引出线焊至A板T—1、T—2。

(2) B板与A板用15线排线对号按顺序焊接。

4) 焊接印制电路板B与电池片间的连线

如图11-22所示将$J_1$、$J_2$、$J_3$、$J_6$、$J_7$、$J_8$分别焊接在B板的相应点上。

5) 装入机壳

上述安装完成后,检查安装的正确性和可靠性,然后按下述步骤装入机壳。

(1) 将焊好的正极片先插入机壳的正极片插槽内,然后将其弯曲90°,如图11-20所示。

**注意**:为防止电池片在使用中掉出,应将焊线牢固,最好一次性插入机壳。

(2) 按整机装配图11-22所示位置将塔簧插入槽内,焊点在上面。在插左右两个塔簧前应先将$J_4$、$J_5$两根线焊接在塔簧上后再插入相应的槽内。

(3) 将变压器原、副边引出线朝上,放入机壳的固定槽内。

(4) 用M2.5自攻螺钉固定B板两端。

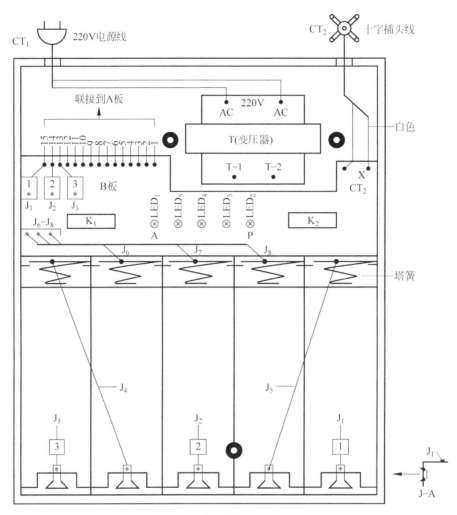

图 11-22　整机装配图(后视图)

### 11.4.3　检测调试

**1. 目视检验**

总装完毕,按原理图及工艺要求检查整机安装情况,着重检查电源线,变压器连线,输出连线及 A 和 B 两块印制电路板的连线是否正确、可靠,连线与印制电路板相邻导线及焊点有无短路及其他焊接和装配缺陷。

**2. 通电检测**

(1) 电压可调:在十字头输出端测输出电压,注意电压表极性,所测电压值应与面板指示相对应。拨动开关 $K_1$,输出电压相应变化,要求与面板标称值误差在 ±10% 为正常,并记录该测试结果。

(2) 极性转换：按面板所示开关 $K_2$ 位置，检查电源输出电压极性能否转换，应与面板所示位置相吻合。

(3) 负载能力：用一个 47Ω/2W 以上的电位器作为负载，接到直流电压输出端，串接万用表 DC500mA。调电位器使输出电流为额定值 150mA；用连接线替下万用表，测此时输出电压。将所测电压与(1)中所测值比较，各挡电压下降应小于 0.3V。

(4) 过载保护：将万用表 DC 500mA 串入电源负载回路，逐渐减小负载电位器阻值，面板指示灯 $LED_1$ 逐渐变亮，电流逐渐增大到一定数(<500mA)后不再增大，这时保护电路起了作用。当增大负载电位器阻值后，$LED_1$ 指示灯熄灭，恢复正常供电。注意：过载时间不可过长，以免电位器烧坏。

(5) 充电检测：用万用表 DC 250mA 或数字表 200mA 挡作为充电负载代替电池，如图 11-23 所示，$LED_1$～$LED_5$ 应按面板指示位置相应点亮，电流值应为 60mA，误差须为 ±10%。注意：表笔不可按反，也不得接错位置，否则没有电流。

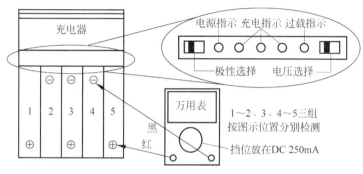

图 11-23 面板功能及充电检测示意图

### 11.4.4 实习内容与基本要求

(1) 了解电路的原理和各部分的作用。

(2) 学会印制电路板的制作过程。

(3) 完成一台直流稳压、充电电源。①输出直流电压分为 3V、4.5V、6V 三挡，各挡误差为 ±10%，并可进行极性转换；②发生过载、短路可自动保护，故障消除后自动恢复；③充电电流：60mA(±10%)可对 1～5 节 5 号镍铬电池充电，充满时间 10～12 小时；④学习检验带负载能力方法。

## 11.5 DT830B 数字万用表安装与调试

### 11.5.1 DT830B 数字万用表简介

DT830B 数字万用表主电路采用典型数字表集成电路 ICL7106，性能稳定可靠。由于技术成熟、应用广泛。具有精度高、输入电阻大、读数直观、功能齐全、体积小巧等优点。常用电气测量轻松自如。其外形结构如图 11-24 所示。

图 11-24　DT830B 数字万用表外形结构

DT830B 数字万用表单板结构,集成电路 ICL7106 采用 COB 封装。结构合理、功能齐全、体积小巧、外观精致,便于携带。其主要技术指标如表 11-5 所示。

表 11-5　DT830B 数字万用表主要技术指标

| 一 般 特 性 | | |
|---|---|---|
| 显示 | | $3\frac{1}{2}$ 位 LCD 自动极性显示 |
| 超量程显示 | | 最高位显示"1"其他位空白 |
| 最大共模电压 | | 500V 峰值 |
| 储存环境 | | $-15\sim50$℃ |
| 温度系数 | | 小于 $0.1\times$ 准确度/℃ |
| 电源 | | 9V 叠层电池 |
| 外形尺寸 | | 128mm×75mm×24mm |
| 量　　程 | 测 试 电 流 | 开路电压/测试电压 |
| 晶体管检测 | | |
| 二极管 | 1.4mA | 2.8V |
| 三极管 | $I_b=10\mu A$ | $V_{ce}=3V$ |
| 量　　程 | 分　辨　率 | 精　　　度 |
| 直流电压 | | |
| 200mV | 0.1mV | ±0.5%读数±2字 |
| 2000mV | 1mV | ±0.5%读数±3字 |
| 20V | 10mV | ±0.5%读数±3字 |
| 200V | 100mV | ±0.5%读数±3字 |
| 1000V | 1V | ±0.8%读数±3字 |

续表

| 量　　程 | 分　辨　率 | 精　　度 |
|---|---|---|
| 直流电流 ||| 
| 200μA | 0.1μA | ±1.0%读数±0.3字 |
| 2000μA | 1μA | ±1.0%读数±0.3字 |
| 20mA | 10μA | ±1.0%读数±0.3字 |
| 200mA | 100μA | ±1.5%读数±5字 |
| 10A | 10mA | ±2.0%读数±10字 |
| 交流电压 |||
| 200V | 100mV | ±1.2%读数±10字 |
| 750V | 1V | ±1.2%读数±10字 |
| 电　　阻 |||
| 200Ω | 0.1Ω | ±1.0%读数±10字 |
| 2000Ω | 1Ω | ±1.0%读数±2字 |
| 20kΩ | 10Ω | ±1.0%读数±2字 |
| 200kΩ | 100Ω | ±1.0%读数±2字 |
| 2000kΩ | 1kΩ | ±1.0%读数±2字 |

## 11.5.2 DT830B 数字万用表工作原理

DT830B 数字万用表以大规模集成电路 ICL7106 为核心，其原理图如图 11-25 所示，原理框图如图 11-26 所示。

输入的电压或电流信号经过一个开关选择器转换成 0～199.9mV 的直流电压。如输入信号 100VDC，就用 1000∶1 的分压器获得 100.0mVDC；输入信号 100VAC，首先整流为 100VDC，然后再分压成 100.0mVDC。电流测量则通过选择不同阻值的分流电阻获得。采用比例法测量电阻，方法是利用一个内部电压源加在一个已知电阻值的系列电阻和串联在一起的被测电阻上。被测电阻上的电压与已知电阻上的电压之比值，与被测电阻值成正比。

输入 ICL7106 的直流信号被接入一个 A/D 转换器，转换成数字信号，然后送入译码器转换成驱动 LCD 的 7 段码。A/D 转换器的时钟是由一个振荡频率约 48kHz 的外部振荡器提供的，它经过一个 1/4 分频获得计数频率，这个频率获得 2.5 次/s 的测量速率。四个译码器将数字转换成 7 段码的四个数字，小数点由选择开关设定。

**1. ICL7106 介绍**

ICL7106 共有 44 个引出端，引脚排列如图 11-27 所示，引脚功能说明如表 11-6 所示。

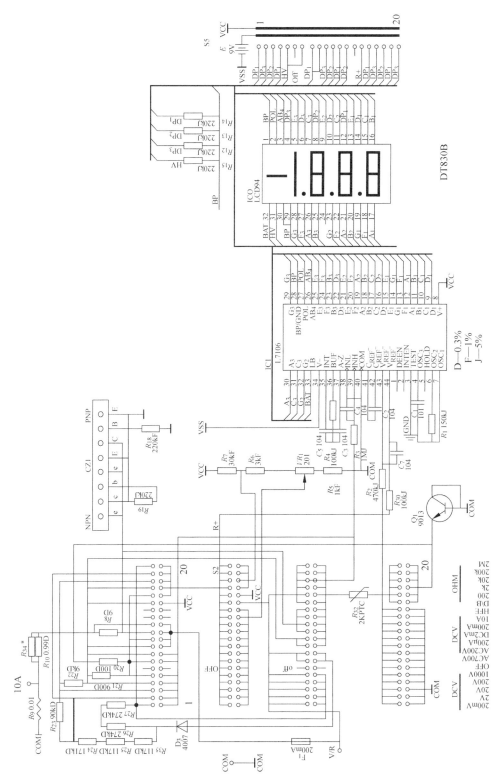

图 11-25 DT830B 数字万用表原理图

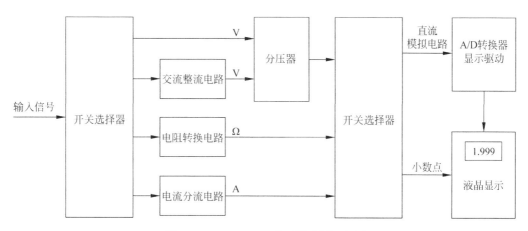

图 11-26 DT830B 数字万用表原理框图

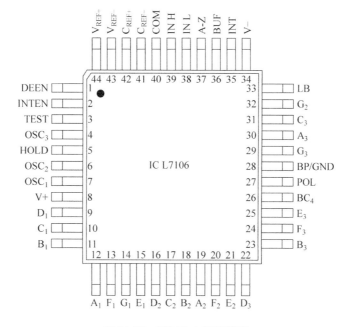

图 11-27 ICL7106 引脚排列

表 11-6 ICL7106 引脚功能说明

| 引脚名 | 功　能　说　明 |
| --- | --- |
| V+、V− | 分别为电源的正、负端 |
| COM | 模拟信号的公共端,简称"模拟地",使用时通常将该端与输入信号的负端、基准电压的负端短接 |
| TEST | 测试端,该端经内部 500Ω 电阻接数字电路公共端,因这两端呈等电位,故亦称之为"数字地(GND 或 DGND)""逻辑地"。此端有两个功能,一是作"测试指示",将它与 V+ 相接后,LCD 显示器的全部笔段点亮,应显示出 1888(全亮笔段),据此可确定显示器有无笔段残缺现象;第二个功能是作为数字地供外部驱动器使用,例如构成小数点驱动电路 |

续表

| 引脚名 | 功 能 说 明 |
|---|---|
| $A_1 \sim G_1$<br>$A_2 \sim G_2$<br>$A_3 \sim G_3$ | 分别为个位、十位、百位笔段驱动端,依次接液晶显示器的个、十、百位的相应笔段电极。LCD 为 7 段显示($a \sim g$),DP(digital point)表示小数点 |
| $BC_4$ | 千位(即最高位)笔段驱动端,接 LCD 的千位 b、c 段,这两个笔段在内部是连通的,当计数值 $N>1999$ 时,显示器溢出,仅千位显示"1",其余位均消隐,以此表示过载 |
| POL | 负极性指示驱动端 |
| BP | 液晶显示器背面公共电极的驱动端,简称"背电极" |
| $OSC_1 \sim OSC_3$ | 时钟振荡器的引出端,与外接阻容元件构成两级反相式阻容振荡器 |
| $V_{REF}+$ | 基准电压的正端,简称"基准+",通常从内部基准电压源获取所需要的基准电压,也可采用外部基准电压,以提高基准电压的稳定性 |
| $V_{REF}-$ | 基准电压的负端,简称"基准-" |
| $C_{REF}+$、$C_{REF}-$ | 外接基准电容的正、负端 |
| INH、INL | 模拟电压输入端,分别接被测直流电压 $V_{IN}$ 的正端与负端 |
| A-Z | 外接自动调零电容 $C_{AZ}$ 端,该端接芯片内部积分器的反相输入端 |
| BUF | 缓冲放大器的输出端,接积分电阻 $R_{INT}$ |
| INT | 积分器输出端,接积分电容 $C_{INT}$ |

**2. 工作原理**

ICL7106 内部包括模拟电路(即双积分式 A/D 转换器)和数字电路两大部分。模拟电路与数字电路是互相联系的,一方面控制逻辑单元产生控制信号,按照规定的时序控制模拟开关的接通或断开;另一方面模拟电路中的比较输出信号又控制数字电路的工作状态与显示结果。

1) 模拟电路

ICL7106 内部模拟电路(即双积分式 A/D 转换器)主要由基准电压源、缓冲器、积分器、比较器和模拟开关所组成,如图 11-28 所示。A/D 转换器的每个测量周期分成三个阶段:自动调零(A-Z),正向积分(INT),反向积分(DE)。

第一阶段,自动调零 A-Z(AUTO-ZERO):在此阶段,$S_{AZ}$ 闭合,$S_{INT}$、$S_{DE}$ 断开,完成以下工作:①将 INH,INL 的外部引线断开,并将缓冲器的同相输入端与模拟地短接,使芯片内部的输入电压 $V_{IN}=0V$;②反积分器反相输入端与比较器输出端短接,此时反映到比较器的总失调电压对自动调零电容 $C_{AZ}$ 充电,以补偿缓冲器,积分器和比较器本身的失调电压,可保证输入失调电压小于 $10\mu V$;③基准电压 $V_{REF}$ 向基准电容 $C_{REF}$ 充电,使之被充到 $V_{REF}$,为反向积分做准备。

第二阶段,正向积分(亦称信号积分或采样)INT(integral):此时 $S_{INT}$ 闭合,$S_{AZ}$ 和 $S_{DE}$ 断开,切断自动调零电路并去掉短路线,INH,INL 端分别被接通,积分器和比较器开始工作。被测电压 $V_{IN}$ 经缓冲器和积分电阻后送至积分器。积分器在固定时间 $T_1$ 内,以

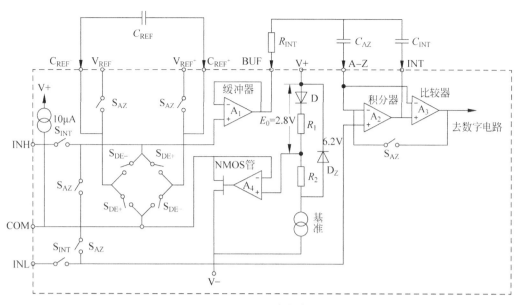

图 11-28　ICL7106 内部模拟电路

$V_{IN}/(R_{INT}-C_{INT})$ 的斜率对 $V_{IN}$ 进行定时积分。令计数脉冲的频率为 $F_{CP}$，周期为 $T_{CP}$，则 $T_1=1000T_{CP}$。当计数器计满 1000 个脉冲数时，积分器的输出电压为

$$V_0 = KT_1 \div (R_{INT}C_{INT}) \times V_{IN} \tag{11-1}$$

式中，$K$ 是缓冲放大器的电压放大系数，$T_1$ 也叫采样时间。在正向积分结束时，$V_{IN}$ 的极性即被判定。

第三阶段，反向积分，亦称解积分（decompose integral，DE）：在此阶段，$S_{AZ}$，$S_{INT}$ 断开，$S_{DE+}$，$S_{DE-}$ 闭合。控制逻辑在对 $V_{IN}$ 进行极性判断之后，接通相应极性的模拟开关，将 $C_{REF}$ 上已充好的基准电压接相反极性代替 $V_{IN}$，进行反向积分。经过时间 $T_2$，积分器的输出又回零。在反向积分结束时有

$$V_0 = (KT_2V_{REF}) \div (R_{INT}C_{INT}) \tag{11-2}$$

将式(11-1)代入式(11-2)中整理后得到

$$T_2 = T_1 \div V_{REF} \times V_{IN} \tag{11-3}$$

假定在 $T_2$ 时间内计数值（即仪表显示值，不计小数点）为 $N$，则 $T_2=NT_{CP}$。代入式(11-3)中得到：

$$N = T_1 \div (T_{CP}V_{REF}) \times V_{IN} \tag{11-4}$$

显见，$T_1$、$T_{CP}$、$V_{REF}$ 均为定值，故 $N$ 仅与被测电压 $V_{IN}$ 成正比，由此实现了模拟量-数字量的转换。在测量过程中，ICL7106 能自动完成下述循环：

→自动调零→正向积分→反向积分→

将 $T_1=1000T_{CP}$，$V_{REF}=100.0\text{mV}$ 代入式(11-4)得到

$$N = 1000 \div V_{REF} \times V_{IN} = 1000 \div 100.0 \times V_{IN} = 10V_{IN} \tag{11-5}$$

即

$$V_{IN} = 0.1N \tag{11-6}$$

只要把小数点定在十位后面,即可直读结果。

满量程时 $N=2000$,$V_{IN}=V_m$,由式(11-4)很容易导出满量程电压 $V_m$ 与基准电压 $V_{REF}$ 的关系式:

$$V_m = 2V_{REF} \tag{11-7}$$

显然,当 $V_{REF}=100.0\text{mV}$ 时,$V_m=200\text{mV}$;$V_{REF}=1000\text{mV}$ 时,$V_m=2\text{V}$。上述关系是由 ICL7106 本身特性所决定的,外部无法改变。

$3\frac{1}{2}$ 位数字电压表的最大显示值为 1999,满量程时将显示过载(溢出)符号"1"。

2) 数字电路

ICL7106 的数字电路如图 11-29 所示,主要包括 8 个单元电路:时钟振荡器、分频器、计数器、锁存器、译码器、异或门相位驱动器、控制逻辑、$3\frac{1}{2}$ 位 LCD 显示器,图中虚线框内表示 ICL7106 内部数字电路,框外是外围电路。

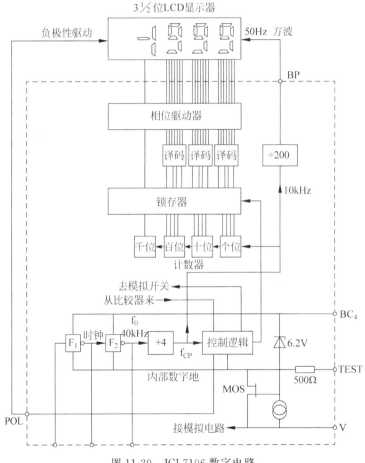

图 11-29 ICL7106 数字电路

时钟振荡器由 7106A 内部的反相器 $F_1$、$F_2$,以及外部阻容元件 $R$、$C$ 组成,属于两级反相式阻容振荡器,可输出占空比 $D \approx 50\%$ 的对称方波。振荡频率与振荡周期的估算公式分别为

$$f_0 \approx 0.455/RC \tag{11-8}$$

$$T_0 \approx 2RC\ln3 = 2.2RC \tag{11-9}$$

因完成一次 A/D 转换需 16000 个时钟周期,故测量周期 $T = 16000T_0$,所对应的测量速率为

$$MR = f_0/16000 \tag{11-10}$$

对时钟频率进行逐级分频,即可得到所需计数频率 $f_{CP}$、LCD 背电极方波信号频率 $f_{BP}$。分频器由一级 4 分频电路和一级 200 分频电路构成,整个分频电路可完成 800 分频。其中的 200 分频电路,实际包含一级 2 分频电路和两级 10 分频电路。假定时钟频率 $f_0 = 40\text{kHz}$,则计数频率 $f_{CP} = 40\text{kHz} \div 4 = 10\text{kHz}$,背电极信号频率 $f_{BP} = 40\text{kHz} \div 800 = 50\text{Hz}$。

ICL7106 采用二-十进制 BCD(binary coded decimal)码计数器。每个整数位的计数器均由 4 级触发器的门电路组成。最高位亦称½位(千位),只有 0 和 1 两种计数状态,故仅用一级触发器。译码器和译码器之间,仅当控制逻辑发出选通信号时,计数器中的 A/D 转换结果才能在计数过程中不断跳数,便于观察与记录。

控制逻辑具有 3 种功能:第一,识别积分器的工作状态,知时发出控制信号,使模拟开关按规定顺序接通或断开,确保 A/D 转换正常进行;第二,判定输入电压 $V_{IN}$ 的极性,并且使 LCD 显示器在负极性 $V_{IN}$ 时显示;第三,当输入电压超量程时发出溢出信号,使千位上显示"1",其余位均消隐。

**3. ICL7106 的典型应用**

1)直流电压测量

图 11-30 为直流电压测量简化图,输入电压被分压电阻分压(分压电阻之和为 1MΩ),每挡分压系数为 1/10,分压后的电压必须在 $-0.199 \sim +0.199\text{V}$ 之间,否则将过载显示,过载显示为仅在最高位显示"1"其余位数不显示。

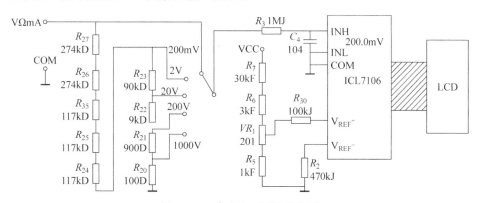

图 11-30 直流电压测量简化图

2)交流电压测量

图 11-31 为交流电压测量简化图,交流电压首先须进行整流并通过一低通滤波器对波形进行整形,然后送入公用的直流电压测量电路,最后将测量出交流电压的有效值(RMS)。

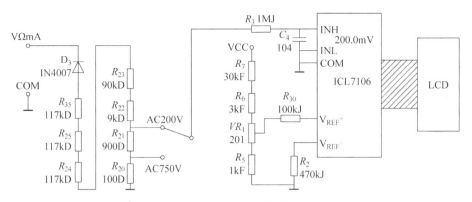

图 11-31 交流电压测量简化图

3) 直流电流测量

图 11-32 为直流电流测量简化图,内部的取样电阻将输入电流转换为 -199.9～+199.9mV 之间的电压后送入 ICL7106 输入端,当设置在 10A 挡时,输入的电流直接输入 10A 输入孔而不能通过选择开关。

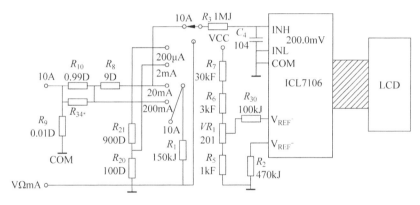

图 11-32 直流电流测量简化图

4) 电阻测量

图 11-33 为电阻测量简化图,这个电路由电压源,标准电阻(这个电阻为分电压电阻,由选择开关转换得到),被测量电阻(未知)组成,两个电阻的比值等于各自电压降的比值,因此,通过标准电阻及利用标准电阻上的标准电压,就可确定被测电阻的阻值。测量结果直接由 A/D 转换器得到。

5) hFE 测量

图 11-34 为 hFE 测量简化图,集成电路 ICL7106 的内部电路提供 2.8V 的稳定电压(V+ 对 COM),当 PNP 晶体管插入晶体管座时,基极到发射极的电流流过电阻 $R_{10}$,由 $R_{10}$ 上的电压产生集电极电流,在 $R_{23}$ 上得到的电压送入 ICL7106 并同时显示晶体管的 hFE 值。对 NPN 晶体管,发射极电流流过 $R_{11}$ 并同时显示晶体管的 hFE 值。

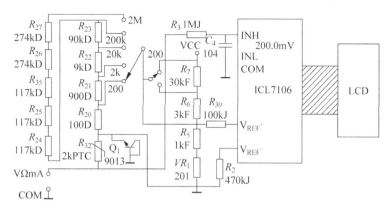

图 11-33 电阻测量简化图

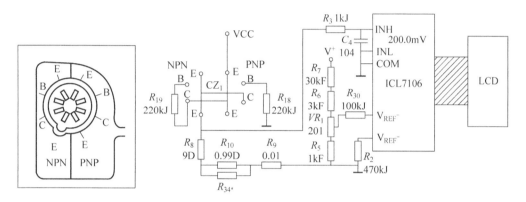

图 11-34 hFE 测量简化图

## 11.5.3 DT830B 数字万用表安装工艺

DT830B 数字万用表由机壳塑料件(包括上下盖、旋钮)、印制电路板部件(包括插口)、液晶屏及表笔等组成,组装成功关键是装配印制电路板部件,整机安装流程如图 11-35 所示。

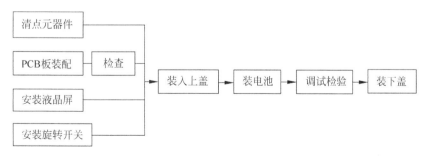

图 11-35 DT830B 数字万用表安装流程图

## 1. 清点元器件

元器件清单一如表 11-7 所示。

表 11-7 元器件清单一

| 代 号 | 参 数 | 精 度 | 代 号 | 参 数 | 精 度 |
|---|---|---|---|---|---|
| 电阻 | | | $R_{19}$ | 220k | 5% |
| $R_{10}$ | 0.99 | 0.5% | $R_{12}$ | 220k | 5% |
| $R_8$ | 9 | 0.3% | $R_{13}$ | 220k | 5% |
| $R_{20}$ | 100 | 0.3% | $R_{14}$ | 220k | 5% |
| $R_{21}$ | 900 | 0.3% | $R_{15}$ | 220k | 5% |
| $R_{22}$ | 9k | 0.3% | $R_2$ | 470k | 5% |
| $R_{23}$ | 90k | 0.3% | $R_3$ | 1M | 5% |
| $R_{24}$ | 117k | 0.3% | $R_{32}$ | 2k | 20% |
| $R_{25}$ | 117k | 0.3% | 电容 | | |
| $R_{35}$ | 117k | 0.3% | $C_1$ | 100pF | |
| $R_{26}$ | 274k | 0.3% | $C_2$ | 100nF | |
| $R_{27}$ | 274k | 0.3% | $C_3$ | 100nF | |
| $R_5$ | 1k | 1% | $C_4$ | 100nF | |
| $R_6$ | 3k | 1% | $C_5$ | 100nF | |
| $R_7$ | 30k | 1% | $C_6$ | 100nF | |
| $R_{30}$ | 100k | 5% | 晶体管 | | |
| $R_4$ | 100k | 5% | D3 | 1N4007 | |
| $R_1$ | 150k | 5% | Q1 | 9013 | |
| $R_{18}$ | 220k | 5% | | | |

元器件清单二

1) 线路板 1 块

(1) IC：7106(全检)(已装好)；

(2) 表笔插孔柱 3 个(已装好)。

2) 袋装散件 1 套

(1) 保险管、座 1 套；

(2) HFE 座 1 个；

(3) V 形触片：6 片；

(4) 9V 电池：1 个；

(5) 电池扣：1 个；

(6) 导电胶条：2 条；

(7) 滚珠：2 个；

(8) 定位弹簧 2.8×5：2 个；

(9) 接地弹簧 4×13.5：1 个；

(10) M2×8 自攻螺钉(固定线路板)：3 个；

(11) M2×10 自攻螺钉(固定底壳)：2 个；

(12) 电位器 201($VR_1$):1个;

(13) 锰铜丝电阻($R_0$):1个。

3) 其他

(1) 前盖、后盖各1个;

(2) 液晶片1片;

(3) 液晶片支架1个;

(4) 旋钮1个;

(5) 屏蔽纸1张;

(6) 功能面板(已装好)。

4) 附件

(1) 表笔1付;

(2) 说明书;

(3) 电路图及注意要点1张。

**注意**:安装前必须对照元器件清单一和元器件清单二,仔细清理、测试元器件。特殊器件按示意图 11-36 所示。

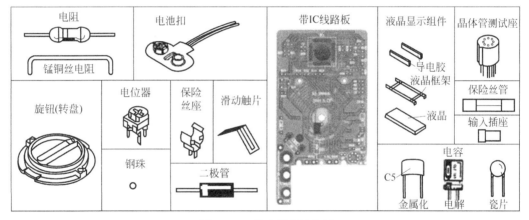

图 11-36 特殊器件示意图

**2. 焊接 PCB 印制电路板元器件**

如图 11-37 所示,双面板的 A 面是焊接面,中间环形印制导线是功能、量程转换开关电路,需小心保护,不得划伤或污染。

具体安装步骤如下:

(1) 将 DT830B 数字万用表元器件清单一上所有元器件按顺序插接焊到印制电路板相应位置上。(可参照图11-38)。安装电阻、电容、二极管时,如果安装孔距>8mm(例如 $R_8$、$R_{21}$ 等,丝印图画上电阻符号的)的采用卧式安装;如果孔距<5mm 的应立式安装(如板上丝印图画"○"的其他电阻);电容采用立式安装。PCB 板元器件面上丝印图相应符号可参见图 11-39 PCB 板安装局部符号示例。

(2) 安装电位器、三极管测试底座。注意安装方向:三极管插座装在 A 面而且应使定位凸点与外壳对准、在 B 面焊接,如图 11-40 所示为三极管测试底座安装。

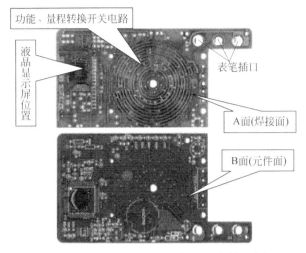

图 11-37　DT830B 数字万用表 PCB 印制电路板

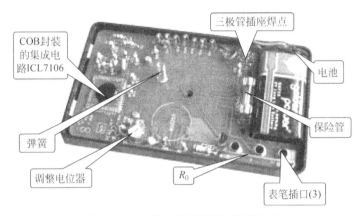

图 11-38　安装完成的印制电路板 B 面

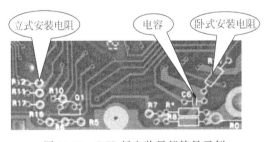

图 11-39　PCB 板安装局部符号示例

（3）安装保险座、$R_0$、弹簧。焊接点大，注意预焊和焊接时间，$R_0$ 安装如图 11-41 所示。

图 11-40　三极管测试底座安装

图 11-41　$R_0$ 安装

（4）安装电池线。电池线由 B 面穿到 A 面再插入焊孔、在 B 面焊接。红线接"＋"黑线接"－"。安装完成的印制电路板 B 面如图 11-38 所示。

### 3．液晶屏的安装

前盖平面向下置于桌面，从液晶屏表面揭去透明保护膜（注意：不要揭去背面的银色衬背），将液晶屏放入前盖对应窗口内，白面向上，要确保液晶屏的小突头的方向与示意图一致，方向标记在右方；然后依次放入液晶屏支架，平面向下；用镊子把导电胶条放入支架两横槽中，注意保持导电胶条的清洁。液晶屏安装步骤如图 11-42 所示。

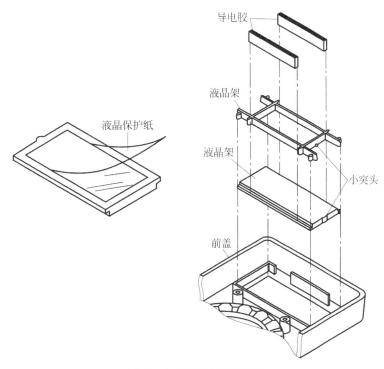

图 11-42　液晶屏安装步骤

### 4．旋钮安装方法

（1）V 形簧片装到旋钮上，共六个，如图 11-43 所示。注意：簧片易变形，用力要轻。

图 11-43　V 形簧片安装示意图

（2）装完簧片把旋钮翻面，取一点凡士林放入拨盘的弹簧孔中，然后将两只拨盘弹簧装入拨盘弹簧孔中。

(3) 将两只钢珠对称放入前盖内的凹痕中。

(4) 将装好弹簧的旋钮按正确方向放入前盖中,注意拨盘的弹簧孔对准前盖上的钢珠。

**5. 固定印制电路板**

(1) 将印制电路板对准位置装入前盖中,确保 8 脚插座放入前盖的对应孔中,然后用 3 只 6mm 长螺钉紧固线路板,螺钉紧固位置如图 11-44 所示。

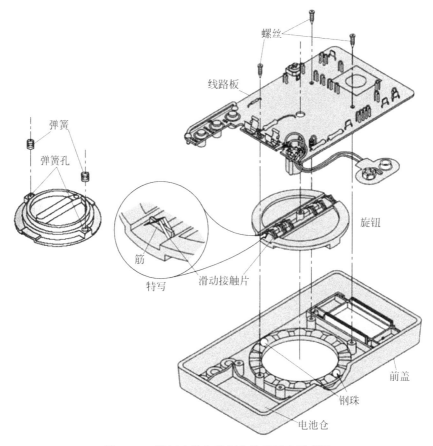

图 11-44 旋钮安装和印制电路板固定示意图

(2) 将 0.5A/250V 保险管装入保险管座中。注意:安装螺钉之后再装保险管。

(3) 将功能面牌的衬底剥离,然后将功能面牌贴在前盖上。

(4) 将 9V 电池扣在电池扣上,并置于电池仓。转动旋钮,液晶屏应正常显示。装好印制电路板和电池的数字万用表外观结构如图 11-45 所示。

## 11.5.4 DT830B 数字万用表调试、校准和总装

数字万用表的功能和性能指标由集成电路和选择外围元器件得到保证,只要安装无误,仅作简单调整即可达到设计指标。

图 11-45 装好印制电路板和电池的数字万用表外观结构

## 1. 显示测试

不连接测试笔,转动拨盘,仪表在各挡位的读数如表 11-8 所示,负号(一)可能会在各为零的挡位中闪动显示,另外尾数有一些数字的跳动也是算正常的。

表 11-8 不连接测试笔仪表在各挡位的读数

| 功 能 量 程 | | 显 示 数 字 | 功 能 量 程 | | 显 示 数 字 |
|---|---|---|---|---|---|
| DCV | 200mV | 00.0 | hFE | 三极管 | 000 |
| | 2000mV | 000 | ⇥ | 二极管 | 1BBB |
| | 20V | 0.00 | Ω | 200 | 1BB.B |
| | 200V | 00.0 | | 2K | 1.BBB |
| | 1000V | 000HV | | 20K | 1B.BB |
| DCA | 200μA | 00.0 | | 200K | 1BB.B |
| | 2000μA | 0.000 | | 2M | 1.BBB |
| | 20mA | 0.00 | V~ | 750 | 000HV |
| | 200mA | 00.0 | | 200 | 00.0 |
| | 10A | 0.00 | | | |

注:B 代表空白。

如果万用表各挡位显示与上述所列不符,检查以下事项:
(1) 检查电池电量是否充足,连接是否可靠。
(2) 检查各电阻的值是否正确。
(3) 检查各电容的值是否正确。
(4) 检查线路板焊接是否有短路、虚焊、漏焊。
(5) 检查滑动连接片是否接触良好。
(6) 检查液晶屏、导电条和线路板是否正确连接。

## 2. 校准

1) A/D 转换器校准

将被测仪表的拨盘开关转到 20V 挡位,插好表笔;用另一块已校准仪表做监测表,监测一个小于 20V 的直流电源(例如 9V 电池),然后用该电源校准装配好的仪表,调整电位器 $VR_1$ 直到被校准表与监测表的读数相同(注意不能用被校准表测量自身的电池)。当两个仪表读数一致时,套件安装表就被校准了。将表笔移开电源,拨盘转到关机位。

2) 直流 10A 挡校准

直流 10A 挡校准需要一个负载能力大约为 5A、电压 5V 左右的直流标准源和一个 10Ω、25W 的电阻。将被校准表的拨盘转到"10A"挡位置,表笔连接如图 11-46 所示,如果仪表显示高于 5A,焊接锰铜丝使锰铜丝电阻在 10A 和 COM 输入端之间的长度缩短,直到仪表显示 5A;如果仪表显示小于 5A,焊接锰铜丝使锰铜丝电阻在 10A 和 COM 输入端之间的长度加长,直到仪表显示 5A。

校准错误:检查线路板是否有焊锡短路、焊接不良等现象。

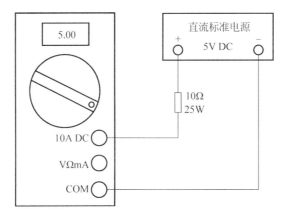

图 11-46　直流 10A 挡校准电路连接

### 3. 测试

1) 直流电压测试

如果有直流可变电压源,只要将电源分别设置在 DCV 量程各挡的中值,然后对比被测表与监测表测量各挡中值的误差。

如果没有可变电源,可以采取以下两种测量方法:

将拨盘转到 2000mV 量程,测量接线如图 11-47(a)所示中 100Ω 电阻两端的电压,与监测表对比读数,此电压约 820mV。将拨盘转到 200mV 量程,测量接线图 11-47(b)中 100Ω 电阻两端的电压,与监测表对比读数,此电压约为 90mV。

如果上面的测量有问题,则:①重新检查前面的校准;②检查各电阻和电容的焊接和数值。

2) 交流电压测试

交流电压测试,需要交流电压源,市电是最方便的。拨盘转到 750VAC 量程,然后测量市电 220VAC,与监测表对比读数。

**注意**:用市电 220VAC 做电压源要特别小心,在表笔连接市电 220VAC 前一定要将拨盘先转到 750V/AC。

如果上面的测量有问题:①检查电阻 $R_{15}$、$R_{16}$ 的数值和焊接情况;②检查二极管的安

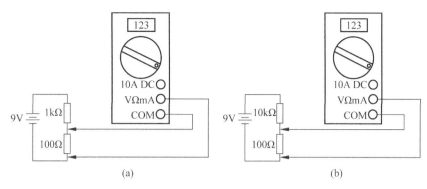

图 11-47 直流电压测试接线图

装方向及焊接情况是否正常。

3) 直流电流测量

将拨盘转到 200μA 挡位,然后按图 11-48 直流电流测量接线图连接仪表,当 $R_A$ 等于 100kΩ 时回路电流约为 90μA,对比被测表与监测表的读数。将拨盘转到表 11-9 所示中的各电流挡,同时按表 11-8 所示量程与 $R_A$ 的对应取值改变 $R_A$ 的数值,对比被测表与监测表的读数。

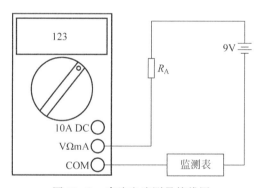

图 11-48 直流电流测量接线图

表 11-9 不同量程与 $R_A$ 的对应取值

| 量　　程 | $R_A$ | 电流(大约) |
| --- | --- | --- |
| 200μA | 100kΩ | 90μA |
| 2mA | 10kΩ | 900μA |
| 20mA | 1kΩ | 9mA |
| 200mA | 470Ω | 19mA |

如果上面的测量有问题,则:①检查保险管;②检查电阻 $R_{99} \sim R_{12}$ 的数值和焊接情况。

4) 电阻/二极管测试

用每个电阻挡满量程一半数值的电阻测试各挡,对比安装表与监测表各自测量同一个电阻的值。

用一个好的硅二极管(如 1N4007)测试二极管挡,读数应为 600 左右。如果上面的测量有问题,则:检查各电阻的数值和焊接是否正常。

5）hFE 测试

将拨盘转到 hFE 挡位,用一个小的 NPN(如 9014)和 PNP(如 9015)晶体管,并将发射极、基极、集电极分别插入相应的插孔。被测表显示晶体管的 hFE 值,晶体管的 hFE 值范围较宽,可以参考监测表显示值。

如果上面的测量有问题,则:①检查晶体管测试座是否完好、焊接是否正常,有否短路、虚焊、漏焊等；②检查电阻 $R_{21}$、$R_{22}$、$R_{23}$ 的数值及焊接是否正确。

**4. 总装**

1）贴屏蔽膜

将屏蔽膜上保护纸揭去,露出不干胶面,按图 11-49 所示位置贴到后盖内。

2）安装后盖

将后盖装入已调试好的仪表面盖,用两只 10mm 的螺钉紧固后盖,如图 11-50 安装后盖示意图所示进行安装。至此安装、校准、检测全部完成。

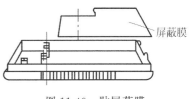

图 11-49 贴屏蔽膜

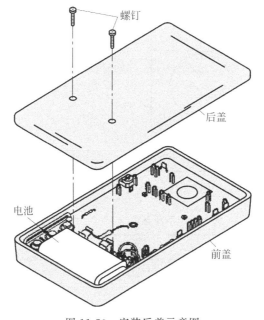

图 11-50 安装后盖示意图

## 11.5.5 DT830B 数字万用表的使用方法

**1. 测试前的准备工作**

(1) 确认电池与电池扣连接可靠并放入电池仓中。

(2) 连接测试表笔到电路之前,应确认量程开关在正确挡位放置。

(3) 连接测试表笔到电路之前,应确认测试表笔是否正确插入输入插座。
(4) 转换量程开关前,应将测试表笔从被测电路中移开。
(5) 应注意不能超出各量程的保护范围。

**2. 电压测量**

(1) 连接黑色测试表笔到"COM"端。
(2) 连接红色测试表笔到"VΩmA"端。
(3) 设置量程开关到"DCV"或"ACV"位置,如果被测电压是未知的,应将开关设置到最高量程。
(4) 连接测试表笔到测试点并在显示屏上读数,如果量程太高,应逐步减小到合适的量程。

**3. 直流电流测量**

1) 大电流测量(200mA～10A)
(1) 连接黑色测试表笔到"COM"端。
(2) 连接红色测试表笔到"10ADC"端。
(3) 设置量程开关到"10A"位置。
(4) 断开被测电路,将测试表笔串联在被测电路中。
(5) 合上被测电路,读出显示值,如果显示值小于 200mA,按下面的小电流测试步骤测量。
(6) 在测试表笔连接到被测电路之前,应切断被测电路中的电源并将所有电容放电。

2) 小电流测量(＜200mA)
(1) 连接黑色测试表笔到"COM"端。
(2) 连接红色测试表笔到"VΩmA"端。
(3) 设置量程开关到 DCA 位置,如果被测电流是未知的,应将开关设置到最高量程。
(4) 断开被测电路,将测试表笔串联在被测电路中。
(5) 在显示屏上读数,如果量程太高,读数的高位有一个或数个零,就逐步减小到合适的量程。
(6) 在将测试表笔连接到被测电路之前,应切断被测电路中的电源并将所有电容放电。

**4. 电阻测量**

(1) 连接黑色测试表笔到"COM"端。
(2) 连接红色测试表笔到"VΩmA"端。
(3) 设置量程开关到"Ω"位置的合适挡位。
(4) 在被测试表笔连接到被测电路之前,应切断被测电路中的电源并将所有电容放电。
(5) 将测试表笔连接到被测电阻两端即可直接读出被测电阻阻值,当测量高阻时,测试表笔不要接触到邻近点或手接触表笔导电端,否则将影响到测量结果。

### 5. 二极管测量

（1）连接黑色测试表笔到"COM"端。

（2）连接红色测试表笔到"VΩmA"端。

（3）如果被测二极管是连接在电路中，应切断被测电路中的电源并将所有电容放电。

（4）设置量程开关到"⊢⊣"挡位。

（5）正向电压测量。连接红色测试表笔到被测二极管正极，连接黑色测试表笔到被测二极管负极，对于硅管，正向电压应在 450~750mV 之间。

（6）反向电压测量。连接红色测试表笔到被测二极管负极，连接黑色测试表笔到被测二极管正极，如果二极管是好的，应显示超量程，如果二极管是坏的，将显示"000"或其他随机数。

### 6. 晶体管 hFE 测量

（1）将量程开关旋到 hFE 挡位并将被测晶体管插入相应的晶体管座。

（2）从显示屏上直接读出被测晶体管的 hFE 值。

### 7. 电池和保险管的更换

如果"⏚"在显示屏出现，表明电池电量不足应更换，为了安全更换电池和保险管（250mA/250V），应将后盖打开并用相同规格的电池和保险管更换。

## 11.5.6　DT830B 数字万用表常见故障及解决方法

DT830B 数字万用表常见故障及解决方法如表 11-10 所示。

表 11-10　DT830B 数字万用表常见故障及解决方法

| 故障现象 | 解决方法 | 备注 |
| --- | --- | --- |
| 缺笔画、笔画不正常 | 重新组装、7106 坏、液晶坏、笔画线（7106 第 2 脚至第 25 脚与液晶连接器的线）开路 | |
| 所有挡位均出 1 或负 1 | 电阻（20kΩ、220kΩ 等）断、7106 坏、线路开路、回零电容坏 | |
| 所有挡不回零或回零跳 | 7106 坏、回零电容坏、线路开路、基准电路故障、V 形簧片未装 | |
| 不开机 | 电源线焊反、V 形簧片未装、正负电源短路 | |
| 200mV 不输入 | 积分电容坏、滤波电容坏、线路开路、V 形簧片未装、接触不良 | 用橡皮擦，擦拭线路板的多属圈可以消除由于线路脏而引起的接触不良 |
| 200mA 不输入 | 保险丝断、线路开路、接触不良 | |
| 三极管不输入 | 220kΩ 未插、线路开路 | |
| 二极管不输入 | 电阻未插（1.5kΩ）、7106 坏、V 形簧片未装好、接触不良 | |
| 200Ω 不输入 | 接触不良、电阻插错、线路开路、积分电容虚焊 | |

续表

| 故障现象 | 解决方法 | 备注 |
|---|---|---|
| 200Ω 低 | 积分电容坏、电阻插错、线路有阻抗 | |
| 100kΩ 不输入 | 线路开路、电阻插错、电阻未插、接触不良 | |
| 二极管低 | 积分电容插错、电阻插错 | |
| 直流高压挡超差 | 电阻阻值偏(100Ω、352kΩ、548kΩ)、短路、线路板脏 | |
| 交流高压超差 | 电解电容坏、352kΩ 和 548kΩ 插反、IN4007 坏 | |
| 交流出负且超差 | 二极管插反、二极管二脚间短路 | |
| 交流高压不输入 | 二极管未插、电解电容正端对地短路、线路开路 | |
| 交流电压跳 | 滤波电容坏、滤波电容未插 | |
| 200μA 不输入 | 保险丝未装或断、电阻开路 | |
| 200mA 不输入 | 保险丝断、0.99Ω 断、接触不良 | |
| 10A 不输入 | 接触不良、钪铜丝脱焊 | |

## 思 考 题

1. 画出超外差收音机的原理框图,简述各部分的作用。
2. 简述调频波和调幅波的共同点和不同点是什么。
3. 试写出下列表面贴元器件封装代码的含义
   1608,3216,2112,5025。
4. 变容二极管有何特性？如何用指针式万用表判断二极管的正负极？
5. 举例说明集成引脚排列顺序的规律,画出双列 16 脚集成芯片引脚标号。

6. SMT 电子产品的装配工艺流程是什么？
7. 稳压电源与充电器制作中 A 板的制作你选择了哪种简易制作方法？并简述其特点和方法。
8. JQ11AT 多功能台式钟安装中 MCU 印制电路板焊接需要注意什么？
9. DT830B 数字万用表的测试功能有哪些？
10. DT830B 数字万用表组装好后若显示屏出现数字显示不正常你是怎么解决的？

# 参考文献

[1] 丁学文.电气控制与工程实习指南[M].北京：机械工业出版社，2008.
[2] 段礼才.西门子 S7-1200 PLC 编程及使用指南[M].北京：机械工业出版社，2017.
[3] 孔祥冰.电气控制与 PLC 技术应用[M].北京：中国电力出版社，2008.
[4] 徐君贤.电气实习[M].北京：机械工业出版社，2000.
[5] 杜逸鸣,王平,等.电器控制实训教程[M].南京：东南大学出版社，2006.
[6] 刘光源,等.电工电子使用手册[M].北京：电子工业出版社，2008.
[7] 高宁,等.电工电子技术工程实践[M].北京：国防工业出版社，2012.
[8] 吴劲松,等.电子产品工艺实训[M].北京：电子工业出版社，2016.
[9] 童诗白.模拟电子技术基础[M].北京：高等教育出版社，2005.
[10] 王鸿明,等.电工技术与电子技术[M].北京：高等教育出版社，2009.
[11] 电子工程师必备——元器件应用宝典[M].北京：人民邮电出版社，2014.